U0156873

国内外石油科技创新发展报告（2020）

吕建中　主编

石油工业出版社

内 容 提 要

本书是中国石油集团经济技术研究院在长期跟踪研究国内外石油科技创新进展的基础上编写而成，主要包括综述、8 个技术发展报告和 10 个专题研究报告。综述重点阐述了国内外石油科技创新发展的现状及方向；技术发展报告全面归纳总结了世界石油上下游各个领域的重要技术进展及发展趋势；专题研究报告重点介绍了近年来世界油气领域技术研发与应用及战略研究与发展模式的最新成果。

本书可作为石油行业各专业科技管理人员、科研工作者以及石油院校相关专业师生的参考用书。

图书在版编目（CIP）数据

国内外石油科技创新发展报告. 2020 ／ 吕建中主编
. —北京：石油工业出版社，2021. 5
ISBN 978 - 7 - 5183 - 4622 - 6

Ⅰ. ①国… Ⅱ. ①吕… Ⅲ. ①石油工程 – 科技发展 – 研究报告 –
世界 – 2020 Ⅳ. ①TE – 11

中国版本图书馆 CIP 数据核字（2021）第 082203 号

出版发行：石油工业出版社
（北京安定门外安华里 2 区 1 号楼　100011）
网　　址：www. petropub. com
编辑部：(010)64523738　图书营销中心：(010)64523633
经　　销：全国新华书店
印　　刷：北京中石油彩色印刷有限责任公司
2021 年 5 月第 1 版　2021 年 5 月第 1 次印刷
787 × 1092 毫米　开本：1/16　印张：12. 75
字数：320 千字
定价：180. 00 元

《国内外石油科技创新发展报告（2020）》

编 委 会

主　　　任：李建青　余　国

副 主 任：吕建中

成　　　员：刘朝全　姜学峰　张　宏　祁少云　李尔军
　　　　　　廖　钦　程显宝　刘　嘉　林东龙　牛立全

编 写 组

主　　　编：吕建中

副 主 编：刘　嘉　饶利波　李晓光

编 写 人 员：（排名不分先后）

　　　　　　王晶玫　田洪亮　刘雨虹　刘知鑫　孙乃达
　　　　　　杨　虹　杨　艳　杨金华　李晓光　张运东
　　　　　　张华珍　张焕芝　张珈铭　邱茂鑫　赵　旭
　　　　　　吴　潇　郭晓霞　袁　磊　高　慧　焦　姣
　　　　　　侯　亮　于文广

指 导 专 家：高瑞祺　孙　宁　孟纯绪　张来勇　王悦军
　　　　　　金　鼎　蔡建华　李万平　李玉坤

编 写 单 位：中国石油集团经济技术研究院

科学把握中国能源转型发展的着力点
（代序）

中国共产党第十九届中央委员会第五次全体会议通过的《中共中央关于制定国民经济和社会发展第十四个五年规划和二〇三五年远景目标的建议》（简称《建议》），多处强调了能源及其直接相关的资源环境等问题，主要涉及能源安全、产业发展、技术创新、国际合作、深化改革、绿色环保、民生保障等多个方面，为中国未来五年及更长一个时期的能源转型发展明确了方向和重点。

1. 能源发展环境日趋复杂，能源安全保障更加艰巨

《建议》明确指出，当前和今后一个时期，中国发展仍然处于重要战略机遇期，但机遇和挑战都有新的发展变化。世界正经历百年未有之大变局，国际能源环境也同样日趋复杂。2020 年初以来的新冠肺炎疫情叠加超低油价，严重冲击全球能源市场，使产业链供应链的不稳定性和不确定性明显增加。单边主义、逆全球化倾向对"一带一路"能源合作、全球能源治理、能源地缘政治等构成新的威胁。2020 年，全球油气上游投资削减约 30%，未来 3~5 年可能继续缩减，一批高成本项目被关闭，一批战略性项目被暂停。考虑到大中型油气项目的投资周期通常需要 2~3 年，到"十四五"中后期，全球油气市场很可能出现供不应求的局面。即便是供需总量能够基本平衡，也不排除出现结构性余缺、区域性供应趋紧的情况。

与此同时，中国经济率先走出新冠肺炎疫情阴影，社会秩序逐步恢复，经济呈现恢复性增长，在发挥超大规模市场优势、构建国内国际双循环进程中，必然进一步带动对能源消费需求的增长。据统计，2020 年前三季度，中国 GDP 同比增长 0.7%，能源消费总量同比增长 0.9%，占全社会能源消费 60% 以上的规模以上工业能源消费增长 1.1%，其中电力、钢铁、化工、石化、建材、有色金属 6 个主要耗能行业能源消费增长 1.9%。特别是石油、天然气消费逐步回升，市场持续向好，进口增长加快，其中原油进口同比增长 12.7%、天然气进口同比增长 3.7%，继续保持较高的对外依存度。

令人欣喜的是，清洁能源发电和消费比例明显提高。据中国国家能源主管部门初步核算，2020 年前三季度，天然气、一次电力等清洁能源消费占能源消费总量比例同比提高 0.6%，煤炭消费所占比例下降 0.5%。风电和太阳能发电装机规模同比分别增长 13.1% 和 15.0%，规模以上工业水电、核电、风电、太阳能发电等一次电力生产占全部发电量比例达到 29.2%，同比提高 0.9%。清洁能源消纳持续好转，风电、光伏发电利用率分别达到 96.6% 和 98.3%，同比上升 0.8% 和 0.2%。

按照《建议》确定的"十四五"时期经济社会发展的主要目标及 2035 年基本实现社会主义现代化的远景目标，无论是经济增长、生态保护还是民生保障，都需要能源的基础保障

及其产业发展的强力支撑，控制能源消费总量和强度的压力较大。要实现生产生活方式绿色转型，主要污染物排放总量持续减少，生态环境持续改善等，必须在优化能源资源配置、推进能源革命和转型、大幅度提高能源利用效率方面下大功夫。面对错综复杂的国际环境带来的新矛盾与新挑战，能源行业必须增强机遇意识和风险意识，保持战略定力，树立底线思维，准确识变、科学应变、主动求变，善于在危机中育先机、于变局中开新局，抓住机遇，应对挑战，趋利避害，奋勇前进。

2. 加快现代能源产业体系建设，优化能源空间发展布局

《建议》提出要统筹推进系统完备、高效实用、智能绿色、安全可靠的现代化基础设施体系建设，既要系统布局新型基础设施，加快建设交通强国，也要推进能源革命，完善能源产供储销体系，加强中国国内油气勘探开发，加快油气储备设施建设，加快中国干线油气管道建设，建设智慧能源系统，优化电力生产和输送通道布局，提升新能源消纳和存储能力，提升向边远地区输配电能力。这是对未来一个时期中国能源发展战略方向和重点的基本定位。其中，推进能源革命是核心，完善体系是关键，增强国内生产和储运能力是保障，促进多能互补耦合是方向。

《建议》提出要发展战略性新兴产业，明确把新能源、新能源汽车、绿色环保与新一代信息技术、生物技术、新材料、高端装备、航空航天、海洋装备等并列为未来战略性产业发展的重点。能源产业是国民经济运行体系中的重要组成部分，加快新能源发展，不仅是能源清洁化、低碳化转型的需要，也是拉动经济增长、扩大就业的重要措施。比如，近年来欧盟国家正尝试把能源转型、可再生能源发展与地区经济复苏结合起来，致力于在气候目标约束下，大力发展可再生能源，形成经济发展的新动力。中国新能源、新能源汽车以及相关的绿色环保产业发展潜力巨大，可以成为后疫情时代"绿色复苏"的重要领域。通过"十四五"及未来一个时期的快速发展，努力构建一批各具特色、优势互补、结构合理的新能源产业增长引擎，并在新能源领域培育出一大批新技术、新业态、新模式。

能源行业涉及面宽，拥有庞大的产业链、供应链，维护产业链和供应链稳定是保障能源安全的基础。经过几十年发展，中国已形成比较完整的能源产业体系，在传统能源领域，比如油气行业，需要强调上中下游的有效协同；在新能源领域，比如氢能，更需要做好从制氢、储氢、运氢、用氢的全产业链配套完善。同时要充分考虑各地资源环境承载能力，优化能源产业发展空间布局。在推进京津冀协同发展、长江经济带发展、粤港澳大湾区建设、长三角一体化发展等区域战略中，率先大幅度提升能源清洁化、低碳化及电气化水平，同步打造现代化的智慧能源体系。

3. 力推技术创新战略，掌握能源革命的主动权

《建议》明确指出，要坚持创新在中国现代化建设全局中的核心地位，把科技自立自强作为国家发展的战略支撑，面向世界科技前沿、面向经济主战场、面向国家重大需求、面向人民生命健康，深入实施科教兴国战略、人才强国战略、创新驱动发展战略，完善国家创新体系，加快建设科技强国。能源技术创新是推动能源革命和转型发展的根本动力，通过能源

技术革命促进能源生产和消费模式的转变是中国能源产业发展的必然选择。目前，传统能源的清洁高效开发和可再生能源的开发利用，都对技术创新提出了更高的要求，因此必须尊重能源科技创新规律，把握全球能源技术发展趋势，重视能源科技创新体系的建立和完善，提高能源技术创新能力和装备制造水平。

（1）要积极打造能源领域的国家战略科技力量。按照国家科技强国的总体部署，充分发挥社会主义市场经济条件下新型举国体制的优势，努力攻克能源领域关键核心技术。重视加强能源领域的基础研究，优化学科布局和研发布局，推进学科交叉融合，完善共性基础技术供给体系。争取在深地深海资源开发、新能源、节能和提高能效等领域，实施若干具有前瞻性、战略性的重大科技项目，在能源领域设立国家实验室，打造一批能源科技创新中心。

（2）要提升能源企业的技术创新能力。强化能源企业创新主体地位，促进创新要素向能源企业集聚。推进能源领域的产学研深度融合，鼓励跨界合作和开放式创新，支持组建各类创新联合体。发挥能源行业企业家在技术创新中的重要作用，鼓励能源企业加大研发投入。发挥大型能源企业的引领支撑作用，在承担国家重大科技项目中发挥主导作用。鼓励创新型中小微企业进入能源行业，并成长为能源创新的重要发源地，推动产业链上中下游、大中小企业融通创新。

（3）要完善能源科技创新体制机制。在深入推进科技体制改革、完善国家科技治理体系过程中，注重优化能源科技规划和运行，推动重点能源领域项目、基地、人才、资金一体化配置。加快能源领域科研院所改革，扩大科研自主权。加强能源领域知识产权保护，大幅提高科技成果转移转化成效等。

4. 用好"两种资源、两个市场"，打通双循环的能源堵点

《建议》明确指出，要畅通国内大循环，依托强大国内市场，贯通生产、分配、流通、消费各环节，打破行业垄断和地方保护，形成国民经济良性循环。同时，促进国内国际双循环，立足国内大循环，发挥比较优势，协同推进强大国内市场和贸易强国建设，以国内大循环吸引全球资源要素，充分利用国内国际两个市场两种资源，积极促进内需和外需、进口和出口、引进外资和对外投资协调发展。

保障中国能源安全，需要统筹国内国际两个大局，既要立足国内开发生产，又要深化国际合作，形成多元化的稳定供给格局。在世界一次能源消费结构中，油气占比超过一半，而全球油气资源和消费的区域分布严重不均，需要在全球范围内进行资源配置，全球绝大多数国家不可能完全依靠自己的力量实现油气自给自足。中国是世界油气消费和进口大国，在畅通国内大循环过程中，难以避免受到资源约束，需要建设更高水平的开放型发展模式，实现能源行业的高质量引进来和高水平走出去。

把推动"一带一路"能源合作和高质量发展作为重点，坚持共商、共建、共享原则，秉持绿色、开放、廉洁理念，深化务实合作，加强安全保障，促进共同发展。推进油气管网等基础设施的互联互通，构筑互利共赢的能源产业链、供应链合作体系，深化区域性新能源项目合作。坚持以企业为主体，以市场为导向，"政府搭台、企业唱戏"，遵循国际惯例，秉承竞争中性原则，做好国家或地区之间能源战略、项目规划、运行机制以及能源政策、法

规标准、文化传统等的有机衔接。

积极参与全球能源治理体系改革，推动国际能源秩序和治理体系朝着更加公正合理的方向发展。一方面，继续深化传统的国际能源双边和多边合作，加强与国际能源署、欧佩克、能源宪章等国际组织的合作；另一方面，积极在能源转型、可再生能源发展、应对气候变化、碳减排、碳中和等新领域，主动发起或牵头国际对话机制，制订国际行动计划，推动技术和产业合作，消除投资、贸易和技术障碍，逐步增强在全球能源治理中的话语权。

5. 深化能源市场化改革，注入能源转型发展动力活力

《建议》明确指出，要坚持和完善社会主义基本经济制度，充分发挥市场在资源配置中的决定性作用，更好地发挥政府作用，推动有效市场和有为政府更好结合。特别强调要推进能源、铁路、电信、公用事业等行业竞争性环节市场化改革。能源行业一直是改革开放的重点和难点。从早期终端消费市场开放、价格改革，到后期上游资源开发、生产加工环节放宽准入，直到今天全产业链扩大开放，虽历经曲折反复，但始终能够实现新突破、取得新发展。特别是油气行业，作为关系国计民生和国家安全的战略领域，近年来在深化改革、扩大开放上迈出了更大步伐。随着国家油气管网公司成立、全面开放油气勘查开采市场政策出台，一系列改革举措推出，基本构建了全产业链开放、"放开两头、管住中间"的新格局。按照《建议》的要求，下一步深化能源领域竞争环节市场化改革，应瞄准建设高标准的能源市场体系，健全基础制度，坚持平等准入、公正监管、开放有序、诚信守法，形成高效规范、公平竞争的市场。实施市场准入负面清单制度，继续放宽准入限制，健全公平竞争审查机制、要素市场运行机制等。

《建议》强调要激发各类市场主体活力，毫不动摇巩固和发展公有制经济，毫不动摇鼓励、支持、引导非公有制经济发展。对于能源行业来说，就是要做强、做优、做大国有能源企业，加快建设世界一流能源企业，切实发挥好国家战略支撑、能源安全保障作用。同时，破除非公有制企业进入能源行业的壁垒，鼓励在竞争性环节深化混合所有制改革，在新能源、可再生能源、节能环保等领域，为中小微型企业的投资发展创造更加有利的条件。

深化国家能源管理体制改革，进一步理顺职责界面，加快转变政府职能，简政放权、放管结合、优化服务、依法行政，提高决策科学化、民主化、法治化水平。深化能源领域各类行业协会、商会和中介机构改革，发挥好社会组织在推进国家能源行业治理体系和治理能力现代化中的作用。

6. 坚持绿色发展与节约优先，推进能源清洁高效利用

《建议》明确指出，坚持"绿水青山就是金山银山"理念，坚持尊重自然、顺应自然、保护自然，坚持节约优先、保护优先、自然恢复为主，守住自然生态安全边界。在今后一个时期内，中国能源绿色清洁转型发展的力度和成效，将直接关系到可持续发展战略和生态文明建设目标的实现。

中国已承诺将按照《巴黎协定》要求，为应对全球气候变化提高国家自主贡献力度，二氧化碳排放力争于2030年前达到峰值，努力争取2060年前实现碳中和。其中，到2030

年，中国单位国内生产总值二氧化碳排放将比 2005 年下降 65% 以上，非化石能源占一次能源消费比例将达到 25% 左右，风电、太阳能发电总装机容量将达到 1.2TW 以上。为实现这样的目标，必须采取更加有力的政策和措施，加快能源清洁化、低碳化转型步伐。

要推动能源清洁、低碳、安全、高效利用，坚持开发与节约并重、节约优先的方针，继续实行能源消费总量和强度双控制，促进经济发展方式和生活消费模式转变，加快建设节能型国家和节约型社会。

7. 促进能源公平发展，改善人民生活品质

《建议》明确指出，坚持把实现好、维护好、发展好最广大人民根本利益作为发展的出发点和落脚点，尽力而为、量力而行，不断增强人民群众获得感、幸福感、安全感，促进人的全面发展和社会全面进步。能源是经济发展的物质基础，更是人民生活的基本保障，能源事业发展必须以满足人民群众日益增长的美好生活需要为宗旨。

目前，中国人均能源消费量只有西方发达国家平均水平的一半、美国的 1/3。特别是中西部偏远贫困地区，刚刚消除"能源贫困"，电力能源供应还不稳定。在今后一个相当长的时期内，中国能源发展既要考虑总量增长和总体结构优化目标，也要考虑地域的差异性和消费者的承受能力，进一步加强基础设施建设，增强能源供应的普及性、多样性、灵活性，控制和降低社会用能价格，防止出现"能源返贫"。

要继续实施能源惠民利民工程，把发展可再生能源与支持革命老区、民族地区加快发展以及加强边疆地区建设结合起来，发挥各地比较优势，优化东中西部地区能源生产建设基地布局，使广大中西部地区和边远农村都能"用得上电""用得起电""用上好电""利用好电"，不断提高城乡居民获得清洁能源的便利性、可负担性、可持续性，并将其作为衡量人民生活品质的一项重要指标。

中国石油集团国家高端智库研究中心专职副主任、学术委员会秘书长　吕建中

（源自《世界石油工业》杂志 2020 年第 6 期）

前　　言

世界石油工业的发展史就是一部技术创新史，石油工业的每一次历史性跨越，大都得益于技术革命的推动。随着全球油气勘探开发对象逐步从常规向非常规、从陆地向海上、从浅层浅水向深层深水延伸，开采难度越来越大，对技术及装备的要求越来越高。科学技术是世界性、时代性的，在能源转型的新的历史条件下，抢占科技创新发展战略制高点，掌握全球油气技术竞争的先机，实现优势领域、关键技术重大突破，必须具有全球视野，把握时代脉搏。

中国石油集团经济技术研究院（以下简称经研院），作为国家首批高端智库试点单位，国家能源局第一批研究咨询基地，依托中国石油天然气集团有限公司（以下简称中国石油），按照"一部三中心"职能定位，培育了一支稳定的科技信息分析与创新管理研究团队，通过对国内外石油科技信息的长期持续跟踪研究，为及时准确地了解和把握世界石油科技发展现状与趋势以及国内外石油科技创新成果，更好地服务于国家石油科技发展，每年定期形成一份涵盖石油地质、开发、物探、测井、钻井、储运、炼油、化工等多个领域的科技发展报告，并为上级管理部门提供不同领域的专题研究报告。这些报告为中国石油实施科技创新战略，增强公司科技实力，建设世界一流的创新型企业，提供了有力的决策支持。

《国内外石油科技创新发展报告（2020）》由综述、8个技术发展报告、10个专题研究报告和附录组成。技术发展报告全面介绍了国内外石油科技的新进展和发展动向，归纳总结了世界石油上下游各个领域的重要技术进展及技术发展特点与趋势。根据国外石油科技发展状况，结合国内石油科技发展的实际需求与科技发展规划，专题研究报告重点介绍了近年来世界油气领域技术研发与应用及战略研究与发展模式研究的最新成果，分析研究了开采天然气水合物的低成本钻井技术、低成本的光纤测井技术、管道周向导波检测技术、氢能在电力领域的技术应用等，对能源转型背景下国际大石油公司的战略选择及数字化转型战略、"油气4.0＋"发展新模式、创新发展中国石油海外投资与服务业务一体化模式、墨西哥油气改革及投资合作潜力的深入调研，为中国石油制定科技发展规划及业务投资决策提供了有益的参考。

中国石油集团国家高端智库研究中心专职副主任、学术委员会秘书长吕建中对本书进行了总体策划、设计和审核，经研院李建青院长、余国书记对报告提出了宝贵的修改意见。本书综述由李晓光、焦姣等编写，李万平审核；勘探地质理论技术发展报告由焦姣、刘知鑫等编写，高瑞祺审核；油气田开发技术发展报告由张华珍、邱茂鑫等编写，蔡建华审核；地球物理技术发展报告由李晓光、吴潇编写，王悦军审核；测井技术发展报告由侯亮、杨虹编写，金鼎审核；钻井技术发展报告由郭晓霞、杨金华编写，李万平审核；油气储运技术发展报告由于文广编写，李玉坤审核；石油炼制技术发展报告由赵旭编写，孟纯绪审核；化工技术发展报告由刘雨虹编写，张来勇审核。专题研究报告编写人员包括吕建中、刘嘉、饶利波、张运东、杨虹、杨艳、杨金华、王晶玫、袁磊、郭晓霞、孙乃达、张华珍、张焕芝、李晓光、焦姣、邱茂鑫、赵旭、高慧、刘雨虹、张珈铭、刘知鑫、侯亮、吴潇、于文广等，审核专家主要有吕建中、孙宁、蔡建华、李万平、刘嘉、饶利波、张运东、李玉坤等。

由于编者水平有限，书中难免存在疏漏与不足之处，恳请读者谅解并批评指正，真诚地希望听到大家的意见和建议，以不断提高编写质量和水平。

目　　录

综　　述

技术发展报告

专题研究报告

附 录

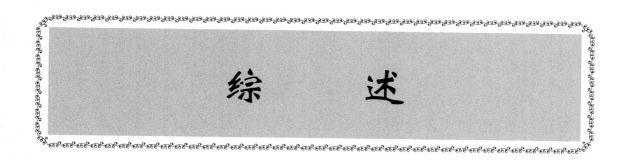

综　　述

受油价回升的影响，2019 年国际石油公司上游投资有所增加，工程技术服务业务整体发展较为平稳。跨学科、多专业融合的技术层出不穷，数字化转型技术、智能化技术和跨界融合创新技术逐渐成为石油公司和油服公司发展的重点。

一、国内外油气上游投资变化与走势

世界油气勘探开发业务在波折中稳步前行，勘探开发投资连续稳步增长，海洋油气投资开始反弹。全球重要油气发现主要来自海上。美国非常规油气产量继续保持增长。油服行业复苏后实现盈利。中国加大勘探开发投入，勘探投资达到历史最高水平，石油产量稳步提高，页岩气产量增长较快。

（一）全球油气勘探开发形势

随着国际原油价格上涨并日趋稳定，油气行业加大页岩油气等短周期项目投资，油气勘探开发投资开始止跌反弹。

1. 上游勘探开发投资连续三年稳步增长

据埃信华迈（IHS Markit）2020 年 3 月的数据统计，2017 年以来随着国际油价回升，全球上游勘探开发投资呈现恢复性增长，投资额为 3780 亿美元，同比增长 11%。2018 年投资额为 4060 亿美元，同比增长 7.7%；2019 年全球勘探开发投资额约为 4370 亿美元，同比增长 7.4%，其中陆上油气勘探开发投资额 3230 亿美元（常规 2340 亿美元；非常规 890 亿美元），海上投资 1140 亿美元（图 1）。

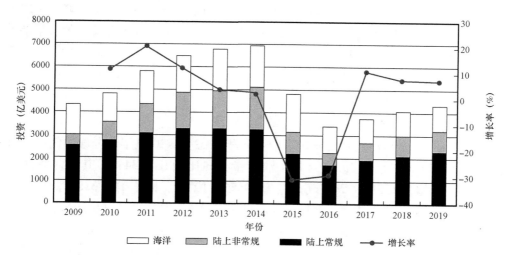

图 1　全球上游勘探开发投资及变化

从区域投资状况看，非洲、亚太、中东、俄罗斯和里海地区、拉丁美洲的勘探开发投资均保持平稳增长，涨幅分别为 20%、14%、7.6%、16.1% 和 16.7%，其中非洲和拉丁美洲的涨幅最大。欧洲勘探开发投资与 2018 年持平，北美地区勘探开发投资有所下降，减少 2.6%（图 2）。

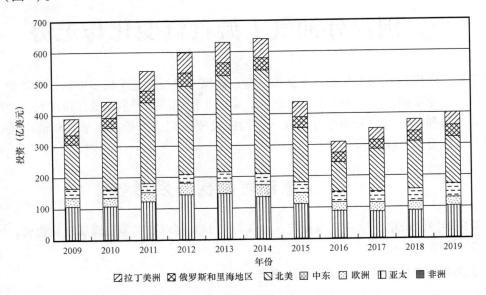

图 2　全球不同区域上游勘探开发投资变化

2. 全球油气发现创新高，海上油气占比近 7 成

据美国《油气杂志》数据统计，2019 年全球石油和天然气剩余探明储量分别为 2305.8×10^8 t 和 205.2×10^{12} m³。2019 年，全球油气勘探发现出现 2016 年以来的新高峰，全球新发现常规油气田 269 个，新增油气可采储量约 21×10^8 t 油当量，其中非洲和美洲的可采储量位居前列，为 $(4.6 \sim 5) \times 10^8$ t 油当量；中东和亚太地区次之，为 $(3.6 \sim 3.9) \times 10^8$ t 油当量。全球共发现海上油气田 107 个，可采储量约 14.3×10^8 t 油当量，占全球新增储量的 68%。长期来看，全球待发现油气资源依然丰富。

3. 全球油气产量持续增长，天然气产量增长快速

在油价回暖中，全球油气开发显现了较为积极的态势。2019 年，全球油气产量进一步稳定增长，全球油气产量为 79.76×10^8 t 油当量，同比增长 2.34%。其中，原油产量为 46.4×10^8 t，同比增长 1.5%；天然气产量为 39556×10^8 m³，同比增长 3.5%。从资源类型来看，非常规油气增长势头放缓，海域油气产量持续增长。从区域油气生产来看，美国非常规油气产量和巴西等重点海域油气产量持续增长，陆上常规油气生产仍以中东、俄罗斯 – 中亚地区和非洲为主。从国家油气产量来看，美国、加拿大和俄罗斯仍是排名前三的油气生产大国，其中美国油气产量为 24.71×10^8 t 油当量，加拿大为 16.69×10^8 t 油当量，俄罗斯为 11.21×10^8 t 油当量。

4. 中国加大勘探投资力度，油气产量稳定增长

据中国自然资源部《全国石油天然气资源勘查开采情况通报（2019 年度）》报告，2019 年全国油气（包括石油、天然气、页岩气、煤层气和天然气水合物）勘探、开发投资分别为 821.29 亿元和 2527.10 亿元，同比分别增长 29.0% 和 24.4%，勘探投资达到历史最高水平。采集二维地震 5.14×10^4 km、三维地震 4.71×10^4 km^2，同比分别增长 17.9% 和 40.2%；完成探井 2919 口，进尺 809.18×10^4 m，同比分别减少 1.2% 和 0.1%。

石油产量稳步增加，页岩气产量增长较快。全国石油产量为 1.91×10^8 t，同比增长 1.1%；天然气产量为 1508.84×10^8 m^3，连续 9 年超过千亿立方米，同比增长 6.6%。其中，全国页岩气产量为 153.84×10^8 m^3，同比增长 41.4%，产量主要来自四川盆地及其周缘。

（二）全球工程技术服务市场新动向

近两年全球油田服务市场总体出现好转，市场规模逐渐增加，全球大多数地区的工作量有所增长，市场呈现复苏的态势。国际大型油服公司收入总体上涨，市场格局变化不明显。陆上市场增长明显，海上市场依然低迷。

1. 全球工程技术服务市场平稳发展，规模略有下降

据 Spears & Association 公司 2020 年《油田技术服务市场报告》统计，2019 年全球（不含俄罗斯与中国）工程技术服务市场规模约 2704 亿美元，与 2018 年 2715 亿美元相比略有下降，市场增长速度同比大幅下滑（图 3），其中水力压裂降幅达 21%，陆上钻井下降约 5%，海上钻井增长约 3%，地球物理装备与技术服务市场增长约 15%，随钻测井市场增长约 11%。受 2020 年新冠肺炎疫情和低油价双重影响，石油工程技术服务市场再次遭遇寒冬，2020 年市场规模大幅缩减。

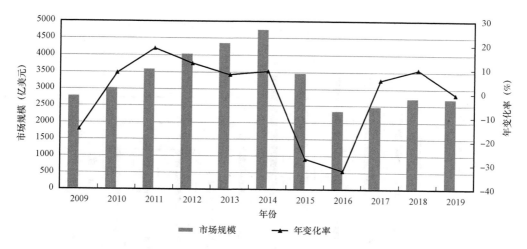

图 3 全球工程技术服务市场规模与年变化率

资料来源：Spears & Association 公司，2020 年

2. 全球钻井数量及动用钻机数量略有下降

全球勘探工作量仍维持在较低水平，重磁电非地震勘探、二维和三维地震勘探工作量仍处于较低水平。其中，全球共完成二维地震采集 $12.5 \times 10^4 km$，三维地震采集量约为 $29.8 \times 10^4 km^2$，同比减少 12%。

全球钻井活动基本保持稳定，全球钻井数量略有下降。一方面受美国陆上非常规投资紧缩影响，全球陆上钻井活动减少；另一方面，海上钻井触底回升，工作量有明显增长。据 Spears & Asociation 公司报告统计，2019 年总钻井数 35681 口，较 2018 年减少 3857 口，同比下降 9.7%。其中，陆上钻井 37643 口，降幅最大；海上钻井 1895 口，较 2018 年增加 100 余口（图4）。全球总动用钻机数 2087 部，较 2018 年下降 4.4%。其中，陆上动用钻机 1844 部，较 2018 年减少 48 部；海上动用钻机 243 部，增加了 42 部（图5）。

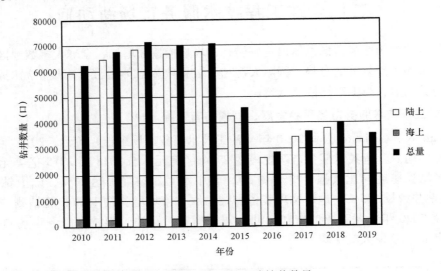

图 4　2010—2019 年全球钻井数量

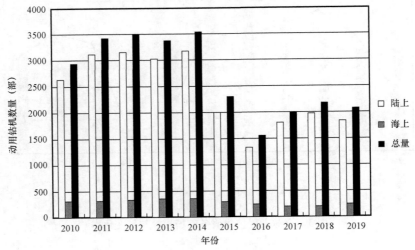

图 5　2010—2019 年全球动用钻机数量

得益于低油价下深水业务领域的一系列降本措施（共享基础设施、平台化和规模化生产等），实现了30%的成本节约，具备了发展的基础，海上钻井触底回升，工作量有明显增长，水下作业市场具有较好的发展前景。预计到2030年，海上油田服务市场收入的年增长率将达到6%，其中水下作业市场收入将超过其他油田服务业务板块，年均增长率达到12%。

3. 国际主要油服公司收入基本持平，盈利状况不佳

油服公司服务市场规模前三名的位置仍被斯伦贝谢公司、贝克休斯公司和哈里伯顿公司占据。2019年，斯伦贝谢公司营业收入与2018年基本持平，仍居行业首位；贝克休斯公司与通用电气（GE）分家，营业收入238亿美元，涨幅4%，赶超哈里伯顿公司，排名第二；哈里伯顿公司营业收入减少6.7%，排名第三。NOV公司营业收入只有小幅度增加，排名第四。威德福公司受北美地区活动量下降的影响，营业收入降低13%（图6）。

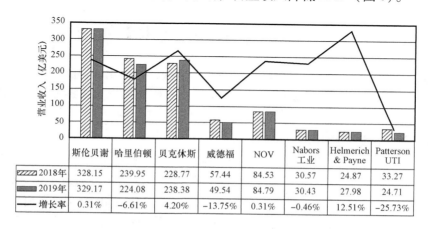

	斯伦贝谢	哈里伯顿	贝克休斯	威德福	NOV	Nabors 工业	Helmerich & Payne	Patterson UTI
2018年	328.15	239.95	228.77	57.44	84.53	30.57	24.87	33.27
2019年	329.17	224.08	238.38	49.54	84.79	30.43	27.98	24.71
增长率	0.31%	-6.61%	4.20%	-13.75%	0.31%	-0.46%	12.51%	-25.73%

图6　国际油服公司营业收入变化情况

但国际油服公司盈利状况表现不佳，多家公司处于亏损状态。斯伦贝谢公司和NOV公司由于资产减记等因素，分别亏损100亿美元和60亿美元。哈里伯顿公司尽管国际订单增多，但仍旧亏损11亿美元，而威德福公司通过财务重组打破亏损僵局，实现了36亿美元净利润（图7）。

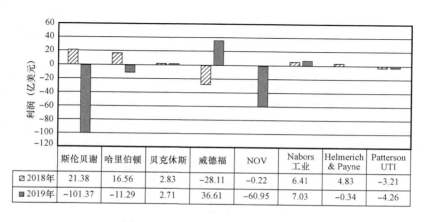

	斯伦贝谢	哈里伯顿	贝克休斯	威德福	NOV	Nabors 工业	Helmerich & Payne	Patterson UTI
2018年	21.38	16.56	2.83	-28.11	-0.22	6.41	4.83	-3.21
2019年	-101.37	-11.29	2.71	36.61	-60.95	7.03	-0.34	-4.26

图7　国际油服公司利润变化情况

二、油气勘探开发领域理论与技术创新发展

随着国际原油价格趋于稳定，油气上游勘探开发投资连续三年保持增长，石油地质勘探行业不断推动勘探技术创新，将其与人工智能、区块链、大数据、物联网等新兴技术深度融合，攻克技术难题，实现科技大跨越，大大提升油气产量。在油气开发领域多家公司推出了新的技术和研发方案，推动油气田开发向着高效节能、环保和低成本的方向发展；跨界合作成为创新性技术发展的重要方向，如固体火箭推进剂跨界引入油气压裂中，纳米驱油提高采收率技术解决传统挑战难题等。

（一）石油勘探理论技术新进展

随着全球勘探投资的持续增长，勘探活动逐渐活跃，数字化、智能化技术进行全产业链转型的"油气工业4.0"时代已经到来，利用大数据、物联网、区块链等智能化技术是各大石油公司争相发展的焦点、重点。

1. 标准化静态地质建模技术

实现静态地质建模标准化是模型质量的保证。每项主要任务和模型都必须配有工作流程、指南和质量措施，每项主要任务和整体静态模型必须确定关键绩效指标（KPI）以测量质量和稳健性。模型指南包含三部分：（1）规定建模过程，列出输入数据流程、分析或两者同时列出，描述最终结果；（2）高层次描述最佳实践的建模过程及每个静态模型的优缺点；（3）过程检查部分，采取必要步骤从成熟度、精度和质量三方面分析建模结果。静态建模工作流程包括结构和地层框架建模、相建模、孔隙度建模、渗透率建模、饱和度建模、容量分析和不确定性分析。检查项目必须实施完全审计追踪，确保复制每一个环节并记录最终报告结果。还应有评定问卷，描述结果与预期之间的差距并评估差距对模型结果质量的潜在影响。关键绩效指标（在建模结束时进行）用于测量模型结果的质量和适宜性，KPI规定了模型结果满足质量和适宜性要求的最低标准。质量控制图表（在建模过程中实施）需在定期技术检查前以文档形式呈现并交流，每个建模过程都有相应的质量控制图表。

2. 储层流体识别技术

利用储层体积模量与含盐水储层体积模量之差（ΔK），运用深度学习法将数值建模过程中得到的参数数据集（纵波波速、横波波速和介质密度）按照比例分别用于模型学习和检验，根据已知参数（纵波波速、横波波速和介质密度）和神经网络技术构建 ΔK 预测模型，使 ΔK 预测值尽可能接近真实值，可获得 ΔK 真实值和 ΔK 预测值的关系对比图以及不同流体类型的 ΔK 预测值箱线图，结合深度学习构建 ΔK 识别储层流体类型模型。该方法仅需要纵波波速、横波波速、介质密度和 ΔK 预测模型即可预测油气储层流体，与传统"流体因子"法相比，ΔK 流体识别方法在油气预测方面更精确，有效降低了孔隙度对预测结果的负面影响，参数需求简单，操作更加便利。

3. 构建三维储层沉积相模型技术

生成式对抗网络（GANs）最广为人知的应用是人工面部识别成像。GANs 是由生成模块 G 和鉴别模块 D 组成的生成模型，每个生成模型都由单独的神经网络参数化。鉴别模块 D 可通过增加识别图像的准确性获得最大价值，同时，生成模块 G 以降低生成的图像被鉴别模块识别的概率为目标。G 和 D 的训练交替进行，训练过程一直持续到两个模块达到平衡，即生成的图片真实性极高，真假难辨。该方法已经在复杂河流沉积体系和碳酸盐岩储层建模中应用，清晰模拟了进积型沉积。该结果表明，GANs 不仅比基于地质统计学的建模法模拟的地质沉积相更加真实可信，而且可以清晰模拟非均质沉积相的层序地层。

4. 原油运移路径识别技术

在原油运移过程中，咔唑的运移依次形成原油运移前缘和地质示踪剂前缘两个位置。在地质示踪剂前缘之后的咔唑丰度与油源处咔唑丰度相同，但在地质示踪剂前缘和运移前缘之间的咔唑丰度为零。圈闭先接收到位于咔唑前缘之前的无咔唑原油，然后接收含初始咔唑丰度的原油。由于咔唑对储集岩的吸附作用，因此油藏内的咔唑丰度先降低，然后在原油聚集过程中咔唑成分逐渐均匀。一旦圈闭被填满至溢出点，原油则沿路径继续运移，咔唑前缘再次落后于原油前缘。据此过程，构建描述储层油中地质示踪剂的一系列数学模型分析原油运移路径。

（二）油气田开发技术新进展

多家公司推出了新的技术和研发方案，推动油气田开发向着高效节能、环保和低成本的方向发展，在提高采收率技术，压裂技术，智能化、数字化生产技术，微纳米驱油技术和区块链技术等方面取得了新进展。

1. 提高采收率技术

随着常规原油产量的下降，需要通过其他途径获得原油以满足能源需求，提高油气采收率技术一直是各国获得产量的主要途径。沙特阿美公司在其 Uthmaniyah 油藏以水气交替注入的模式将 CO_2 注入水淹区，同时借助大数据、预测分析、人工智能、自动化和 3D 可视化等技术，使开发、生产和管理资产实现前所未有的安全性、准确性和经济性。减氧空气驱技术是一项富有创造性的提高采收率新技术，它既可用于二次采油，也可用于三次采油，在长庆、吐哈等油田工业化应用取得了突破性进展，采收率提高 10% 以上，使低渗透油藏和高温高黏油藏焕发了青春。致密气经济动用储量提高采收率技术、页岩油有效动用技术和高含水砂岩老油田挖潜技术等取得了重大进展，具有巨大的技术经济效益和广阔的应用前景。

2. 压裂技术

随着非常规油气资源的快速开发和环保意识的增强，向压裂技术提出了更为苛刻的要求，同时推动压裂技术向更高效、更环保、更低成本、更精准、更快速、更大规模的方向发展。Evolution 公司开发的天然气发电压裂技术和培养的专业压裂队伍解决了传统柴油发电技术带来的许多问题，为井场发电提供了新的示范。使用天然气代替柴油不仅节约了成本，排放、健康、安全和环境问题也得到了很大改善。动态气体混合 T4 排放标准柴油发动机技术

（DGB）、电子空转减速系统（EIRS）、动态传动装置输出控制系统（DTOC）和泵电子监控系统（PEMS）等新技术降低了盈亏平衡点，提高了设备寿命，增加了利润。可降解暂堵剂可以有效应对天然裂缝地层中的流体放置问题，并且克服传统暂堵剂的缺陷。

3. 智能化、数字化生产技术

随着信息化技术的日益成熟，油井数字化、物联化快速发展，智能采油成为必然发展趋势，对油井生产运行和管理水平提出更高要求。智能人工举升系统依据变速控制器和传感器的实时操作，及时做出生产优化决策，将人工举升系统与数字通信网络连接，实现了系统的远程操控，作业者可以在油井发生故障时更快、更准确地做出响应。大数据分析平台和精细化运行智能控制设备将通过实时分析抽油机井工作状态，实现油井工况诊断预警、运行参数实时智能调整，降低油井能耗，大幅提高油井管理水平，实现数字化转型。

4. 微纳米驱油技术

近年来，低渗透—致密油田注水补充能量困难，近1/3储层无法实现水驱，稳产难度越来越大，微纳米驱油技术的研究取得了新的进展。微流体芯片储层分析技术，通过一种只有邮票大小的、由硅和玻璃条刻蚀而成的微流体芯片，能够复制储层物性参数，展示化学剂和碳氢化合物相互作用的全过程，实现油藏纳米级可视化，被称为"认识非常规油气藏的撒手锏"。纳米颗粒尺寸小，比表面积大，表面电荷密度高，可以减少表面活性剂吸附量、增加聚合物黏度、减少剪切降解，很好地解决了传统提高采收率方法存在的问题。中国石油创新形成了减弱水分子间氢键缔合作用，使水进入常规水驱波及不到的低渗透区域，大幅度提高可采储量的微纳米驱油技术。

5. 区块链技术

区块链技术在石油石化行业成为关注的热门话题，其诸多技术特征有助于解决互联网环境下的互信以及多边和多环节业务链条中的协作等问题，特别受到石油和天然气交易系统的青睐，并正在成为区块链技术应用的切入点。阿布扎比国家石油公司与IBM合作试点开发了基于区块链的自动化系统，整合其整个价值链上的油气生产，将为从生产井到终端客户的各个阶段的交易跟踪、验证和执行提供一个安全平台。能源交易是区块链在油气行业较为成熟的应用场景，多个石油公司开展了尝试，并建立了相关的能源交易平台。

三、油气工程技术服务领域技术创新发展

随着油价的企稳回升，全球勘探开发投资恢复增长，石油工程技术服务市场稳步发展，地球物理行业缓慢复苏，测井技术服务市场增幅较大，全球钻井市场势头良好。工程技术的创新加快了自动化、数字化、智能化技术的发展：物探领域高效混叠采集技术、新型智能节点设备及人工智能数据处理解释技术发展迅速，测井行业推出随钻前探、油基钻井液随钻声电成像、可溶光纤测井等十几种新型或改进型测井仪器，钻井行业继续向着低成本、高可靠性、高安全性方向发展，包括提高钻速的PDC钻头、纳米水基钻井液体系、数字化与智能化钻井技术等。

（一） 地球物理技术新进展

随着工程技术服务行业的复苏，地球物理行业也出现了缓慢的复苏状态，但全球物探行业市场竞争呈不均衡状态。物探行业数字化转型的加速发展，促进了以低成本、高效率为目标的高效混叠采集技术、新型智能节点设备以及基于人工智能的数据处理解释技术的迅速发展，为市场竞争提供了保障。

1. 高效、绿色、低成本地震采集装备

在硬件方面，节点、光纤系统、宽频可控震源快速发展。节点装备发展尤为迅速。实时存储无线、节点系统依然是行业竞争的关键与研究热点。各大仪器制造公司在不断完善推出新一代的节点仪器，实时仪器依然受到热捧，Wireless 公司的 RT3 系统极大地改善了节点仪器的应用效率，低成本节点仪器受到大力关注，为服务公司降低成本带来希望。海底节点器朝着自动化方向发展，并且在油藏监测、采集效果和采集效率方面均取得重大进展。宽频可控震源依然是行业主流，低频数据、高效、绿色采集是竞争关键。

2. 高效、高精度、高分辨率地震采集技术

地震高效采集从最初的滑动扫描技术到远距离分离同步激发技术，从独立同步扫描技术到高效混叠采集技术，更新进步速度非常快。同步震源采集（或混合）是降低勘探成本的主要措施，已变得越来越重要。近两年，随着数据分离技术的发展，超高效混叠采集技术极大地提高了生产效率。压缩感知地震采集与成像也在海底节点、海上拖缆和陆地可控震源等生产项目商业应用中取得显著效果，并且与宽频带处理以及叠前深度偏移技术相结合，提供了高质量、高精度的地下成像结果。并克服了作业的季节、环境限制，大幅提高了作业效率。高效生产的需求，以及对绿色采集的要求，促使海上采集朝着可控源方向发展，eSeimic 新的海上地震采集方法也实现了高效、高质量地震采集。

3. 多学科协同、一体化、大数据软件系统平台

近几年，地球物理数据处理软件发展迅速，软件平台兼容性更强，并逐渐向油藏开发领域延伸，多学科协同的大数据软件平台成为研究热点。随着人工智能技术的快速发展，多学科协同研究的大数据软件平台将成为竞争热点。国外的一些油服巨头纷纷打造了多学科集成的软件平台。基于深度学习的软件产品更是快速发展，并在实际应用中取得较好的效果。随着超级计算机的发展，计算能力大幅度提高，地球物理技术与强大的计算技术相结合，将会发生巨大的技术突破。

4. 基于人工智能的数据处理解释技术

地球物理行业是个"数据为王"的行业，数据是地球物理勘探的基础，地震数据采集、处理与解释的范围和复杂度正在迅猛增长。随着大数据分析、机器学习和人工智能的快速发展，地震解释正朝智能化方向发展。目前，人工智能技术主要应用于地震数据处理和地震解释与综合油藏描述两个方面。地震数据处理主要包括地震波初至拾取、微地震事件识别、去噪、地震速度分析等方面；地震解释与综合油藏描述主要包括地震属性分析、地震反演、断层识别等。Geophysical Insights 公司和帕拉代姆公司在人工智能地震解释领域已率先开发了工作流程及软件系统。多家大学及公司在地震速度拾取、自动断层识别、相位识别等方面开展了大量研究。

（二）测井技术新进展

随着石油工程技术服务市场规模逐渐扩大，测井技术服务市场有较大幅度的增加，约增长 7.2%。测井技术呈现较为平稳的发展态势，有十几种新型或改进型测井仪器推出，包括随钻前探、油基钻井液随钻声电成像、三维随钻油藏描述、智能电缆地层测试、小井眼随钻岩石物理评价、可溶光纤测井等。这些新技术可以解决随钻地质导向、非常规储层评价等方面的问题，有效提高作业效率，降低作业成本。

1. 电缆测井技术

电缆测井向高精度、多维、智能化方向发展，仪器耐温耐压性能不断提升，以满足非常规和复杂储层评价需要。哈里伯顿公司推出的 XMR 核磁共振测井仪耐温耐压性能达到 175℃/240MPa，一次下井可以提供比常规核磁共振测井仪多 8 倍以上的信息；斯伦贝谢公司推出的 Ora 智能电缆地层测试技术具有智能处理能力，可自动完成复杂的工作流程，将作业时间减少 50% 以上；斯伦贝谢公司推出的 eWAVE 新型多功能全冗余地面采集系统电缆传输速率达 3.5Mbit/s，有利于实现井下数据高速传输。

2. 套管井测井技术

套管井测井技术平稳进步，套管评估技术种类更加丰富，过套管测井精度进一步提升。Well‑sense 公司推出的新型试井仪器 FiberLine 使用简单，不需重型设备便可下入井中，在完成作业后会自动溶解消失，能够有效降低成本；斯伦贝谢公司近期推出的 Tempo 带测量仪的对接式射孔枪系统，是业内首款完全集成了创新设计的插入式射孔枪系统，降低了作业风险，增加了安全性、可靠性和效率；挪威石油公司设计的微型探测器具有经济、高效的优点，较好地解决了数据传输难题，适用于钻井、生产井；Archer 公司推出的 VIVID 声波监听平台可检测多层套管外的微弱信号，对固井质量评价以及湍流分析意义重大。

3. 随钻测井技术

随钻测井技术发展迅速，地质导向能力获得显著提升，适用范围更广（大直径、小井眼、高温高压等）。斯伦贝谢公司推出的 IriSphere 随钻前视技术可实时获得钻前 30m 处地层的电阻率剖面，具有超强的地质导向能力；哈里伯顿公司推出的三维随钻油藏描述技术从沿井眼的 2D 剖面图拓展到完整储层的 3D 描述，探测范围达到 68m，有利于实现精确的井位布置；斯伦贝谢公司推出的 TerraSphere 随钻声电成像测井仪可在油基钻井液中生成高清晰度图像，包括井壁声波图像和井周电阻率图像，具备地应力、井眼稳定性分析，岩性识别，井径测量，地质导向等功能；斯伦贝谢公司推出的 OmniSphere 随钻岩石物理评价服务可满足海上/陆地的 5.75in❶ 小井眼定向钻井与地层评价需求。

---

❶ 1in = 25.4mm。

（三）钻井技术新进展

随着陆地和海洋油气勘探开发投资增长，全球油服市场较为平稳，海上钻井作业降本增效成果显著，全球钻井行业继续遵循技术为王的策略，向着低成本、高可靠性、高安全性方向发展，深水钻井行业发展前景广阔。

1. PDC 钻头技术进展

聚晶金刚石复合片钻头（PDC）广泛用于钻井作业中，2018 年的使用率达整个钻头市场的 89%。但由于钻井深度和地层复杂程度的不断增加，以及对采收率和经济效益要求的不断提高，需要进一步提升 PDC 钻头的耐久性和钻进效率，开发能够在各种作业条件下高效破岩的成型刀具组合。斯伦贝谢公司旗下的 Smith Bits 公司推出了用于软地层和塑性地层的双曲线型金刚石钻头，提高 PDC 钻头的稳定性和钻速。贝克休斯公司的 Dynamus 钻头融合了多种设计元素，钻头破岩效率更高，使用寿命更长。阿特拉公司的 SplitBlade PDC 钻头，凭借其独特的分体式刀翼设计和水力学设计，能够有效清除岩屑，提高机械钻速。

2. 数字化、智能化技术进展

过去，钻井业通过对硬件设备的改造与创新实现生产效率的提升和成本的节约，但在今天，以预测分析、物联网（IoT）、机器学习以及人工智能为特点的数字化技术正在改变着油气井钻井的规则。集成了物联网、云计算和大数据的技术，主要包括地质、建井、生产三个主要模块。采用统一的云平台，利用云计算，提供从勘探开发到建井，再到生产的完整解决方案，为高效低成本开发油气资源提供了技术保障。NOV 公司开发的 NOVOS 自动化编程平台，通过大量井下传感器和地面传感器收集地面和井下数据，帮助实现地面井下一体化，通过统一的软件平台形成完整的控制体系。Oceanit 实验室和壳牌合作研发了智能定向钻井系统，通过采集相应的钻井历史资料，模拟钻井数据及定向钻井作业人员的日常操作，利用机械自主学习算法产生相应的下步钻井指令，从而实现高效的定向钻进。

3. 钻井液技术进展

钻井液性能对提高钻速和井眼质量、消除喷漏卡塌等复杂事故及钻井环保作业至关重要。国外在钻井液领域投入大量研究，主要关注于新材料的应用。纳米水基钻井液体系具有良好的抑制性能和低浓度下的稳定性，纳米添加剂可减少与钻井作业相关的环境污染。得克萨斯大学奥斯汀分校利用用于页岩井壁稳定的纳米型钻井液体系封堵孔喉，压力传递降低，近井眼井壁稳定，井眼耐压能力提高，降低有效应力。新型低密度油基钻井液体系，可在开停泵和下套管过程中，保护地层免受激动压力的破坏。新型低密度油基钻井液体系具有性能稳定、热稳定（180℃）等钻井需要的性能，不会引起交联强度的提高。

4. 海洋钻井技术进展

随着海洋油气工业的回暖，海上钻井设备迎来研发的新一轮周期，具有更高抗压能力的防喷器以及海上控压钻井技术是重点的发展方向。20000psi❶ 防喷器系统已经安装就位，将

---

❶ 1psi = 6894.757Pa。

用于生产。第四代自动化隔水管系统是控制系统、硬件、软件和可编程逻辑控制器（PLC）领域的顶级产品，可以带来人工智能、基于状态的维护、额外的传感器和运行速度。在这个关键的系统中，后台也有一个控制系统，通过人工智能来帮助实现流程自动化。

四、油气储运与炼化领域技术创新发展

油气储运行业推出了多项新技术，推动油气储运向着高效节能、环保和低成本的方向发展，在管道设计施工、维抢修技术、防腐技术、检测/监测技术和数字化技术等方面取得了一系列新进展；全球炼油工业仍面临着生产能力过剩、油品结构调整、燃料质量升级、替代燃料快速发展等多元化竞争，炼油技术围绕着清洁油品生产、新型催化材料、炼化一体化等方面发展，清洁化、一体化、大型化、集约化装备是发展方向；全球石化行业整体仍在高位运行，产能布局更加靠近市场，多元化、轻质化石化原料，绿色低碳技术及产品是行业发展主流，智能化转型发展加速。

（一）油气储运技术新进展

全球天然气市场继续增长，受亚洲多国政府的能源和环境政策影响，亚太地区的天然气需求仍将是全球天然气需求强劲增长的驱动力，多个发展中国家正在成为新兴的市场买家。油气储运技术领域，管材、设计、施工、安全、检/监测、维抢修等技术均取得了多项科研成果，智慧管网、数字化转型、云计算等新兴技术不断涌入储运领域，对推动储运技术的发展具有重要的促进作用。

1. 管材技术

随着管道相关行业技术的发展，新技术、新材料在管道行业应用成为促进管道技术进步的重要推动力。非金属管道既具备钢制输送管材的强度，又具备较强的抗腐蚀性能。纳米材料、碳纤维及碳纤维复合材料、先进复合材料、石墨烯、超硬材料、智能材料、仿生材料等，越来越多的新材料有望在油气管道领域获得用武之地。英国 Haydale 公司提出一种复合解决方案（HCS），石墨烯可以加入管道制造过程中，提高其抗泄漏性和增强韧性。在威尔士研究中心测试新设计的 HCS 管道，成功的结果验证了新材料的突破性成果。将石墨烯增强聚合物用于油气管道系统有着广泛的好处，包括增强了强度、刚度和韧性，提高了渗透阻力和提高了疲劳性能。中国首条负泊松比（NPR）新材料智能生产线投产，NPR 新材料通过改变材料分子结构，克服了高屈服强度和高均匀延伸率的矛盾，实现了钢材强度与韧性兼具，同时该材料还具备无磁和抗强磁场磁化的特点，有望应用在管道行业。

2. 施工和安全技术

油气管道的施工过程是管道生命周期中最重要的环节之一，管道的施工质量直接影响管道的安全。自动化水平的提高和新材料的涌现不仅是生活方式的改变，管道设计施工方式方法也深受影响。德国 DENSO 公司利用一种漂浮在水中的新敷设方法，迅速有效地保护焊缝免受腐蚀。DENSOLEN－AS 50 是一种用于金属管道防腐的冷应用单带系统，具有优异的经济和质量性能，对焊缝高质量的保护符合标准要求。Novarc 技术公司开发出一种名为 SWR 的焊接机器人（Spool Welding Robot，SWR），这是一种协同焊接机器人，能够提高焊接的生产率，降低管道车间的成本，同时显著提高焊接质量。管道安全目前是行业高度关注的问题，相关技术也成为研究热点。国际标准 ISO 19345－1《管道完整性管理规范——陆上管道全生命周期完整性管理》和 ISO 19345－2《管道完整性管理规范——海洋管道全生命周期完整性管理》分别于 2019 年 5 月 10 日和 5 月 16 日正式发布，将为管道完整性管理在世界推广应用、减少管道事故、提升管理水平发挥重要作用。美国机械工程师学会（ASME）出版社出版了《管道地质灾害：规划、设计、施工和运营》，探讨了一些相关的问题，如滑坡、地震和洪水等地质灾害对管道性能和安全的影响，为经营管道公司的从业人员以及从事新管道设计和建造工程师提供最先进的参考。

3. 监测检测及维抢修技术

油气管道的检测和监测技术是保障管道安全运行的重要因素，相关的新技术层出不穷。NDT Global 公司宣布其在管道裂缝检测技术方面取得两项重大进展：NDT Global UCx 增强型测量技术能够测定高达 100% 壁厚范围内的全部裂缝深度；超声 ILI 机器人能够准确检测和识别裂缝、基本材料的裂缝状异常材料和管道焊接区域，其高分辨率超声波裂缝检测使用的是经过验证的 45°剪切裂缝检测波浪方法。Creaform 公司发布了 Pipecheck 5.1，这是对石油和天然气行业管道完整性检测市场上最先进的无损检测软件（NDT）的重大升级。Senstar 公司发布了 FiberPatrol FP7000 光纤管道完整性监控系统，该系统通过提供对泄漏和第三方干扰（TPI）的早期检测，加强了输气管道和液体管道的完整性管理程序。在维抢修方面，液压水下工具专业公司 Webtool 与雪佛龙能源技术公司合作开发一种用于海底管道退役的快速干预工具。该工具将对管道进行卷曲、密封和切割，减少对海洋环境的潜在污染，潜在地消除了管道切割过程中对安全壳的要求，并将潜水员的干预降到最低。

4. 防腐技术

对于全球管道运营商来说，不论是从投资的角度，还是从公众安全和环境保护的角度，避免和减少管道腐蚀是最为关切的任务。艾默生公司研发出 Roxar FSM Log48 区域腐蚀监测系统，该管理系统提供远程、连续的在线腐蚀和腐蚀监测，能够区分局部腐蚀和广义腐蚀，使操作者能够跟踪局部腐蚀并确保管道的健康。罗森集团研制出聚氨酯内衬管道，管道内部涂有一层 RoCoat™ 涂层内衬，并为管道配备了一个磨损监测系统，可以在线获取涂层状况。化学键合磷酸盐陶瓷（Chemically Bonded Phosphate Ceramics，CBPCs）作为一种新型的、坚韧的材料，可以阻止碳钢腐蚀，延长设备寿命，并最大限度地降低重新上漆、维修或更换设备所需的成本和生产停机时间。

5. 数字化管道和智能储运技术

随着管道在线监测技术的日渐成熟，管道运营人员可对管道进行实时监测，获取大量管道在线运行数据。然而，面对如此繁复庞杂的数据，如何实现数据的可视化一直困扰着管道行业。管道数字孪生技术是一项虚拟现实技术，可将管道数据以 3D 形式呈现。管道数字孪生技术目前已应用于加拿大 Enbridge 公司的部分管道，实践表明节省了研究管道数据的时间，有助于用户更好地监控管道运行状况，快速准确地评估管道完整性。全球桌面和云计算的管道工程软件供应商 Technical Toolboxes 发布了 Pipeline HUB（HUBPL），以整合管道数据，更好地促进客户的技术工作。HUBPL 将工程标准和工具库与管道运营商的数据在整个管道生命周期中连接起来。集成的映射进一步简化了工程资源，高效利用了现有的管道数据集。在智能储运技术方面，中国石油研发完成"PCS 管道控制系统"，在大沈线盖州压气站、西气东输二线醴陵压气站和西气东输三线望亭末站都取得良好使用效果，2019 年新建投产的中俄东线天然气管道全线应用国产 PCS 软件。中国石化攻关开发的国产成品油管道自动控制系统上线运行，并在广州黄埔站至深圳妈湾站上线使用，管道各项工艺参数运行正常，控制系统运行稳定，珠三角管网国产化工控系统正式运行。

（二）石油炼制技术新进展

2019 年，世界炼油工业仍面临着生产能力过剩、油品结构调整、燃料质量升级、环保法规趋严以及来自替代燃料快速发展带来的多元化竞争等新形势。炼油技术装备正向着清洁化、一体化、大型化、集约化方向发展。近年来，围绕着清洁油品生产、重质/劣质油加工与高效转化、新型催化材料、炼化一体化、生物炼制等方面出现了诸多技术新进展。

1. 清洁油品生产新工艺

中国石油大学（北京）研发的复合离子液体碳四烷基化工艺技术突破了传统工艺的技术壁垒，烷基化油辛烷值达 96 以上，复合离子液体碳四烷基化技术与以浓硫酸或氢氟酸为催化剂传统碳四烷基化技术相比，具有环境友好、投资较低等特点。围绕清洁油品生产，中国石油研发了多产高辛烷值汽油降柴汽比的柴油催化转化工艺（DCP）技术，开辟了一种新型柴油催化转化反应模式，可将各种类型的重质柴油通过现有的催化裂化装置转化为高辛烷值汽油和液化气，柴油转化率可达 90%（质量分数）。催化汽油加氢技术是汽油质量升级的关键技术，中国石油自主创新研制了满足国Ⅵ标准的催化汽油加氢成套技术，形成了选择性加氢脱硫（PHG）、加氢脱硫—改质组合（M-PHG）两大技术系列，成功破解了深度脱硫、降烯烃和保持辛烷值这一制约汽油清洁化的世界级难题。此外，还研发了催化裂化烯烃转化技术（CCOC），开辟了一种新型降烯烃反应模式，成功破解了降烯烃和保持辛烷值这一制约汽油清洁化的科学难题。在航空煤油（以下简称航煤）生产技术方面，中国石油自主开发 C-NUM 液相加氢成套技术，填补了在液相加氢领域的空白，可以向新建或改造的重整生成油加氢、航煤加氢、润滑油加氢等装置推广，具有占地少、投资低、能耗小等特点，经济效益显著，具有良好的工业应用前景。

2. 新型催化剂技术

埃克森美孚与雅保公司在成功开发 Nebula 加氢裂化催化剂的基础上，合作开发了加氢裂化原料油加氢预处理新催化剂 Celestia，进一步提高了加氢处理活性，有利于加工高干点、含氮、硫的原料，提高加工能力，通过高芳烃饱和活性提高产品收率。中国石油研发的柴油加氢精制—裂化组合催化剂（PHD-112/PHU-211），具有原料适用性广、脱氮活性高、芳烃择向转化选择性高、重石脑油和液体收率高等特点，不仅可以最大量生产重石脑油，还能兼产柴油作乙烯裂解原料。此外，中国石油还自主研发了 PHF-121 加氢脱硫容金属、PHF-311 加氢脱氮、PHF-321 加氢脱芳和 PHF-P 蜡油加氢处理保护剂等系列催化剂，为炼化企业提供了"量体裁衣"式的催化裂化（FCC）原料加氢预处理技术，具有良好的应用前景。

3. 异构脱蜡新技术

埃克森美孚公司开发的 MSDW 异构脱蜡技术，可用于利用炼厂加氢裂化未转化油生产 Ⅱ/Ⅲ 类润滑油基础油。该技术的特点是抗污染物能力强、产品收率高且质量稳定。该工艺可以不需要对加氢裂化装置停工，就能解决未转化油的质量问题。

4. 生物航煤生产新技术

预计到 2030 年，全球生物航煤使用比例将占航煤的 20% 以上，生物柴油的添加比例也将占到车用柴油的 10% 以上。中国科学院大连化学物理研究所（以下简称大连化物所）研发出了糠醇制备可再生 JP-10 高密度航空燃料的新工艺路线。与普通航煤相比，JP-10 燃料在密度、冰点、热安定性等方面都具有性能优势。

（三）石油化工技术新进展

2019 年，全球石化行业盈利水平有所下降，但整体仍在高位运行。行业动向表现为石化产能布局靠近市场，化工产品需求仍将持续增长，石化原料更加多元化、轻质化，绿色低碳技术和产品得到推广与应用，企业智能化发展力度加大。

1. 低成本烯烃生产技术

目前，低成本生产烯烃的方法中，甲烷氧化偶联法制低碳烯烃技术（OCM）已成为行业热点，并已建成了世界上首座天然气直接法制取低碳烯烃的试验装置，乙烯产能为 365 t/a；甲烷无氧催化转化技术克服了传统的甲烷转化技术存在的问题，实现了甲烷在无氧条件下选择活化，可以一步高效地生产乙烯、芳烃和氢气等高附加值化学品；煤基甲醇制烯烃技术中 UOP/Hydor 的甲醇制烯烃工艺（MTO）、德国鲁奇（Lurgi）公司的甲醇制丙烯工艺（MTP）的技术均基本成熟，工业化的风险很小。埃克森美孚和沙特阿美/沙特基础公司的原油裂解直接制烯烃技术省略了一部分炼油环节，流程更为简化，投资成本有所下降，可以减少能耗和碳排放，对于炼化转型升级将产生革命性的影响。

2. 合成树脂生产技术

陶氏化学公司（Dow）开发的烯烃嵌段共聚物（OBC）技术可以将聚乙烯和聚丙烯调和在一起，完美解决了熔融物互不相熔的难题，并成功应用在了西班牙的 Dow 聚合物工厂。佐治亚理工学院与埃克森美孚的研发团队用有机溶剂反渗透技术，实现了在降低实验室温度、不改变有机物相的情况下，高效地完成了对二甲苯分离的新技术，新技术一旦用于工业化生产，将极大降低能耗，减少 CO_2 排放量。中国石油石油化工研究院通过对负载化催化剂核心技术和聚合工艺的攻关，开发了高性能茂金属聚丙烯系列产品，实现了茂金属聚丙烯国有化技术零的突破，标志着中国在茂金属聚丙烯催化剂这一重要领域实现了技术国有化。

3. 绿色化工技术

电解方法制氢依赖于高纯度的水，生产成本很高，而且海水的腐蚀性也是需要解决的问题。斯坦福大学开发的电解海水制氢气新技术，不但节约了原料成本，燃烧时也不会排放任何副产品，具有很好的经济性和环保性。大连化物所的绿色对二甲苯（PX）合成新技术采用木质纤维素资源生物发酵产物（生物基异戊二烯）和甘油脱水产物（丙烯醛）为原料，利用碳化钨催化分子内氢转移串联反应的合成路线，产物 PX 总收率高达 90%。该技术以碳化钨为催化剂，主要副产物为水，便于 PX 产物的分离，该研究成果为探索从生物质资源出发制备芳香化学品提供了新思路。

技术发展报告

一、勘探地质理论技术发展报告

2019 年，国际原油价格先升后降，布伦特原油均价为 64 美元/bbl❶，油气勘探上游投资连续三年保持增长，北美地区仍居投资榜首；全球石油剩余探明储量略增 0.6%，天然气剩余探明储量增幅达 1.6%；天然气作为清洁化石能源，勘探开发速度将继续引领化石能源发展；大数据、物联网、区块链等智能化技术是各大石油公司争相发展的重点。

（一）油气勘探新动向

1. 全球油气勘探开发投资连续三年保持增长

2019 年，国际原油价格先升后降，布伦特原油均价稳定在 64 美元/bbl。全球油气上游投资继续保持增势，2019 年全球油气勘探开发投资额约为 4370 亿美元，同比增加 7.4%（表 1）。

表 1　全球油气资源勘探开发投资

资源类型		投资（亿美元）										
		2009 年	2010 年	2011 年	2012 年	2013 年	2014 年	2015 年	2016 年	2017 年	2018 年	2019 年
陆地	小计	2980	3560	4370	4870	4970	5110	3170	2220	2700	3020	3230
	常规	2550	2760	3080	3310	3270	3250	2220	1710	1920	2090	2340
	非常规	430	800	1290	1560	1700	1860	950	510	780	930	890
海洋		1370	1280	1480	1660	1850	1880	1650	1200	1080	1040	1140
合计		4350	4840	5850	6530	6820	6990	4820	3420	3780	4060	4370

数据来源：IHS Markit，2020 年 3 月。

2019 年，各地区对油气勘探的投资力度不尽相同（表 2）。虽然受市场波动影响，北美地区的投资额有所下降，但仍以 1500 亿美元位居各地区投资首位；非洲、拉丁美洲、俄罗斯和里海地区、亚太、中东的投资均有回升，增幅分别为 20%、16.7%、16.1%、14.3%、7.7%；欧洲投资额稳定。

表 2　全球各地区勘探开发投资

地区	投资（亿美元）											
	2009 年	2010 年	2011 年	2012 年	2013 年	2014 年	2015 年	2016 年	2017 年	2018 年	2019 年	2020 年
非洲	450	400	450	510	520	570	450	320	300	300	360	390
亚太	1090	1090	1230	1460	1480	1350	1130	900	870	910	1040	1080

---

❶　1bbl = 158.987dm³。

续表

地区	投资（亿美元）											
	2009 年	2010 年	2011 年	2012 年	2013 年	2014 年	2015 年	2016 年	2017 年	2018 年	2019 年	2020 年
欧洲	280	270	300	330	360	370	350	270	280	270	270	270
中东	280	270	290	330	340	370	340	320	360	390	420	400
北美	1420	1970	2580	2800	3060	3300	1720	960	1340	1540	1500	1700
俄罗斯和里海地区	300	310	380	420	420	400	350	310	300	310	360	380
拉丁美洲	510	530	620	670	640	620	490	350	370	360	420	470
总计	4330	4840	5850	6520	6820	6980	4830	3430	3820	4080	4370	4690

数据来源：IHS Markit，2020 年 3 月。

2. 全球油气剩余探明储量小幅增长

2019 年底，美国《油气杂志》发布的《全球油气储量报告》中将轻烃（NGL）加入"石油"的范畴，部分国家的天然气储量改为干气储量。根据该报告，2019 年全球石油和天然气剩余探明储量同比均有增长，分别达到 $2305.8 \times 10^8 t$ 和 $205.2 \times 10^{12} m^3$（表 3、表 4），增幅分别为 0.6% 和 1.6%。欧佩克石油储量降低 0.1%，达到 $1629.9 \times 10^8 t$，在全球石油储量中占比稳定，为 70.7%；天然气储量为 $72.7 \times 10^{12} m^3$，增幅 0.6%，占全球天然气储量的 35.4%。中国的石油储量稳定为 $35.8 \times 10^8 t$，增幅 0.9%；天然气储量 $6.3 \times 10^{12} m^3$，增幅 4.9%。

表 3　2019 年世界主要国家或地区石油剩余探明储量及储采比

序号	国家或地区	储量（$10^8 t$）	增幅（%）	储采比
1	委内瑞拉	414.8	0	48.2
2	沙特阿拉伯	365.8	0.3	61.0
3	加拿大	230.0	0.3	40.2
4	伊朗	213.2	0	80.4
5	伊拉克	198.7	-1.5	82.8
6	科威特	139.0	0	69.9
7	阿联酋	134.0	0	69.7
8	俄罗斯	109.6	0	63.7
9	美国	97.2	16.0	65.5
10	利比亚	66.3	0	46.5
11	尼日利亚	50.6	2.2	49.1
12	哈萨克斯坦	41.1	0	42.0
13	中国	35.8	0.9	37.7
14	卡塔尔	34.6	0	38.0
15	巴西	18.1	3.1	21.5
1	中东小计	1100.2	-0.2	73.1

续表

序号	国家或地区	储量（10^8 t）	增幅（%）	储采比
2	美洲小计	788	1.8	51.3
3	非洲小计	172.1	0.5	40.9
4	东欧及原苏联小计	164.3	0	22.3
5	亚太地区小计	63.6	0.3	17.5
6	西欧小计	17.4	3.5	11.1
	欧佩克总计	1629.9	-0.1	91.0
	全球总计	2305.8	0.6	48.8

表4 2019年世界主要国家或地区天然气剩余探明储量

序号	国家或地区	储量（10^{12} m³）	增幅（%）
1	俄罗斯	47.8	0
2	伊朗	33.9	0.3
3	卡塔尔	23.8	-0.1
4	美国	13.2	6.5
5	土库曼斯坦	9.9	32.1
6	沙特阿拉伯	9.1	4.1
7	中国	6.3	4.9
8	阿联酋	6.1	0
9	尼日利亚	5.7	0.9
10	委内瑞拉	5.7	-0.6
11	阿尔及利亚	4.5	0
12	伊拉克	3.7	-0.4
13	澳大利亚	3.2	0
14	莫桑比克	2.8	0
15	印度尼西亚	2.7	-4.3
1	中东小计	80.3	0.5
2	东欧及原苏联小计	64.6	4.3
3	美洲小计	23.1	2.8
4	非洲小计	17.7	0
5	亚太地区小计	17.4	0.2
6	西欧小计	2.1	-22.2
	欧佩克总计	72.7	0.6
	全球总计	205.2	1.6

2019年，全球油气资源格局未变，石油储量仍主要集中在中东和美洲，天然气储量仍主要集中在中东、东欧及原苏联地区（图1、图2）。

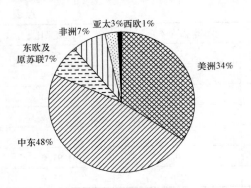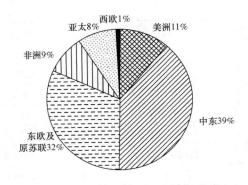

图 1　全球各地区石油探明储量占比　　　　图 2　全球各地区石油天然气探明储量占比

3. 油气新发现量创四年新高

2019 年是石油行业的快速复苏之年，根据雷斯塔能源（Rystad Energy）的数据，全年度全球油气勘探发现 122×10^8 bbl 油当量，创近四年新高。新油气发现仍主要集中在海域（表 5）。

从国家来看，圭亚那的新增油气储量最大，达到 18.45×10^8 bbl 油当量；俄罗斯、毛里塔尼亚和伊朗紧随其后，分别发现了 15.32×10^8 bbl 油当量、13.25×10^8 bbl 油当量和 8.37×10^8 bbl 油当量；随后分别是塞浦路斯、挪威、南非、英国、马来西亚和加纳。

从作业公司来看，俄罗斯天然气工业股份公司（Gazprom）、埃克森美孚（ExxonMobil）、道达尔（Total）、泰国石油公司（PTTEP）、壳牌和中国海油是油气发现总储量排名前十的公司（根据预计总储量排名）。

表 5　2019 年全球重要油气新发现

发现地	国家	运营商	石油（10^4 bbl）	天然气（10^4 bbl 油当量）	总量（10^4 bbl 油当量）
Dinkov（海洋）	俄罗斯	俄罗斯天然气工业股份公司	0	100000	100000
Nyarmeyskaye（海洋）	俄罗斯	俄罗斯天然气工业股份公司	0	75000	75000
Glaucus（海洋）	塞浦路斯	埃克森美孚	70	61200	68200
Brulpadda（海洋）	南非	道达尔	22400	33400	55800
Lang Lebah（海洋）	马来西亚	泰国石油公司	0	43800	43800
Yellowtail（海洋）	圭亚那	埃克森美孚	40000	0	40000
Tilapia（海洋）	圭亚那	埃克森美孚	31000	4000	35000
Tripletail（海洋）	圭亚那	埃克森美孚	35000	0	35000
Kali Berau Dalam（陆地）	印度尼西亚	西班牙国家石油公司	2600	22800	25400
Blacktip（海洋）	美国	壳牌	25000	0	25000
Glengorm（海洋）	英国	中国海油	5000	19300	24300

（二）油气勘探新技术

1. 利用沉积构造和生成式对抗网络建立逼真三维储层沉积相模型

在井中建立基于稀疏测量和解释的地质真实沉积相模型是油气勘探和油藏描述的关键。三维沉积相结构和连通性对储层非均质性和油气流动起至关重要的作用。建模过程包括在坐标点取样预测大范围内地质空间内的沉积相分布，地质统计学是建立地质和岩石物理模型的主要工具。

早期的地质统计算法主要采用空间线性插值或假设地质属性服从高斯分布来建模，这种线性插值是基于一个称为"变量图"的概念，它测量变量的空间连续性，如孔隙度和地质相。但大多数地质属性是非高斯分布且非线性的。此外，还有基于训练影像的多点统计模拟法、基于对象的逻辑模拟法等。

生成式对抗网络（GANs）最广为人知的应用是人脸识别成像。GANs 是由生成模块 G 和鉴别模块 D 组成的生成模型，每个生成模型都由单独的神经网络参数化。GANs 训练就像利用极大极小目标函数优化的双人游戏（生成模块 G 和鉴别模块 D），其中鉴别模块 D 可通过增加识别图像的准确性获得最大价值，同时生成模块 G 以降低生成的图像被鉴别模块识别的概率为目标。G 和 D 的训练交替进行，训练过程一直持续到两个模块达到平衡，即生成的图片真实性极高，真假难辨。

将该方法应用于油藏模拟中，采用三维沉积相库进行训练，一旦 GANs 经过训练就可以生成各种与井资料解释一致的地质真实模型。该方法已经在复杂河流沉积体系（图 3）和碳酸盐岩储层建模中应用，清晰模拟了进积型沉积。该结果表明，GANs 不仅比基于地质统计学的建模法模拟的地质沉积相更加真实可信，而且可以清晰模拟非均质沉积相的层序地层。

未来，随着训练集类型的丰富，GANs 将是重要的常规地质建模法的替代者之一，它将更好地实现三维油藏建模，同时实现静态和动态建模工作无缝整合。

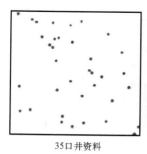
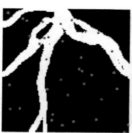

35口井资料   GAN样品1   GAN样品2   GAN样品3

图 3　GANs 生成的三角洲相模型图

2. 利用体积模量和神经网络技术进行储层流体识别

利用岩石物理参数预测油气是油气勘探中的重要流程，岩石物理参数同时受孔隙度、黏土体积、孔隙流体类型和岩性特征多种因素影响。马来西亚石油大学推出一种新型油气预测方法——ΔK 流体识别方法，ΔK 表示真实储层体积模量与含盐水储层体积模量之差。然后，利用深度学习法构建 ΔK 预测模型，提升油气预测效果。

1）ΔK 流体识别技术优势

常规流体识别多采用流体因子法，比较流体因子法和 ΔK 识别方法的效果差异（图4）。从图4可以看出，当孔隙度位于中低范围内时，油气和盐水的流体因子相互重叠，难以识别流体类型，而 ΔK 方法在任何孔隙度范围内都可以清晰辨别不同流体类型，所以 ΔK 流体识别方法更优于流体因子法。

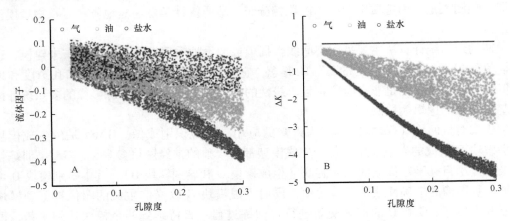

图4 流体因子与孔隙度关系图和 ΔK 值与孔隙度关系图

2）ΔK 预测模型构建过程

本研究运用深度学习法将数值建模过程中得到的参数数据集（纵波波速、横波波速和介质密度）按照3∶1比例分别用于模型学习和检验，根据已知参数（纵波波速、横波波速和介质密度）和神经网络技术构建 ΔK 预测模型，使 ΔK 预测值尽可能接近真实值，最终得到 ΔK 真实值和 ΔK 预测值的关系对比图以及不同流体类型的 ΔK 预测值箱线图（图5）。通过数据检验发现，ΔK 预测值与真实值大体相近，盐水与油气的 ΔK 预测值区分清晰，所以

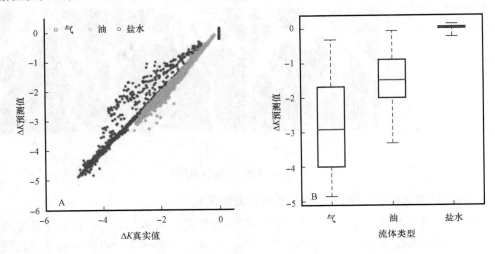

图5 ΔK 真实值和 ΔK 预测值的关系对比图以及不同孔隙流体的 ΔK 预测值箱线图

ΔK 预测模型符合预期效果。但也存在一些不足，模型中盐水的 ΔK 预测值范围小于真实值范围，如果是储油层为孔隙度较低的砂岩，容易导致预测结果偏差。

3）ΔK 预测模型效果检验

利用 Marmousi Ⅱ 模型数据集验证 ΔK 方法的实用性和 ΔK 预测模型的有效性。结果显示：含油气岩层 ΔK 值较低，其他岩层 ΔK 值较高；根据 ΔK 门槛预测值❶识别出三类孔隙流体类型——盐水、油和气，但不能识别孔隙度低的油藏。

4）结果讨论

ΔK 流体识别方法通过对比真实储层与含盐水储层的体积模量预测油气存在，在孔隙度较高范围内预测效果良好。此外，ΔK 识别方法运用了数值建模和深度学习技术，只需要纵波波速、横波波速、介质密度和 ΔK 预测模型即可预测油气，无须额外参数，操作更加便利。

5）应用前景

与传统流体因子法相比，ΔK 流体识别方法在油气预测方面更精确，有效降低了孔隙度对预测结果的负面影响。虽然存在一些不足，但 ΔK 识别方法堪称油气预测技术方面一次有意义的尝试，还有很大的进步空间，发展前景广阔。

3. 通过建模分析地质示踪剂分布评估原油运移路径

沙特阿美公司在过去几十年一直尝试用地质示踪剂分析石油运移体系——利用原油中的咔唑及其衍生物分析原油运移情况。受矿物表面的吸附作用影响，原油从烃源灶到油藏的运移过程中，咔唑与孔隙水分离，原油中咔唑丰度下降，异构体比例改变。因此，可利用咔唑丰度和异构体比例评估原油运移路径。

1）分析对象选取

以某 5 个油田为研究对象，利用储层油样本的咔唑丰度评估原油运移路径情况。5 个油田的烃源岩均是成熟度较低的碳酸盐岩，消除了烃源岩种类或其成熟度对初始丰度的影响，为用咔唑分布评估原油运移提供了理想条件。由于 W 油田储层含油体积较小，因此在模型分析过程中将其与 H 油田合并为 H&W 油田。

2）模型分析

原油运移过程中，咔唑运移依次形成原油运移前缘和地质示踪剂前缘两个位置。在地质示踪剂前缘之后的咔唑丰度与油源处咔唑丰度相同，但在地质示踪剂前缘和运移前缘之间的咔唑丰度为零。圈闭先接收到位于咔唑前缘之前的无咔唑原油，然后接收含初始咔唑丰度的原油。由于咔唑对储集岩的吸附作用，因此油藏内的咔唑丰度先降低，然后在原油聚集过程中咔唑成分逐渐均匀。一旦圈闭被填满至溢出点，原油则沿路径继续运移，咔唑前缘再次落后于原油前缘（图 6）。据此过程，构建了描述储层油中地质示踪剂的一系列数学模型。

---

❶ ΔK 门槛预测值已经在数值建模过程中得出，当 ΔK 预测值为 -0.147 时，可区分盐水和油气；当 ΔK 预测值为 -1.766时，可将气从油和盐水中区分出来。

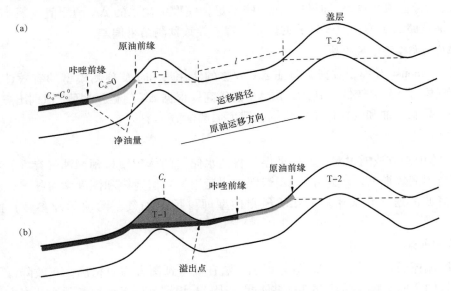

图6　原油运移和积聚过程中咔唑沿运移路径再分布情况

3）结论

（1）储层原油咔唑的初始浓度（C_o^0）和相对运移距离与储层原油体积比（l/V_o）成反比。储层原油体积越大，咔唑丰度越高。

（2）通过计算得出的不同咔唑成分初始丰度值不同，但截面面积计算所得数值相近，这表明建模方法比较可靠，同时也表明不同咔唑成分的吸附能力相近。

（3）运移通道内剩余原油量值得注意。运移通道内剩余原油体积计算以活跃充油状态为前提，即充油结束后，运移通道内的原油依靠浮力继续向上运移，因此，运移通道内剩余原油体积计算值代表最大估测值。

4）应用前景

根据地质示踪剂分布情况构建数值模型为原油运移路径评估提供了新思路，已知油藏属性和其他参数便可得出运移通道截面面积和半径，还可得出储层油体积与示踪剂丰度关系以及估测运移通道剩余原油体积，通过建模分析地质示踪剂分布评估原油运移路径情况的方法具有较高的实用价值和发展前景。

4. 基于 KPI 的静态地质模型实现质量保证与控制过程的标准化建模方法

地质模型广泛应用于油藏描述和油田战略设计，既可最大限度地实现资产价值，又可提升项目经济效益。静态地质模型为采用数值解和解析解解决油藏复杂情况奠定基础，同时采用静态和动态地质工程观察方法描述油藏情况，以便实施进一步研究。然而，由于静态地质模型构建基础依赖个人观察和完成油藏框架成像，主观性较强，因此必须采取适宜的质量控制方法实现建模的总体目标和具体目标。为更好地实现模型质量保证和质量控制，科威特石油公司和斯伦贝谢公司联合提出一种基于 KPI 的标准化静态地质建模方法，目的是建立一个切实可行的建模过程、工作流程和标准，实现标准化建模。

1）具体方法

项目范围包含建立地质建模指南、工作流程和标准。指南和工作流程以油藏建模最佳实践和顶尖技术水平为基础，确保油藏可靠性，将相关风险和储量的不确定性降至最低，优化油田开发方案，同时必须确保达到公司油气产量目标，实现稳定可持续生产，加快储量审批和油田开发计划，整体完善油藏管理流程。每项主要任务和模型都必须配有工作流程、指南和质量措施，每项主要任务和整体静态模型必须确定 KPI 以测量质量和稳健性。

静态模型指南包含三部分：（1）概述部分规定建模过程，列出输入数据流程、分析或两者同时列出，描述最终结果；（2）高层次描述最佳实践的建模过程及每个静态模型的优缺点；（3）过程检查部分采取必要步骤，从成熟度、精度和质量三方面分析建模结果。静态建模工作流程包括结构和地层框架建模、相建模、孔隙度建模、渗透率建模、饱和度建模、容量分析和不确定性分析。检查项目必须实施完全审计追踪，确保复制每一个环节并记录最终报告结果。

评定问卷（在建模开始之前进行）的主要目的是验证输入数据，核验输入数据是否将接受风险降至最低且不会阻碍达到预期结果，评定要在建模开始前或开始阶段进行，务必描述结果与预期二者间的差距并评估差距对模型结果质量的潜在影响。KPI（在建模结束时进行）用于测量模型结果的质量和适宜性，KPI 规定了模型结果满足质量和适宜性要求的最低标准。质量控制图表（在建模过程中实施）需在定期技术检查前以文档形式呈现并交流，每个建模过程都有相应的质量控制图表。

2）方案结果

构建一个可靠、可预测的静态模型，质量控制是重要且关键的环节，虽然没有适用于所有建模过程的标准，但不同的三维建模之间存在某些共同点。如果明确建模目的，整理好应交付产品，遵循适宜方法，就可避免建模过程中的基本误差。

3）应用前景

基于 KPI 的标准静态建模质量保证/控制提供了一种以 KPI 为基础的模型质量保证与控制方法，使建模人员有机会自己评价模型结果并修正，实现建模人员和检查人员共同完成静态模型的质量控制和保证。在处理地质统计和数值油藏建模问题时，无论对地质工作者、地质建模人员还是油藏工程师，都发挥了重要作用。

5. 新一代磁共振质谱系统——布鲁克磁共振（scimaX）

贝克休斯公司推出的新一代磁共振质谱系统——布鲁克磁共振（scimaX）取得突破性进展，不但体型小，仪器运行时不再需要填充液体制冷剂，而且拥有超过两千万的极限分辨率，可完成高难分析任务。

scimaX 可用于质量范围 $100\sim1500m/z$ 的极限中小分子基质辅助激光解吸电离（MALDI）成像，能辨识仅毫道尔顿（mDa）质量差的分子成像图谱，是同位素精细结构分析和分子式确认的基本条件。

scimaX 磁共振质谱系统和 Metabo Scapa4.0 组学软件联合，可进行样本直接分析，提高样本通量（图7）。通过超高的质量精度，确定真实同位素分布及其精细结构，可鉴定生物体系的各种已知和未知物的代谢物的分子式。甚至可监测出液相色谱—质谱（LC‐MS）方法检测不出的化合物。

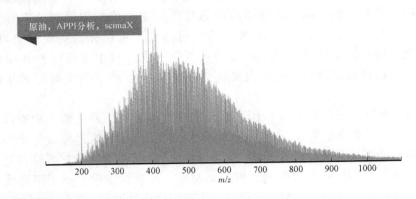

图 7　scimaX 样品分析结果

新一代磁共振质谱系统可分析原油、生物燃料等复杂混合物，在线切换双离子源设计，可即时交替进行电喷雾/基质辅助激光解析（ESI/MALDI）实验，即日渐开展 ESI 实验，在夜间自动采集 MALDI 成像数据，极大提高工作效率。目前，已在科研和工业领域取得令人瞩目的研究成果。

（三）　油气勘探技术发展趋势展望

当前油气行业技术发展呈现出一种新旧交替的状态。要继续深化现有技术，突破勘探开发瓶颈，降低成本，提升价值。在"油气4.0"的时代下，油气勘探业务在纳米新材料、非常规勘探、深水勘探等方面的新技术不断突破创新，推动油气行业不断向纵深发展。油气勘探技术发展趋势主要有三个特点。

1. 对现有技术升级，做到精度更高、成本更低

当前，无论是中国还是全球油气勘探领域，均面临勘探对象越来越复杂、勘探程度偏高和资源劣质化的问题，为了满足全球巨大的油气需求，在低油价的大背景下，必须降低成本，提高技术的精准程度。针对非常规致密储层等极端地层环境，创新采用新的地层测试和取样工具，在致密储层和超高压差地层中都可以很好地完成流体识别；创新方法模拟地下储层，精确还原沉积历史、沉积结构等。

2. 智能化等颠覆性技术发展迅猛

利用数字化、智能化技术进行全产业链转型的"油气工业4.0"时代已经到来，油气公司纷纷采取行动，利用物联网进行自动化数据采集，将无线传感器和自主无人机等用于地球物理测量，突破了数据采集效率的界限。大数据和人工智能（AI）技术的应用正在逐步向实时数据解释方向发展。AI 分析成果数据使得油气公司能够获得真实的、实时的、高分辨率的各类地质条件组合报告，能够更快速做出高质量的决策。

3. 新材料等新兴技术层出不穷，跨界应用推动勘探业务不断突破

基于深层神经网络的薄层碳酸盐岩岩性识别图像分析技术，采用卷积神经网络（CNN）对模型进行训练以及解释；利用机器学习建立高分辨率的裂缝地层模型，在深度学习框架内对裂缝性储层进行建模，实现从灰度或高光谱图像中识别裂缝；采用医学界的 DNA 分析原理，利用微生物对气体分子微渗漏的反应，预测油气藏位置，寻找油气"甜点"等都是探索的方向。

参 考 文 献

［1］Ricardo Montes, Frank Larsen, Pritesh Patel. Global upstream spending ［R］. IHS Markit, 2020：6 – 23.

［2］张鹏程. 全球油气产、储量年终盘点：美国继续加码，欧佩克势微 ［N］. 石油商报, 2020 – 01 – 03（7）.

［3］Prashant Dhote, Talal Al – Adwani, Mohammad Al – Bahar, et al. KPI based standardizing static geomodeling practices for QA and QC of models ［R］. IPTC 19123 – MS, 2019.

［4］Liu Changcheng, Deva Ghosh, Ahmed Mohamed Ahmed Salim, et al. Fluid discrimination using bulk modulus and neural network ［R］. IPTC 19317 – MS, 2019.

［5］Zhang Tuanfeng, Peter Tilke, Emilien Dupont, et al. Generating geologically realistic 3D reservoir facies models using deep learning of sedimentary architecture with generative adversarial networks ［R］. IPTC 19454 – MS, 2019.

［6］Yang Yunlai, Khaled Arouri. Assessment of oil migration pathway dimension by modelling analysis of geotracer distributions ［R］. IPTC 19147 – MS, 2019.

二、油气田开发技术发展报告

（一）油气田开发新动向

2019 年，在美国原油产量大幅增长的带动下，全球原油产量增长加快，天然气产量进入高速增长阶段，深水、LNG、致密油、油砂等都已成为全球油气开发重点领域。各公司在成本管控和技术革新等方面不断发力，推出了新的技术和研发方案，推动油气田开发向着高效节能、环保和低成本的方向发展，在提高采收率、压裂、人工举升和数字化技术等方面取得了一系列新进展。

1. 石油公司出售开发区块调整业务重心

康菲石油公司（ConocoPhillips，以下简称康菲）以 26.75 亿美元的价格将其两家英国上游子公司出售给总部位于伦敦的 Chrysaor 私人控股公司。这次对投资组合的调整，意味着康菲正在剥离持续勘探开发 50 多年的成熟区块，将重心转向美国页岩勘探开发业务。

Chrysaor 公司在此次收购之后成为英国北海最大的生产商之一，资产扩大后，运营成本将低于 15 美元/bbl，为公司的投资组合带来了高额利润和显著的正现金流。

将石油公司主要的资产安全地转移到新的、资金充足的私营运营商手中，这一过程为买卖双方带来了一笔可观的交易，为新的资产拥有者带来了再投资和增长所需的战略和资本。

2. 数字化系统成为油田开发的必备工具

埃克森美孚公司与沙特阿美服务公司、巴斯夫、康菲、陶氏化学、埃克森美孚研究与工程公司、乔治亚太平洋有限责任公司和林德公司等 7 家公司联合开发了开放式流程自动化（OPA）系统。在当前的数字时代，随着计算机硬件、软件、网络和安全方面的进步，加上日益加剧的全球竞争和网络安全风险，多家公司选择协作来加速创建一种基于标准的、开放的、可交互操作的、安全的自动化体系结构，以解决当前系统的技术和商业挑战。

开发的测试平台可以供 OPA 系统的合作伙伴使用，协作伙伴可以指定并优先添加和测试新的组件、标准和系统特性。试验测试平台的结果将与所有合作伙伴共享，其经验教训将支持独立的实地试验。

3. 七大石油公司成立区块链联盟

埃克森美孚、雪佛龙、康菲、挪威国家石油、赫斯、Pioneer 自然资源公司和雷普索尔 7 家大型石油和天然气公司宣布建立伙伴关系，在美国成立第一个行业区块链财团——海上运营商协会油气区块链联盟，旨在推动区块链技术在油气行业的大规模应用。董事会由 7 个创始成员公司的代表组成，负责监督财团资金，确保运营程序得到维护，并提供项目批准。

具体目标包括：通过技术评估、概念验证以及先导试验等方式，学习区块链技术并引导其在石油行业开展应用；根据区块链的技术优势，探索与石油行业的结合点；推动油气行业区块链技术标准和框架的制定，主要包括治理结构、智能合约、共识协议、加密需求等。

4. 油服公司成立合资公司为油气行业提供人工智能解决方案

石油和天然气领域的人工智能通过吸收大量数据，对具体操作环境进行智能化处理，并在问题出现之前进行预测，从而帮助运营商改善规划、人员配备、采购和安全，从而提高整体性能。贝克休斯公司将 fullstream 油气专业技术与 C3.ai 公司独特的人工智能软件套件整合在一起，提供数字转换技术，从而推动石油和天然气行业的生产率达到新的水平。

石油和天然气行业正在进行数字化转型，以提高效率和安全性，同时减少对环境的影响。贝克休斯公司和 C3.ai 公司还将利用贝克休斯公司现有的数字产品组合，在石油和天然气集成人工智能应用上进行合作，并提供油田和人工智能专业技术的组合团队，直接部署到客户环境中，交付满足特定业务需求的人工智能解决方案。

（二） 油气田开发技术新进展

1. 提高采收率技术

1）CO_2 捕集、封存和提高采收率技术

沙特阿拉伯油藏原油轻质组分较多，地层压力较高，水淹区多。沙特阿美公司在 Uthmaniyah 油藏启动了首个 CO_2 捕集、封存和提高采收率项目，以水气交替注入的模式将 CO_2 注入水淹区。同时，利用"第四次工业革命"（IR4.0）技术的力量，借助大数据、预测分析、人工智能、自动化和 3D 可视化等技术，使开发、生产和管理资产实现前所未有的安全性、准确性和经济性。世界经济论坛将 Uthmaniyah 油藏的开发视为 IR4.0"灯塔"之一。

该项目为智能化项目，可以全天候实时监控现场情况，被称为创新型颠覆性技术。取得的创新进展包括以下方面。

（1）监测技术。地震监测，监控的参数包括 CO_2 封存量、CO_2 羽状化流动状态、CO_2 运移和含油饱和度；井间电磁监测，主要追踪两口井间的 CO_2 羽状流；井眼和地面重力监测，追踪地层内的 CO_2，监测浅层含水层的 CO_2 漏失情况；井间示踪剂监测，主要追踪 CO_2 的流动路径和突破速度。

（2）模拟研究。筛选适合 CO_2 驱实验的区域，评估试点测试期间 CO_2 的封存量，评估 CO_2 不同注入方式的采油量增量，在油藏和操作条件下进行实验优化。最终优选出侏罗系碳酸盐岩油藏，该油藏容易形成混相驱，CO_2 封存量最大，提高采收率效果最好。

（3）试点设计。在试点区域的下倾位置设立一个大型的 CO_2 注入试点，建立 4 口注入井和 4 口生产井，用来确定 CO_2 在油藏内的羽状运移、地层内的 CO_2 封存量、行列注水中重力分离的程度、CO_2 的波及体积、洗油效率、产油量以及水气交替和注入过程中 CO_2 和水的注入效果。

Uthmaniyah 是中东地区首个碳捕获与封存（CCS）和 CO_2 提高采收率项目，是沙特阿美公司碳管理战略和路线图的一部分，项目每天捕获大约 $127 \times 10^4 m^3$ CO_2，每年碳减排约 $80 \times 10^4 t$。自 2015 年首次注入 CO_2 以来，油井石油生产率提高了一倍。该技术同时获得了 2019 年世界石油奖、2018 年 Harts E&P 工程技术奖、2018 年中东油气年度提高采收率项目奖等多项国际大奖。

2）新型吞吐技术

过去数十年里，CO_2 及 N_2 辅助的第二代吞吐措施起到了较好的增产效果。由日产化学美国公司和 Linde 公司合作推出的基于纳米颗粒的 RECHARGE HNP 增强吞吐技术几乎适用于全美超过 100 万口油井。自 2016 年投入使用以来，单井产量增产率从 12% 提高到 564%。与传统的吞吐方法一样，该技术也需要经过注入、焖井和回采 3 个步骤。现场试验表明，应用该技术后焖井时间可以大大减少，从而将投资回收期缩短到 60 ~ 90 天。

该技术的原理是利用 CO_2 或 N_2 推动纳米颗粒进入更深层次的毛细裂缝及微孔隙中，注入的气体通过与布朗运动的分散颗粒发生协同作用，楔入岩石和原油界面，从而将更多的剩余油剥离下来。该技术可以同时解决不同地层或不同类井的多个问题，可以广泛应用于二叠盆地到巴肯盆地的各类油藏。

在得克萨斯州中部 Austin Chalk 和 Buda 地层两口应用该技术的水平井，180 天后增产效果显著（图 1、图 2）。用量较少的 Austin Chalk 地层水平井增产率由原来的 12% 提高到了 174%，用量较多的 Buda 地层水平井增产率由原来的 30% 提高到了 564%。

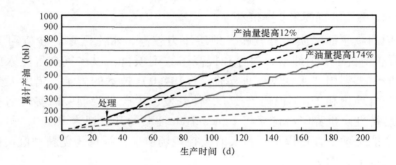

图 1　Austin Chalk 地层水平井增产效果

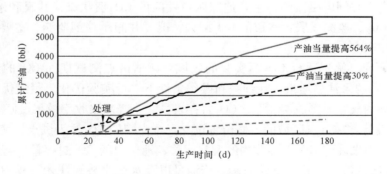

图 2　Buda 地层水平井增产效果

3）减氧空气驱提高采收率技术

空气取之不尽，用之不竭，不需要成本，减氧空气只需少量成本，是一种高效、低成本、绿色的驱油介质。减氧空气驱技术是一项富有创造性的提高采收率新技术，它既可用于二次采油，也可用于三次采油；既能够用于中高渗透油藏或潜山油藏开发中后期开发技术的战略接替，也能够用于特/超低渗透和致密油藏的有效动用。

主要创新包括：（1）建立了高温高压减氧空气爆炸模拟实验方法及装备，明确了减氧空气发生爆炸最小含氧量为10%，同时存在可燃物（甲烷4.76%～16.95%）和点火源。将氧气含量降低到10%以下可以确保注入的绝对安全。（2）明确了氧与水共同作用是减氧空气驱井筒产生腐蚀的主要因素，无水存在减氧空气驱不会产生腐蚀，有水存在减氧空气驱注入井需要更换防腐管柱或进行防腐涂层。（3）形成了标准化、系列化、橇装化减氧空气一体化装置生产能力，实现压力、流量匹配及智能联控联锁保护三大关键技术的突破。（4）制定了中国石油企业标准《驱油用减氧空气》，将空气/减氧空气划分为4类，明确了各类减氧空气含氧量。

减氧空气驱技术在长庆、吐哈等油田工业化应用取得了突破性进展，采收率提高10%以上，使低渗透油藏和高温高黏油藏焕发了青春。该技术可满足低/特低/超低渗透油藏、复杂断块油藏、高温高盐油藏、潜山油藏应用要求，具有广阔的应用前景。到2025年，减氧空气驱产量将突破 $50 \times 10^4 \mathrm{t}$，成为最具应用潜力的战略性接替技术。

4）致密气经济动用储量提高采收率技术

中国致密气广泛分布于鄂尔多斯、四川、松辽等多个盆地，是目前单一储层类型产量最高的气藏，但致密气单个储层小而散，尺度变化大，多层纵向叠置发育，常规气藏提高采收率技术不适用于致密气"一井一单元"的储渗体结构特点，无法获得较高的气藏采收率。针对致密气地质储量大、采收率低的难题，创新形成了复杂致密气经济动用储量提高采收率技术。

主要技术创新：（1）创建复杂致密气藏储量结构模型，揭示了中国致密气地质储量的赋存特点和机理；（2）精细描述气砂体、致密基质、隔夹层、人工裂缝的空间展布，建立井距与沉积体和人工裂缝三者间的配置关系，优化加密井网；（3）建立单井经济产量与井网密度、地质储量丰度、采收率四维度关系图版，确定不同储量丰度条件下经济极限和技术极限井网密度指标，确立当前经济指标对应的采收率指标；（4）创建产量干扰率指标，替代井间连通干扰率，定量评价致密气加密过程中产量损失和采收率提高幅度的关系，成为优化井网调整方案的重要指标；（5）形成了以经济动用储量为核心的致密气提高采收率技术，推动了中国储产量规模最大的天然气田大幅度提高采收率，实现了苏里格气田地质储量的效益动用和气田长期规模稳产。

新技术已在苏里格气田进行的现场开发试验获得显著效果，实现了该类气田采收率由30%到50%的突破，目前已经开始规模化推广应用。中国石油致密气探明和基本探明地质储量合计 $6.34 \times 10^{12} \mathrm{m}^3$，新技术应用将新增可采储量超过 $1 \times 10^{12} \mathrm{m}^3$，相当于再造了一个万亿立方米级别的特大型气田，将对天然气业务发展发挥重大作用。

5）页岩油有效动用技术

针对吉木萨尔陆相页岩油"甜点"分散、非均质性强、油层动用率低的特点，中国石油聚焦"提高油层动用率、单井产量和缝控储量"等关键技术问题，以实现规模效益开发为目标，创新形成了陆相页岩油有效动用技术。

主要技术创新：（1）创新形成集微地震、试井等技术于一体的人工缝网描述技术，建立了压裂水平井基于缝控储量的产能评价新方法，开创了从压裂缝网优化到立体开发井网部署的新模式。（2）建立了 X 射线荧光光谱仪（XRF）/X 射线衍射仪（XRD）等综合录井辅助长位移水平井轨迹精细控制技术，水平井薄层"甜点"钻遇率提高至 90% 以上。（3）攻关形成了超 3000m 水平段水平井钻完井技术，水平井水平段长度突破 3500m 大关，造斜段平均机械钻速提高至 1.22m/h，造斜段工期缩短至 31 天，为进一步提升页岩油开发效益提供了技术保障。（4）形成了大井丛系列技术：立体井网集群压裂技术提高了"甜点"储层裂缝复杂程度；高强度增能压裂技术保障压裂后稳产，焖井、控压控量排采技术提高 EUR，"压、注、驱、采"多技术融合实现页岩油效益开发。（5）创新形成小直径投捞电缆式潜油螺杆泵举升工艺，最大下泵深度达 2505.74m，平均泵效 70%，电缆对接成功率 100%，开创了国内页岩油深井机采举升工艺全新技术模式。

吉木萨尔二叠系芦草沟组水平井单井累计年产油突破万吨，有效推动页岩油规模效益开发，2019 年成功申报吉木萨尔国家级陆相页岩油示范区。通过示范项目的实施，将建立中国陆相页岩油勘探与开发技术体系，有效带动中国陆相页岩油产业整体规模化发展。

6）高含水砂岩老油田挖潜技术

针对哈萨克地区不同黏度高含水砂岩老油田经历了接管初期"高速开发、快速回收投资"阶段，陆续进入快速递减及低效开发期面临的难题，围绕"精细表征单砂层重构油藏地质认识，大幅度提高采出程度实现高效开发"的目标开展技术攻关，有力支撑了中国石油哈萨克斯坦地区油气业务的高质量发展。

主要技术创新包括：（1）创新建立三类砂体构型模式，明确不同类型砂体水驱波及规律及剩余油潜力，重构油藏地质认识，剩余油表征精度由 20m 提高至 5m 以内。（2）提出不同黏度油藏精细注水调整模式，保障有限合同期内采出程度最大化，低黏度油藏水驱地质储量采出程度已达到 50%~55%，预测采收率将达到 60%~65%；合同期内中高黏原油采出程度可提高 8% 以上。（3）创新适应海外经营环境的轮注轮采、分注轮采、分注分采等井网重组模式，有效保障合同期经济效益最大化，预测合同期内提高采出程度 5%~8%。（4）创新高速开发后不同黏度油藏调剖—驱油模式，优化基于最大限度提高采收率的调驱部署，预测采收率能提高 10% 以上。

上述技术创新成果在哈萨克斯坦主力老油田项目开发调整中应用效果及经济效益显著，实现了 PK 项目主力油田合同期内采出程度提高 3%，MMG 项目开发 50 年老油田产量重上 $600 \times 10^4 t$ 并实现 5 年稳产，北布扎奇项目高黏度油藏自然递减率由 38% 下降到 10%；新钻调整井平均单井日产提高 2~12.8t，近 3 年增油 $1138 \times 10^4 t$。预计可以推广至海外砂岩老油田原油剩余可采储量 $17.2 \times 10^8 t$ 的开发调整中，推广应用前景广阔。

2. 压裂技术

1）天然气发电压裂技术

水力压裂作业面临多种形式的挑战，包括持续的燃料供应、效率、排放和安全。Evolution 公司开发的天然气发电压裂技术和培养的专业压裂队伍解决了传统柴油发电技术带来的许多问题，为井场发电提供了新的示范。2017 年 8 月 24 日，Harvey 飓风袭击了得克萨斯州墨西哥湾海岸线中部 Eagle Ford 页岩中心部署的发电和压裂设备，风速高达 64.82m/s，降雨量超过 0.91m。飓风过去 2 天后，工作人员发现井场没有任何明显的设备损坏。进行安全检查后，打开天然气管线，使用定制的涡轮发电机供电，瞬间恢复了压裂作业（图 3）。

图 3   Eagle Ford 地区天然气发电压裂车队

为了最大限度地提高效率并增加正常运行时间，Dynamis 公司和 Evolution 公司合作，使用 GE LM2500 + G4 涡轮发动机定制了 6 个涡轮发电机组，可以为压裂提供坚固、可快速部署的组件。2018 年，该发动机的可靠性等级为 99.9%；发电机组具有高功率密度，在适合道路宽度的尺寸下，功率可达 36MW；平均设备移动时间缩短 50% 以上，可以提前 2~4 天进行生产。这些装置和压裂车队的其他定制部件，都由 Dynamis 涡轮发电机供电，能产生 1.38kV 电压，在分配到所有现场工艺设备之前，通过定制开关设备分压。

使用天然气代替柴油不仅节约了成本，排放、健康、安全和环境问题也得到了很大改善。Evolution 公司减少了近 204t 的二氧化碳排放，碳氢化合物排放（包括甲烷）比美国环境保护署（EPA）2016 年 3 月制定的 Tier Ⅳ 标准低 95% 以上。自 2016 年开始商业运营以来，Evolution 公司节约了近 $5.30 \times 10^4 m^3$ 的柴油，压裂车队的拖车数量不到传统压裂车队数量的 1/2，减少了 50% 的牵引设备。近年来，Dynamis 公司和 Evolution 公司致力于向各个服务商供电来改善井场运营。

2）数字化压裂技术

在石油行业，影响成本的因素不仅仅是油价和钻井前景，还包括时间，公司要选择合适的数字工具和软件来满足顾客的需求，从而节约时间成本。在 2019 年海洋技术大会（OTC）会议上，Caterpillar 公司推出了 4 种数字化新技术：动态气体混合 T4 排放标准柴油发动机技术（DGB）、电子空转减速系统（EIRS）、动态传动装置输出控制系统（DTOC）和泵电子监控系统（PEMS）。这些新技术降低了盈亏平衡点，提高了设备寿命，增加了利润。

动态气体混合 T4 排放标准柴油发动机技术，使用天然气来代替柴油进行压裂，能够获得 85% 的柴油排量，可以在可替代燃料间无缝切换，同时还能保持柴油的优良性能。当可替代燃料供应不足时，可以全部使用柴油。

电子空转减速系统，是一种通过在水力压裂过程中节省燃料来降低成本的数字工具。与汽车工业中的控制系统类似，该系统可以自动启动或停止压力泵发动机，这些发动机功率大，空转不仅浪费燃料，还会产生磨损，1h 可节省 4.5～13.5L 燃油。这种自动化技术既能保持发动机的耐用性和检修寿命，又能确保发动机随时准备工作。

动态传动装置输出控制系统，可以自动进行压力测试，控制压裂泵速和换挡，有效避免错误，从而降低成本，大大提高生产效率。

泵电子监控系统，可以监测到液体漏失、气蚀和振动，减少维护时间，节省成本。与动态传动装置输出控制系统类似，泵电子监控系统使用预测分析来预防液体泄漏和振动，避免增加维护费用和停工。泵电子监控系统适用于大多数类型的泵，便携性高、适用性广。

3）可降解压裂暂堵剂

流体的放置可以优化酸化效果并减少地层伤害，同时，合理的流体放置对于长水平井段、强非均质性地层以及存在天然裂缝地层的施工处理也是极为重要的。近期，哈里伯顿公司推出的 AccessAcid Stimulation 可降解暂堵剂可以有效应对天然裂缝地层中的流体放置问题，并且克服了传统暂堵剂的缺陷。

目前，常用的导流转向方法一般分为机械导流、化学导流和动力导流三大类。机械隔离装置（如跨式封隔器）是提高酸液波及范围的最有效手段之一，然而这种方法往往不经济。各种类型的化学方法已经实施成功，包括苯甲酸、黏弹性颗粒、原位交联酸、交联凝胶体系、相对渗透率调节剂、可降解颗粒、泡沫和黏弹性表面活性剂等。

AccessAcid 增产服务使用可自行降解的微粒，有效地将酸化液从高渗透层和天然裂缝区转移到低渗透区。该系统通过裂缝与地层桥接，提供了堵漏控制特性（图4）。在处理过程中，暂堵剂与酸液交替放置，定制的颗粒混合物可以为基质酸化处理提供近井筒导流。图5为用于近井筒暂堵的颗粒，它们可以通过连续油管装置泵送。当酸化处理完成后，导流剂中的颗粒物会根据预测的储层温度在一定时间内自行降解，使地层恢复渗透性，不需要通过额外操作来清除颗粒。

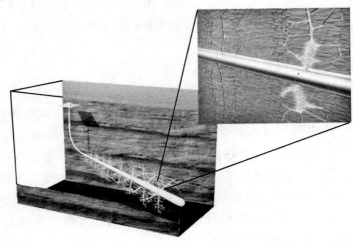

图4　暂堵剂机理示意图

图5 暂堵剂颗粒

3. 智能化、数字化生产技术

1）智能人工举升系统

常规的人工举升控制系统对于单井台 5 口井以上的井场控制十分不便，需要使用多个控制器通过硬接线连接在一起，基础设施复杂，限制了可获取信息量，带来了安全挑战。智能人工举升系统依据变速控制器和传感器的实时操作，及时做出生产优化决策，将人工举升系统与数字通信网络连接，实现了系统的远程操控，作业者可以在油井发生故障时更快、更准确地做出响应（图6）。

图6 智能化人工举升系统

加拿大 ARC 资源公司在加拿大西部油田成功应用了智能人工举升系统，包括 Allen Bradley® ControlLogix® 可编程自动化控制器（PAC）和 FactoryTalk® View HMI 系统，不需要自定义编码。PAC 可以为多口人工举升井的现场提供单平台控制，并提供情景化生产信息，以帮助操作员解决问题并保持最佳生产水平。取得的进展包括：（1）获得最佳的可视化。选择低成本、高精度的虚拟流量计（VFM）来观测地下情况，能够计算井口处油、气、水三相流量并处理控制系统的数据，数据精度超过90%。（2）优化生产。智能分析软件可以集成VFM和油田的其他数据，形成单独的信息管理和决策支持系统，能够涵盖生产的各个方面，并且将已收集的原始数据转换为智能化生产数据，优化生产。（3）降低运营成本。智能系统可以收集和分析能源消耗数据，配备能够再生电力并将电力重新投入电网的驱动器，使用太阳能等能源减少电能消耗，使用变速控制防止堵塞，大大提高了生产效率，节约了成本。

ABB公司在阿曼Sultanate油田超过1500口井中安装了智能人工举升控制系统，可实现增产50%，降低能耗30%，同时将维护和故障引起的停机时间减少了70%。加拿大ARC资源公司在不列颠哥伦比亚省安装后证实，通过一个平台可以控制32口以上的井进行人工举升，简化了控制架构，节约了现场的硬件和软件成本，提高了现场的安全性，使人工举升系统的控制达到了前所未有的水平。

2）油井智能生产技术

随着信息化技术的日益成熟，油井数字化、物联化快速发展，智能采油成为必然发展趋势，对油井生产运行和管理水平提出更高要求。经过3年攻关，中国石油成功研发出基于物联网和大数据的油井智能生产技术。大数据分析平台和精细化运行智能控制设备通过实时分析抽油机井工作状态，实现了油井工况诊断预警、运行参数实时智能调整，降低了油井能耗，大幅提高了油井管理水平。

取得显著的创新成果：（1）建立了基于大数据分析技术的抽油机井示功图精准定量诊断技术，实现了对多工况及渐变工况定量分析，能够描述当前工况严重程度，指导维护作业。（2）首次突破了基于电参数大数据深度挖掘的油井高精度诊断和在线计量技术，实现了电参数的深度应用，为低成本物联网建设提供支撑。（3）自主研发了首个基于微服务架构、模块化的大数据分析平台，实现了大数据驱动的模型升级，满足梦想云部署需求。（4）研发了基于边缘计算的油井精细化运行智能调控设备，结合物联网参数实时调控油井，减小了调控间隔，提升了快速反应的水平。

已在吉林油田、长庆油田、新疆油田和大港油田试验应用，部署大数据分析平台4套，累计应用9000多井次，工况符合率达91.6%，平均提高系统效率2.6个百分点；基于边缘计算的智能调控装置应用45口井，节电率为29.6%。该技术利用先进的物联网、大数据及边缘计算技术，实现了油井实时智能分析与调控，达到了提高油井运行效率的目的，有效降低了生产和管理成本。

3）油气生产优化平台

数字化转型并非局限于某单一技术的进步，而是通过对运营方式、业务模式、操作流程等各环节的重新定义，实现生产制造优化，是一项系统性工程。威德福公司和英特尔公司通过跨界合作研发ForeSite Edge系统，将其业内领先的ForeSite技术和CygNet物联网平台强强联合，实现数字化转型。

ForeSite™平台通过参照历史数据、实时监测数据和物理模型，形成了直观可视化界面，借助数据分析提高生产效率。其主要功能包括：（1）实时监控数据，在检测到关键参数变化时发出智能预警，操作人员据此可以直接对油井发出操作指令，该预警可以通过移动设备传输；（2）通过示功图模式匹配识别设备故障，通过将客户油井示功图特征与示功图库数据进行对比，进而诊断每口油井的性能问题；（3）采用任何频率收集数据，满足数据分析需要，诊断分析油井性能随时间的变化情况；（4）借助物理模型有效预测油井生产面临的故障，模型以油井大数据为支撑，通过实时数据自动调整优化，提供智能优化方案；（5）通过整合优化 Everitt – Jennings 算法与 Gibbs 方法，提供抽油杆负载情况分析，估算抽油杆受力情况，识别井下故障情况。

威德福公司利用 ForeSite™ 平台完成了 150000 口井的人工举升优化，大大提高了油井的生产效率，降低了开采成本。该系统通过实时数据和建模，调整举升参数，自主管理机械采油系统，同时运用预测技术防范风险，减少故障停机时间，实现持续的自主生产优化。用户通过该平台快速评估每口油气井的生产状况，跟踪历史趋势，并对发生故障的可能性进行预判。该技术获得了 2019 年世界石油最佳数字化转型奖，同时还获得 2019 年 OTC 亮点新技术奖。

4）数字孪生技术

石油分子在生产设备中可以流经数十亿种甚至数万亿种不同的路线。以 BP 公司在北海的业务为例，每天有大量的石油从海底岩石中流过数千英里❶的井筒，流入复杂的管道网络和加工装置。BP 的石油工程师每天都需要进行复杂的计算，以确定打开哪个阀门，施加什么压力，注入多少水，从而在确保安全的前提下进行生产优化。决策可能是复杂和漫长的，但对于持续改进性能和增加产量至关重要。此前工程师们主要是依靠自己的技能和经验进行决策，现在可以利用数字孪生技术进行辅助决策。

该技术是一个高度复杂的模拟和监控系统，以数字形式再现真实世界设施的每一个元素，BP 的北海业务一直处于这种数字化发展的最前沿，其帮助建造的 APEX 系统现在正推广到 BP 在全球的所有生产系统。北海石油工程师 Giuseppe Tizzano 解释说："APEX 是一个利用集成资产模型的生产优化工具，同时也是一种强大的监控工具，可以在问题产生重大影响之前及时地发现问题。"

由于 BP 一些最复杂的生产系统位于北海，APEX 率先在该地的多个油田进行了试点。目前，包括 Tizzano 在内的团队在全球范围内提供专家建议，因为新的地区在使用 APEX 后开始受益，即可以精确地指出可以提高效率的地方，预测出可能出现问题的地方。2017 年，APEX 通过 BP 的全球投资组合，每天为其增加 3×10^4 bbl 产量。

4. 微纳米驱油技术

1）微流体芯片储层分析技术

加拿大 Interface Fluidics 公司推出了微流体芯片储层分析技术，研究出一种只有邮票大小的、由硅和玻璃条刻蚀而成的微流体芯片，能够复制储层物性参数，展示化学剂和碳氢化合物相互作用的全过程，实现油藏纳米级可视化，被称为"认识非常规油气藏的撒手锏"。

---

❶ 1 英里（mile）＝1609. 344m。

技术创新点包括：（1）实现储层纳米级可视化。可以复制储层物性参数，展示化学剂和碳氢化合物相互作用的全过程，并能够直接测量化学剂的性能。由于微流体储层芯片有一侧是透明的，研究人员可利用安装在显微镜上的高分辨率相机记录实验过程。为模拟实际储层条件，芯片可被加热和加压，并可以被与实际油藏原油和水样相似的流体所饱和。通过记录化学剂注入视频观察流体混合物如何在人造孔隙结构内流动，揭示促使原油流动或留滞的相捕获、润湿性改性、固体沉积或乳化等各类机理。（2）实现储层数据高度可复制。利用从岩样或文献中获取的储层数据，可在几小时内复制一份艾伯塔多孔砂岩或二叠盆地 Wolfcamp 页岩的纳米级微流体芯片。针对同一类型储层可制作成百上千份微流体芯片，利用这些"备份"可充分研究实际油气藏条件下化学剂与油气间的反应。（3）实现低成本测试。以往为了验证纳米表面活性剂在非常规储层中的增产机理，利用传统复杂岩心驱替测试成本高达 1.2 万美元，而现在利用微流体芯片进行测试，所需成本不足原来的一半。

该技术已成功用于加拿大稠油热采和非常规储层。挪威 Equinor 公司已与 Interface Fluidics 公司建立商业合作伙伴关系，即将开展涉及北海和美国数百口页岩油气井的试点项目。Equinor 公司正在利用微流体芯片技术筛选合适的化学剂，以期最大限度地提高页岩油气产量。

2）纳米颗粒微模型采油技术

纳米颗粒尺寸小，比表面积大，表面电荷密度高，可以诱发原油膨胀，消除压力测井干扰，润湿性反转，降低界面张力，降低原油黏度。纳米颗粒可以减少表面活性剂吸附量，增加聚合物黏度，减少剪切降解，很好地解决了传统提高采收率方法存在的问题。

（1）驱油技术原理。由于孔隙尺度的机理与宏观尺度的采油性能之间缺乏直接联系，很难确定哪种机理起主导作用。因此，有必要确定纳米颗粒的采油机理，在微观模型的孔隙网络中验证和扩展微观机理，然后在储层岩心中进行验证。

（2）实验研究。通用电气公司做了相关研究。实验选用球形亲水性二氧化硅纳米粒子（HSN）、人造海水（ASW）、轻质低硫原油、爱达荷州灰色高渗透率的岩样。采用了两种不同的微模型——闭端孔微孔道模型和 2.5 – D 微模型。在闭端孔微孔道上进行孔隙尺度（0.1mm）研究，确定了微观机理，在 2.5 – D 微模型芯片（0.1m）上进一步扩展孔隙网络，通过岩心驱油装置中的露头岩样（0.1m），从岩心尺度上验证了纳米颗粒性能。

（3）实验结论。通过闭端孔微孔道模型研究了被圈闭的油与 HSN 悬浮液的相互作用，自发生成的水珠可以导致原油体积膨胀。通过 2.5 – D 微模型驱油实验，膨胀油表现出优良的形态控制性能，采收率可增加 11.8% 。HSN 没有改变剩余油饱和度，但提高了波及系数。微模型驱油实验的采收率曲线与岩心驱油资料密切相关，两种情况下采收率在 20h 内都会缓慢连续增加（图 7、图 8）。与岩心驱油实验相比，微模型驱油可以在较短的时间内以较低的成本获得更多的现场和动态饱和度信息。微模型驱油可以作为岩心驱油的有效补充，应用于油藏模拟和现场实施。

3）纳米驱油技术

针对低渗透—致密油田注水补充能量困难，近 1/3 储层无法实现水驱的问题，中国石油

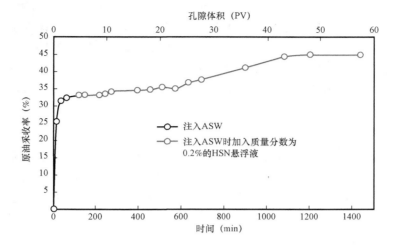

图7 2.5－D 微模型中采收率与时间、孔隙体积的关系图

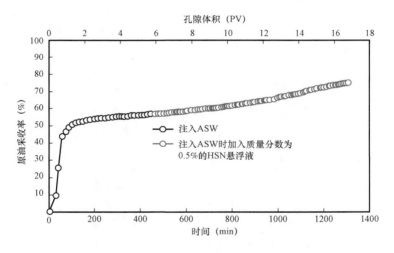

图8 闭端孔模型中采收率与时间、孔隙体积的关系图

创新形成了减弱水分子间氢键缔合作用，使水进入常规水驱波及不到的低渗透区域，大幅度提高可采储量的纳米驱油技术。

主要技术创新：（1）提出水强氢键缔合作用形成大分子网络结构，即超级弱凝胶是特/超低渗透区域注水困难的主要原因，破坏水的氢键缔合作用就可使水进入常规水驱波及不到的低渗透区域，低渗透扩大波及体积机理取得颠覆性认识，为低渗透油藏水驱技术突破找到理论依据；（2）研制出第一代纳米驱油剂 iNanoW1.0，可将普通水变为小分子水，室内实验证明可大幅度降低注水"门槛"渗透率，增加水驱波及体积13个百分点以上，提高水驱采收率7个百分点以上，使低渗透油藏开发看到技术突破的曙光；（3）研发出毛细作用分析系统标志性评价设备和低渗透区域波及体积特色评价方法，发现并验证了纳米驱油剂作用机理，指导纳米驱油技术不断发展。

纳米驱油技术在长庆油田姬源油田先导试验得到验证，在不改变水驱作业制度的情况下，2018年11月8日，对平均渗透率为0.57mD的1口注水井开展先导性试验，到2019年4月才开始见效，说明注水井没有窜流现象。截至2019年9月，日增油3.6t，累计增油809t，累计降水520m³。2019年7月，扩大形成8井组试验区，截至2019年9月，开始见到好的苗头，日增油1.4t，累计增油68t，降水43m³，特低渗透油藏遏制了快速递减并增油降水，为低渗透—致密油藏展现出了巨大的应用前景，2018年入选国家"引发产业变革的重大颠覆性技术"。

5. 区块链技术

目前，区块链技术在多个领域展现出了广阔的应用前景，在石油石化行业也成为关注的热门话题，其诸多技术特征有助于解决互联网环境下的互信以及多边和多环节业务链条中的协作等问题，特别受到石油和天然气交易系统的青睐，并正在成为区块链技术应用的切入点。

1）油气生产核算

区块链的不可篡改、加密等特性使其在油气生产核算方面有较好的应用场景。阿布扎比国家石油公司（ADNOC）与IBM合作试点开发了基于区块链的自动化系统，整合其整个价值链上的油气生产（图9）。该系统将为从生产井到终端客户的各个阶段的交易跟踪、验证和执行提供一个安全平台。

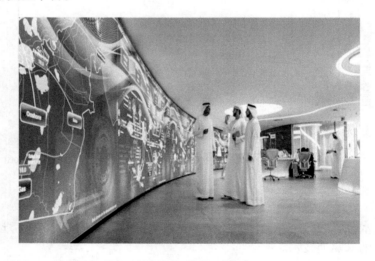

图9　区块链应用平台示意图

与许多区块链试点项目一样，此次ADNOC的区块链试点项目有望提高效率并提高利益相关者的透明度。而且，该试点应用于整个石油和天然气生命周期，而其他的试点项目只是将重点放在商品供应链的关键部分，如贸易和交易后流程。此外，ADNOC还计划在以后将客户和投资者纳入该平台。

根据ADNOC发布的官方声明，ADNOC区块链试点将提供一个单一平台，跟踪ADNOC运营下不同公司之间每笔双边交易的数量和财务价值，实现整个流程的自动化。例如，当原油从生产井运往炼油厂或出口终端时，所有的数量都需按日计算，同时还要计算相关的货币价值。纳入此次区块链应用的还有其他产品，包括汽油、凝析油、天然气液体（NGLs）和硫。这些产品在 ADNOC 的运营公司之间进行交易，并出口到海外客户。

按照 ADNOC 的计划，作为其"油气工业4.0"规划的一部分，ADNOC 将通过部署先进技术资源，到 2020 年将其钻井时间缩短 30%，实现高达 10 亿美元的效率节约。

2）能源交易

能源交易是区块链在油气行业较为成熟的应用场景，多个石油公司开展了尝试，并建立了相关的能源交易平台。

加拿大区块链初创公司"区块链科技有限公司"（Blockchain Tech Ltd，BTL）成立于 2015 年，总部位于加拿大温哥华，多伦多 TSX 交易所创业板上市，其推出了区块链交易平台 Interbit。Interbit 平台是一个用于汇款和数据共享的便于资金和资产转移的多链分类账技术的多链汇款平台，其应用领域包括金融（跨境汇款）、游戏（虚拟商品道具交易）等。

2017 年 3—5 月，该平台系统上完成了一个能源交易试点项目，参与方包括英国石油公司（BP）、意大利埃尼集团（Eni）和德国维也纳能源公司（Wien Energie）。据路透社报道，该试点项目持续的 12 周时间里，基于区块链技术的 Interbit 平台可以在整个能源贸易生命周期中简化流程，完成了一些企业后台流程的自动化，包括确认、发票、结算、审计、报告，实现了监管合规性。已经显现出了其在交易处理方面的优势，包括提升交易速度、精简后台流程、降低风险、更好地防范网络威胁，从而增加能源交易机会，并最终节省大量成本。2017 年 6—12 月，为期 6 个月的大规模测试实现了实时的商业化的 BTL 能源交易平台。

3）数字提单

以以太坊为基地的项目开发商 ConsenSy 和总部位于巴黎的现金自动化公司 Amalto 正在开发一个名为 Ondiflo 的基于以太坊的区块链。这个合资企业将为订单到现金处理提供数字解决方案。数字化过程将改善生产和拉动同步环境中的工作，从而带来诸如改进调度、精确开具发票、显著减少收入统计误差等益处。

一旦成立，Ondiflo 将驻扎在得克萨斯州休斯敦，这是美国石油和天然气工业的中心地带。该公司将使用以太坊的智能合约来开发一个基于票据的自动化系统，以简化和加强与油田服务联系的订单到现金流程。这些过程仍然通过处理物理文书来执行。另外，通过工作证明进行数据验证将是另一个优势。此外，该系统可以减少可能发生错误的潜在点的数量。一旦该技术建立起来，企业就会看到整体效率的提高和利润的增加。

4）数字货币

2018 年 2 月 20 日，委内瑞拉政府按照原定计划正式预售官方加密货币石油币（Petro），官方宣称预售首日便获得了超过 7 亿美元的认购订单。石油币以委内瑞拉奥里诺科重油带阿亚库乔区块 1 号油田探明储量 53.42×10^8 bbl 原油作为信用担保，即发行物质基础。每个石油币与 1bbl 石油等价，不能直接兑换石油。马杜罗总统于 2 月 21 日宣布，委内瑞拉将发行由黄金资源支持的加密数字货币"石油黄金"（Petro Gold），功能将更强大，也会提振石油币。

石油币用途包含三个方面：一是交换手段，即可以被用来购买商品和服务，并可以通过数字交易平台兑换成法定货币及其他加密资产或加密数字货币；二是数字平台，既可以是商品或原材料（电子商品）的数字化表现，也是国家和国际贸易的其他数字工具产物；三是储蓄和投资功能，即可以在世界各地的电子交易所（交易平台）进行自由交易，不受封锁范围或第三方封锁限制，除非石油币被某个中心实体（比如交易所）拥有。石油币将被用来进行国际支付，成为委内瑞拉在国际上融资的一种新方式，帮助委内瑞拉对抗外界金融制裁、吸引全球投资和建立一套新的支付系统，打破美国的金融封锁。委内瑞拉的旅游业、部分汽油销售和原油交易可能接受石油币支付。

（三）油气田开发技术展望

1. 数字化、智能化技术加速渗透油气行业

2019 年，数字化、智能化技术加速渗透油气行业。在当年的国际石油技术大会上，专门设立了"油气工业 4.0"技术论坛，讨论云计算、机器学习/人工智能及物联网三大主题。

云计算侧重于平台的部署以及与石油行业的结合和应用。哈里伯顿公司利用云计算平台有效地提高了随钻数据分析软件应用程序组合的开发和部署效率，用户只需花费少量的时间就能将最新的功能部署到云平台中，从而可以方便快捷地定位、获取，可视化地利用相关数据和信息，做出有利的勘探开发决策。该平台比传统平台的运行效率提高了 50%。

机器学习/人工智能侧重于油气行业数据的分析与利用。中国石油勘探开发研究院利用循环神经网络方法对 5000 多口井的数据进行分析，有效选取了举升方法，计算结果与现场实际的符合率达到了 90.56%；沙特阿美公司利用蒙特卡洛法对油井产量递减曲线进行了分析预测；斯伦贝谢公司利用基于深度神经网络的卡尔曼滤波对钻井的时间序列进行了预测，为钻井的自动化设计提供了基础。

物联网侧重于网络安全及无人机的应用。沙特阿美公司对油气行业物联网建设过程中可能面临的网络安全问题进行了分析，在此基础上设计了身份及访问管理框架，用于规避相应的风险；道达尔公司利用无人机在复杂地区进行三维高精度地震采集，有效提高了采集效率，减少了人力，降低了健康安全环保风险。

2. 跨界合作成为创新性技术的摇篮

加拿大火箭压裂公司（RocketFrac）将航天科技中的固体火箭推进剂跨界引入油气压裂中，研发出 PSI - Clone^{TM}推进剂无水压裂技术，不需要使用任何压裂液和支撑剂，节约了水资源，环保效果显著，减少了作业人员的数量和作业时间。

与 LPG 压裂和水力压裂技术相比，推进剂压裂更经济、更环保，适应性更强，具有明显的创新性、突破性和颠覆性，不使用水和支撑剂，压裂级数不受限制，压裂装备少，场地小。目前，传统水力压裂的施工成本相对便宜，但如果加上后期处理费用，火箭推进剂则更具有成本、环保优势。新技术目前已经成功应用于 1000 多口直井，增产幅度高达 225%。

3. 纳米驱油技术将成为低渗透油藏长期稳产的利器

近年来，低渗透—致密油田注水补充能量困难，近 1/3 储层无法实现水驱，稳产难度越来越大。纳米驱油技术可以减弱水分子间的氢键缔合作用力，更容易注入毛细管，注水可以波及普通水无法注入的低渗透区域，是低渗透油田大幅扩大波及体积的潜力所在。该技术可大幅度提高可采储量，成为低渗透油藏长期稳产的利器。

参 考 文 献

[1] Rigzone. Conoco looks to sell North Sea Fields [EB/OL]. (2019 – 04 – 01) [2019 – 05 – 08]. https://www.rigzone.com/news/wire/conoco_ looks_ to_ sell_ north_ sea_ fields – 01 – apr – 2019 – 158500 – article/.

[2] Hofmann R. Seven oil and gas companies form first industry blockchain consortium in U. S. A. [EB/OL]. [2019 – 08 – 14]. https://www.fuelsandlubes.com/oil – gas – companies – form – industry – blockchain – consortium – u – s – a/.

[3] Nasser A. Saudi Aramco CEO addresses international petroleum technology conference in Beijing, says technology and partnerships are critical for an efficient energy transition [EB/OL]. (2019 – 03 – 26) [2019 – 09 – 17]. https://www.saudiaramco.com/en/news – media/news/2019/iptc.

[4] Saudi A. Uthmaniyah CO_2 – EOR demonstration project [EB/OL]. [2019 – 04 – 23]. http://www.zeroco2.no/projects/uthmaniyah – co2 – eor – demonstration – project.

[5] Agrawal D, Xu K, Darugar Q. Enhanced oil recovery improved by nanoparticle – induced crude swelling [EB/OL]. (2019 – 05 – 01) [2019 – 08 – 07]. https://www.worldoil.com/error.html? aspxerrorpath = /magazine/2019/may – 2019/features/enhanced – oil – recovery – improved – by – nanoparticle – induced – crude – swelling.

[6] Industrial Gases. Recharge HNP™ – energise, activate and enhance hydrocarbon recovery [EB/OL]. [2019 – 10 – 12]. http://www.linde – gas.com/en/industries/oil – and – gas/energised – solutions/recharge – hnp/index.html.

[7] Watts R. New treatment options for well restimulation [EB/OL]. (2019 – 02 – 01) [2019 – 03 – 09]. https://www.hartenergy.com/exclusives/new – treatment – options – well – restimulation – 177245.

[8] Worldoil. Fueling fracturing with natural gas: redefining wellsite power for oilfield services [EB/OL]. (2019 – 05 – 01) [2019 – 08 – 24]. https://www.worldoil.com/magazine/2019/may – 2019/features/fueling – fracturing – with – natural – gas – redefining – wellsite – power – for – oilfield – services.

[9] Caterpillar Oil & Gas. OTC Extra: well service digital solutions are reducing costs for operators [EB/OL]. (2019 – 05 – 01) [2019 – 07 – 13]. https://www.hartenergy.com/exclusives/otc – extra – well – service – digital – solutions – are – reducing – costs – operators – 179823.

[10] Venables M. Digital oil field grows intelligent artificial lift [EB/OL]. (2018 – 06 – 03) [2019 – 07 – 04]. https://www.hartenergy.com/exclusives/digital – oil – field – grows – intelligent – artificial – lift – 31025.

[11] ABB. Drives for artificial lift, produce more with less energy [EB/OL]. [2019 – 11 – 12]. https://new.abb.com/drives/segments/oil – and – gas/artificial – lift.

[12] Mashetty S. Intelligent artificial lift systems improve digital oilfield operations [EB/OL]. [2019 – 10 – 17]. https://www.worldoil.com/techtalk/rockwell – automation/intelligent – artificial – lift – systems – improve – digital – oilfield – operations.

[13] Jacobs T. Reservoir – on – a – chip technology opens a new window into oilfield chemistry [EB/OL]. [2019 – 09 – 19]. https://www.spe.org/en/jpt/jpt – article – detail/? art = 4900.

[14] BAAR. Weatherford releases ForeSite® edge, delivers production 4.0 intelligence and autonomous well management [EB/OL]. (2019 – 06 – 01) [2019 – 07 – 11]. https://www.multivu.com/players/English/8413152 – weatherford – foresite – edge – well – automation – control – software/.

[15] RocketFrac Services Ltd. Waterless fracing technology draws high level of investor interest [EB/OL]. [2019 – 08 – 19]. https://www.newswire.ca/news – releases/rocketfrac – closes – oversubscribed – initial – round – of – financing – 620931043.html.

三、地球物理技术发展报告

全球物探行业受到低油价的巨大冲击，2019 年处于缓慢复苏阶段，产能严重过剩，主要物探公司收入虽有增加，但亏损仍在扩大。全球物探行业市场竞争呈不均衡状态，市场垄断竞争和全面竞争混合存在。目前，以低成本、高效率为目标的高效混叠采集技术、新型智能节点设备以及基于人工智能的数据处理解释技术发展迅速，为市场竞争提供了保障。展望全球物探行业，油价回升将带动油气勘探投资增加，价格竞争更加激烈，新技术、新装备成为竞争关键因素，低成本高质量数据资料是驱动未来技术装备发展的重要因素。为了提升国内物探公司的海外竞争力，应进一步跟踪市场发展动态，把握行业发展趋势，准确定位技术发展方向，提高并完善多用户、全产业链、一体化服务能力。

（一）地球物理行业发展新动向

全球物探行业自 2014 年油价大幅下跌后进入长达 4 年以上的低谷期，各大物探公司严重亏损，作为曾经市场排名前三的法国地球物理公司（CGG）、西方地球物理公司（WGC，斯伦贝谢旗下物探技术服务公司）和挪威地球物理服务公司（PGS）也陷入困境。而多数中小公司破产重组，为求得生存，公司纷纷调整市场战略。尽管 2018 年以来物探市场规模逐渐好转，但仍处于行业低谷期，整个物探行业发展前景充满了挑战。

1. 物探技术服务市场规模连续大幅萎缩后逐渐好转

自 2014 年开始，地球物理装备与服务市场规模持续下降，2015 年和 2016 年市场规模分别降至 112 亿美元和 73 亿美元，降幅分别为 32% 和 35%。2017 年，全球油服市场逐渐回暖，但物探市场仍不容乐观，市场规模进一步降至 68 亿美元，降幅有所减小，约为 7%；2018 年市场逐渐复苏，市场规模增长 5%，达到近 72 亿美元，2019 年市场规模达到 86 亿美元左右，增长率约 20%（图 1）。从统计的上市公司来看，WGC、CGG 和 PGS 3 家公司的市场规模仍旧占据国际市场的前三位。近年来，中国的物探行业发展迅速，引起国外广泛关注，东方地球物理公司（BGP）陆上业务居全球首位，中海油服（COSL）的物探业务发展规模在上市公司排名中也跻身前十。

2. 经过重新洗牌，国际大公司仍占据近一半市场份额

经过并购、业务重组后，CGG、WGC 和 PGS 3 家公司仍旧是地球物理行业的领头羊，从市场份额来看，排名前四的物探公司占据了 50% 以上的份额。Shearwater 公司在与 CGG 公司和斯伦贝谢公司进行业务重组后，从一家破产重组的公司一跃成为行业巨头，2018 年的市场份额排名第二。全球物探市场竞争呈不均衡状态，中小公司破产重组后，物探市场从四大巨头的完全垄断竞争变为垄断竞争与全面竞争并存，行业门槛降低，同时也增大了物探行业的竞争与挑战，TGS – NOPEC 地球物理公司（TGS）由于没有重资产业务，在低油价下市场竞争力较强，市场份额排名也跻身前列。图 2 为主要上市物探公司市场份额变化。

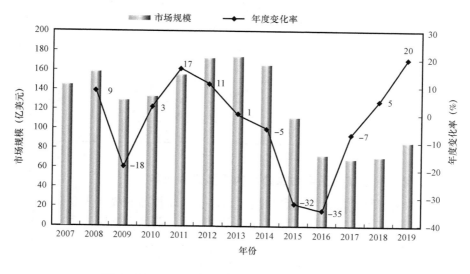

图 1　2007—2019 年地球物理装备与服务市场规模

数据来源：Spears & Association 公司 2019 年 4 月的《油田服务市场报告》

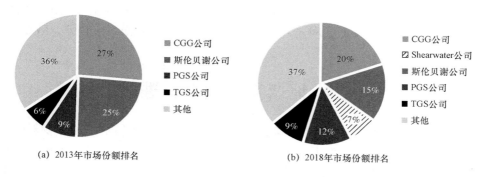

(a) 2013年市场份额排名　　　　　　　(b) 2018年市场份额排名

图 2　主要上市物探公司市场份额变化

数据来源：Spears & Association 公司 2019 年 4 月的《油田服务市场报告》

3. 重视轻资产业务，多用户业务逐渐占据重要地位

国外物探公司大都退出"硬件"市场，转向"软件"市场。例如，斯伦贝谢公司虽然放弃陆上及海上地震采集业务，但未完全退出地球物理服务市场，而是将重点发展地震数据处理解释和软件业务，着重打造轻资产业务。CGG 公司采取类似的措施，裁减地震勘探船、地震采集队伍，重点发展地质、地球物理与油藏（GGR）业务以及多用户业务。

在合同业务严重受挫的背景下，多用户业务占有越来越重要的位置，扮演着越来越重要的角色。2017 年，8 家主要上市物探公司多用户业务同比增长约 18%，达到 23 亿美元。其中，WGC 公司、CGG 公司和 PGS 公司多用户业务收入同比分别增长了 20%、14% 和 22%，而多用户业务占 3 家物探公司总收入的平均比例从 2014 年的 22% 升至 2017 年的 42%。2018 年，多客户业务进一步扩大，CGG 公司多用户业务收入同比增长了 10%，PGS 公司2/3 的三维地震船用于多客户作业，多客户业务收入同比增长 22%（表 1）。

表1 主要上市物探公司多用户业务收入

公司	收入（亿美元）			
	2015 年	2016 年	2017 年	2018 年
CGG	5.46	3.83	4.69	5.17
WGC	3.14	5.09	6.13	—
PGS	5.75	4.69	5.34	6.54
TGS	6.12	4.56	4.93	6.14

数据来源：各公司年度报告。

4. 云端数据管理逐渐成为国际物探公司的重要投资业务

近年来，地球物理行业最大的亮点与热点莫过于地球物理的数字化变革。基于云环境的数据综合管理方案正成为地球物理行业发展重点，也是当前国际物探公司的一个重要投资方向。领先的国际物探公司纷纷与 IT 行业合作，提出基于云环境的数据管理方案，建立为整个上游提供技术决策支持的数字生态环境。CGG 公司采用微软公司的 Azure 云平台，建设高度灵活的集成数据存储环境，建立综合数据管理方案；艾默生（Emerson）公司在收购帕拉代姆公司后，快速建设了基于云环境的综合地质地球物理数据管理平台，石油技术领域专家可以在统一的协作环境中无缝工作，从而做出从油藏描述到完井和生产的最明智的决策；WGC 公司已在全球各处理中心之间建立云计算平台，实现了数据集中管理，数据处理周期大幅缩短。

（二）地球物理技术新进展

受低油价影响，物探作业量大幅下降，投资减少，但是整个行业不断寻找新的突破口，探索业务发展新模式，推动行业技术进步。为提高市场竞争力，各物探公司研发各种高效采集技术和先进装备，行业竞争日趋激烈。技术发展进一步向着降本增效、提高复杂油藏成像品质方面发展。海底节点装备发展迅速，推动了海洋节点采集业务的发展；压缩感知地震勘探技术实现商业化应用，成为推动混源高效地震采集的重要手段；成像技术向着弹性波成像不断深入研究，最小二乘逆时偏移、Q 偏移等各类偏移成像技术百花齐放。基于机器学习、大数据分析的地震解释技术是未来地球物理发展的必然趋势。

1. 地震采集装备与技术新进展

国际上，超高效混叠采集技术不断发展，逐渐得到油公司的青睐，拥有强劲的深海拖缆装备及采集竞争优势，压缩感知、分布组合震源（DSA）等采集技术正起步发展。在复杂区，节点技术开始规模应用，有效地控制了高密度采集成本。

1）海上震源向绿色、环保方向发展

国外公司合作开发环保型气枪震源。Shearwater 公司在收购斯伦贝谢公司的海上地震业务以后，大力发展海上地球物理技术装备；并且联合 Equinor 公司共同开发新一代海上震源技术，用于高效、环保海上地震数据采集，以减少对海洋生物的影响。新一代震源系统与现有震源系统有本质上的不同，能够对激发的波场进行全面掌控，其特有的非脉冲性质将大大降低震源激发对海洋环境的影响，尤其适用于敏感环境和极端气候条件，以及难以进入的作业区。图3为新一代海洋震源系统样机图。

 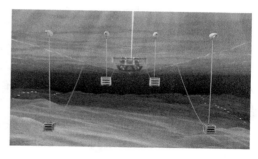

图3　Shearwater 公司开发的新一代海上震源系统

新一代高效、环保地震采集震源系统，可大幅提高生产效率，降低海洋地震采集的整体成本，并能够交付高品质地震数据，同时减小对海洋环境的影响，将进一步推进地球物理行业低碳、可持续发展地震解决方案理念。

2）海上拖缆采集技术取得长足进步

近30年来，海上地震勘探技术取得了快速发展。为满足深水油气勘探开发需求，海上宽方位、全覆盖地震勘探技术取得长足进步。低油价以来，行业仍旧保持了技术创新能力，海洋地震勘探技术逐渐从传感器向着协同成像发展，从高效采集向着云环境数据处理发展。海洋地震勘探技术围绕着提供高品质地震成像不断发展与进步，主要包括三方面技术进展：装备——好的采集系统；方法——好的观测系统设计；软件及方案——好的处理算法和工作流程。

法国 Kietta 公司开发的 FreeCable™ 采集系统，基于传统的反射波理论，采集全方位、高覆盖3D地震数据。该方法与常规方法的不同之处主要是接收器的布设方法。采用20缆自动排列，每条电缆长度8km，检波器间隔25m，用于接收4C数据，每条电缆前端有一对机器人控制器控制。这种排列方式具有灵活性高、效率高的优势，能够采集3D全方位高覆盖地震数据，增加照明，改善深水复杂盐下构造成像，为振幅随偏移距的变化（AVO）分析提供翔实数据，为方位角油藏描述提供支撑。

美国 Polarcus 公司的 Xarray™ 混合地震采集技术系列，包括海上拖缆采集和海底节点采集。利用多震源船、多缆排列方法获得非插值地震数据，保证数据的完整性，保证数据品质。Polarcus 公司提出了混合采集方法，即通过联合海底节点采集和海上拖缆采集，提高数据质量降低采集成本。2019年，已在中东地区完成了首个混合采集项目。项目作业环境非常复杂，是一个浅水作业环境，周边有5个生产油田70多个作业平台。共采集1200km² 的拖缆数据和45km² 的海底节点数据。

CGG 公司在设得兰群岛西北采用新一代混合震源方法，进行了高密度地震数据采集，解决地质难题。此次勘探利用混源采集方法的灵活性和多功能性，针对地质成像目标与实际作业中的限制条件设计采集观测系统，采用两艘震源船，每个船上布置3个震源。观测系统设计中的关键因素是将两艘震源船布设在拖缆外侧，形成宽方位角排列设计。这样既获得了主构造走向的沿海岸线的数据，同时也获得了倾向的、横向的高密度数据。同时，这个观测系统设计通过增加 y 方向偏移距，提供了更好的多种射线路径，为成像该区域古近—新近纪火山岩侵入提供了数据基础。

这样的采集设计需要最新的采集系统和连续记录技术方法，保证地震数据的完整性。同时采用基于航线的序列，便于数据快速处理。预处理流程包括：3D 同步震源和检波器去鬼波，基于模型的去水面多次波和拉东多次波。初始叠前深度偏移速度模型支持低频全波形反演输入。在完成预处理后，立即运用单程波动方程偏移方法对每炮进行偏移。从完成最后一炮到获得初步结果，整个处理周期仅需 10 天。新的同步震源多方位数据提高了深层火山岩下储层反射的连续性。该项目有效验证了高密度、多方位混源采集方法，包括新型观测系统设计能够解决复杂地质成像难题。

3）海底节点采集装备及技术应用快速发展

节点采集以其高度灵活性、高效作业、成本低、油藏监测与描述精确等优势成为行业关注的焦点，近年来发展迅速。近 5 年浅海和深海海底节点（OBN）采集业务得到大力推广，市场份额提升了 20%，而传统海洋拖缆采集市场份额受到挤压，市场占有率下降 80%。随着海底节点采集业务持续增长，各类新节点设备产品也不断面世。目前，在海底节点装备方面的领军集团主要有 Sercel 公司、OYO Space 公司、Seabed 公司以及合并重组后的 Magseis–Fairfield 公司等。Fairfield 公司早期推出了 Z700、Z3000 系统，近两年推出了两款适用于 4000m 水深环境的节点系统——ZXPLR 和 ZLoF（图 4）。ZXPLR 海底节点新系统能够用于双模式布设，提高了布设效率，更适用于长偏移距、全方位和高密度节点数据采集，并通过高速装载器提高了系统布设、回收效率及 HSE 性能。ZLoF 系统是一款适用于 4D 地震勘探的节点系统，维护成本低、可靠性高、采集脚印小、可重复性高，与海底电缆和海上拖缆系统相比，具有较高的矢量保真度、更好的耦合性、更高的信噪比。

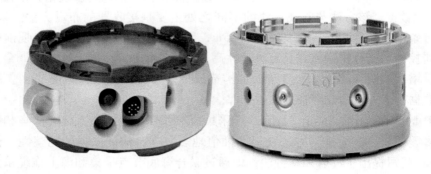

图 4　ZXPLR 和 ZLoF 节点系统

在 2019 年 SEG 年会上，法国 Sercel 公司联合中国石油集团东方地球物理勘探有限责任公司（BGP）推出了新一代海底节点地震仪 GPR。GPR 利用 Sercel 公司的 QuietSeis® 高性能宽频带数字传感器技术、具有紧凑的设计、超高保真度和超安静性能，以及灵活的部署方式。与传统传感器收集的数据相比，可以收集更精确的地震数据

在技术应用方面，TGS 公司和 BGP 公司取得重大突破。TGS 公司先后与斯伦贝谢公司

和 AGS 公司合作，开展海底节点多用户地震数据采集；BGP 公司开发了海底节点地震勘探技术，并与 Sercel 公司联合推出了新型海底节点地震仪 GPR（图 5）。GPR 节点系统可以通过遥控水下机器人（ROV）或绳索节点（NOAR）进行布设，紧凑地将声学定位等 OBN 作业核心功能整合于一体，提高了系统的灵活性。利用高性能宽频带数字传感器技术，为超高保真度和超安静性能提供了保障。现场测试数据证明了 GPR 地震仪性能良好，能够较好地满足当今海底节点业务发展需求。

图 5　GPR 海底节点地震仪

BP 公司和 Rosneft 公司、WGC 公司合作开发的猎豹（CHEETAH）节点设备已在挪威两个项目中得到应用。在墨西哥湾深水复杂海底环境，BP 公司的 Wolfspar 海上节点超大偏移距低频采集试验测试成功，实现了零安全事故、零人员事故、零环境事故的安全操作预期目标。获得的大偏移距、低频 3D 地震数据有效应用于全波形反演速度模型建立。

随着自动化、智能化发展，多家公司均在研发新一代海底节点系统。沙特阿美公司和 Seabed 公司联合研发的一种利用自动海底机器人技术布设海底节点仪器的采集方法 SpiceRack™ 完成了测试。该方法利用海底机器人进行布设，从而大大提高了节点布设和回收效率。

4）陆上低成本高效地震采集技术是行业需求

目前，陆上地震采集技术向着高效混源采集发展，压缩感知地震采集与成像技术的发展为高效混源采集开拓了一条新途径。

基于压缩感知理论的采集和处理技术，主要包括非规则最优化采样设计、地震信号的稀疏化处理、基于稀疏反演的数据重构及同步震源分离等内容。康菲公司在压缩感知地震采集与成像方面具有较高的引领力，已实现了陆上三维地震数据采集和海底节点数据采集。压缩感知成像（CSI）通过优化非规则采样设计，采用独立震源同时作业，极大地提高了采集效率，缩短了作业周期，从而降低了成本，并提供了高品质、高密度的三维地震数据资料。在地震资料处理过程中，通过信号分离与数据重建高保真地恢复叠前地震信号。海底节点、海上拖缆和陆地可控震源等生产项目中的应用结果表明，与宽频带处理以及叠前深度偏移技术相结合，CSI 可提供高质量、高精度的地下成像结果。

在阿拉斯加北坡采用压缩感知地震勘探方法，解决了该地区传统采集受季节限制的问题，并获得了高质量数据。若采用传统采集方法，即使同步启用12台可控震源（3~4组），按照平均每天1000~1500炮的采集效率，在30天内也无法完成10km²的高质量、高密度的震数据采集工作。利用压缩感知采集方法，通过非规则优化采样（NUOS）方法优化炮检距，后期对混叠信号进行分离和重建，在30天内完成了130km²的3D地震数据采集。在北海的海底节点勘探项目中，对炮点进行了NUOS优化，采用两条独立震源船同时进行震源激发，后期数据利用CSI技术实现混叠信号分离，处理后采样率可增加5倍以上，极大地提高了采集效率。图6显示了压缩感知地震勘探效率。

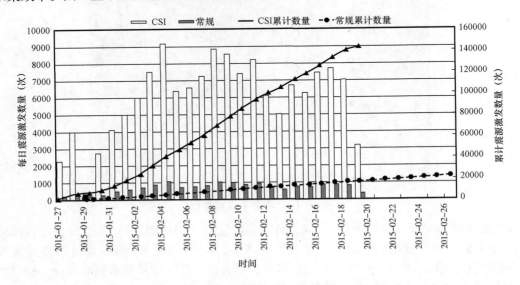

图6　压缩感知采集与常规采集效果对比

5）井中光纤分布式声波传感技术进行油藏监测降低成本

光纤分布式声波传感（DAS）技术主要应用于井中地震勘探，将光纤DAS放至井中进行信号接收，无须单独的检波器，与常规光纤检波器相比具有耐高温、耐高压、单炮采集道数高等特点，可以真正实现一次激发全井段接收，可满足高效低成本数据采集需求，大幅降低了井下作业风险，是井下地震技术发展的一个重要方向。目前，国内外光纤分布式DAS技术已进入商业应用阶段，在国外智能井、气举井、结蜡、水力压裂等方面的现场应用已经取得显著效果。壳牌、斯伦贝谢、哈里伯顿等公司均具有光纤DAS产品，并可提供DAS VSP数据采集及油藏监测服务。

地震装备制造商Sercel公司开发了SigmaWave DAS地震解决方案（图7）。采用定制的De Regt DAS电缆（缆线和表面），完全一体化的震源管理，实时生成SEG-Y数据，并提供地震数据视图和先进的质控，是一套综合井下地震勘探应用的方案。

Sercel公司推出的DAS地震解决方案采用SigmaWave系统（图8），该系统全面集成了现有的井下地震工具，能够沿光缆进行连续、实时测量。无论是可回收光缆还是永久布设光缆，都能够实时转换为SEG-Y数据格式，并进行可视化监测。采用SigmaWave系统的DAS综合技术方案为井下低成本地震勘探、油藏描述及提高采收率提供了技术支撑。

图 7　SigmaWave DAS 光纤系统

在 2019 年欧洲地质学家与工程师学会（EAGE）年会上，BGP 公司公开发布了 uDAS 光纤地震采集系统。该系统的成功发布，标志着中国石油地震光纤传感技术日益成熟。uDAS 系统利用光纤本身作为传感器来采集地震数据，突破了常规检波器观测井段受限的瓶颈，大幅度提高了全井段观测及成像能力。应力感应灵敏度、最小采样间距、最大传输距离，以及生产成本等关键技术指标达到国际领先水平。目前，该系统已在华北、大港、浙江、冀东等国内多个油气田完成现场试验，取得良好效果，具备了工业化应用条件。uDAS 系统的成功推出，标志着中

图 8　SigmaWave DAS 光纤系统

国石油地震光纤传感技术已开发成熟，井中地球物理技术实现了跨越式发展，将有力推动物探技术向油藏开发领域延伸，进一步提升中国石油工程技术服务保障能力和国际市场竞争力。

2. 地震数据处理解释软件与技术新进展

国际上，地震资料处理技术以高保真、高分辨率、高信噪比为核心，满足勘探开发生产需求。CGG、WGC 等知名地球物理服务公司一直不遗余力地发展地震处理技术，速度建模、偏移成像及全波形反演等技术仍是行业焦点，随着数字化转型时代的到来，地震资料处理技术开始向智能化方向发展。

1）全波形反演与最小二乘偏移技术新进展

在地震资料处理解释流程中，全波形反演和偏移成像技术一直是行业研究的重点和焦点。

全波形反演对提高成像精度和储层预测的准确性具有重要意义。随着海上低频采集、宽方位数据采集的发展，基于反射波的全波形反演在实际应用中取得重大进展。全波形反演方面的领军集团仍以 WGC、CGG、PGS、TGS 等几大公司为主，这些公司在海上高端采集方面

处于领先地位，因此，其在全波形反演应用方面独具优势。近年来，研究学者在解决全波形反演周期跳跃方面取得进展，如在初始速度模拟时利用长波长升级方法可避免周期跳跃。随着机器学习方法引入全波形反演中，自动时窗拾取可降低反演迭代的循环次数，推动全波形反演自动化实现进程。

多年来，计算机技术的快速进步推动了地震资料处理解释技术的跨越发展，不仅各类偏移成像方法应用取得良好效果，声波全波形反演也已实现商业化应用。随着高性能计算机和人工智能的发展，深度学习也开始逐渐应用到全波形反演和偏移成像中。

地震偏移成像技术是地震资料处理中最关键的一步，成像效果直接影响着构造解释及储层预测结果。逆时偏移成像技术的应用解决了陡倾复杂构造成像难题，提高了解决复杂地质问题的能力。目前，发展最快的偏移成像方法为最小二乘偏移成像，该方法具有提高分辨率、缩短数据处理周期等优势，且不会受到不规则采样及照明不足的影响，提高了成像精度。振幅保真度和图像分辨率的降低，是由于地震波在传播过程中发生滞弹性吸收和弹性散射造成的能量衰减，在偏移成像中通常用 Q 补偿偏移方法处理。在强能量吸收地区 Q 叠前深度偏移（QPSDM）已经成为一种有效的地震成像解决方案。然而，伴随的过多噪声给成像带来巨大挑战。CGG 公司提出最小二乘 Q 偏移（LSQM）方法，结合了 LSM 和 QPSDM 的优势，提高了振幅保真度与地震数据图像分辨率。PGS 公司提出最小二乘全波场偏移成像技术。这里提出的全波场指全反射波场，包括一次反射波、海底多次反射波，以及自由表面多次波或高阶反射波。与常规偏移成像方法相比，利用全波场最小二乘偏移有效改善了成像照明和分辨率。

常规偏移成像利用一次反射波，通常成像照明度不够，分辨率不足，这主要与采集观测系统和采取的处理技术有关。全波场成像（FWM）既包含了一次反射波，又包含了海底反射波成像，利用海底反射产生的下行波改善照明，但串音干扰是需要解决的问题。最小二乘全波场成像（LS－FWM）可直接计算地球反射率，综合一次反射波和海底反射波优势，生成不受串音干扰、分辨率更高的图像。分别用合成数据和墨西哥湾与北海的实际数据进行了验证。研究结果表明，最小二乘全波场偏移成像改进了照明，减少了串音干扰，并减少了采集脚印。

2）基于机器学习的地震数据处理技术研究

EAGE 组织了多个专题讨论，探索新的"数字"前沿——机器学习，这也反映出机器学习是当前油气行业重点关注方向之一。虽然关于机器学习的话题已经存在很多年了，但是最近在机器学习、人工智能、数字转换、大数据分析和云计算方面的创新已经重塑了地球科学和工程的未来，现在处于整个行业最新研究和开发的最前沿。

深度学习在地震数据去噪、地震层位插值、地震数据重构等方面应用案例越来越多，为利用地震资料开展地质解释提供更有效的技术支撑。例如，通过自主生成噪声数据体来开展噪声模式的学习能够更加有效地提高地震资料信噪比。在地震层位解释与插值方面，通过设计大小可变的卷积滤波器能够更好地提取地震图像中的多尺度特征，通过突变点与周围点的插值预测结果的对比判断，能够有效解决层位插值过程中出现的突变点等问题，有效提高地震层位插值效果，为进一步开展三维地质体建模提供更加可靠的信息。利用深度学习对地震数据进行高信噪比、高保真、高效的重建具有十分重要的现实意义。Paolo Dell'Aversana 介绍了结合机器学习和属性分析进行地震相分类；Vasily Demyanov 介绍了随机油藏建模的挑战和解决方案——地质统计学，机器学习，不确定性预测。

3. 地震解释软件与技术新进展

在各种高科技行业新技术成果的快速融入之下，国外地震解释技术持续迅速发展。不断适应各种复杂地表和地下地质目标的勘探需求，促进油气勘探开发步入高精度阶段。构造解释从手工向自动化解释发展，储层预测从常规属性到现代体属性，从叠后走向叠前，使得地震资料的解释取得很大进步，大大提高了油气勘探开发的精度和效率。虚拟现实、可视化、人工智能等先进技术的应用，推动主流解释软件 Landmark、Petrel 等逐步向以三维可视化为平台，多学科协同工作的方向发展，提高了地震解释的效率和准确性。

1）综合地震解释软件不断升级换代

地震综合解释软件发展的一个重要标志，就是"以模型为中心，以数据为驱动"的新一代解释软件。斯伦贝谢公司基于"S2S（Seismic–to–Simulation）从地震到模拟"的思路，推出了全新的 Petrel 软件，目的在于融合地震、地质、测井、油藏工程等多个学科的综合研究；AGM（Austin GeoModeling）公司推出了新一代地质解释软件 Recon，集成了地震沉积学的技术方法，实现了三维环境中的多井对比和地质建模的一体化。Ikon 公司推出新版软件 RokDoc，增加了油藏监测功能，向油田开发领域延伸，能够提供连续油藏监测结果，降本增效，增加了油田开发投资回报。RokDoc 软件支持拐点网格数据，能够通过 3D 或 4D 地震数据，整合集成油藏模型的静态（地质模型）和动态（流体模拟）属性，用于 4D 地震可行性研究和闭环工作流程。利用新版软件提供的工具包，各个学科团队协同工作，通过 4D 地震数据更新地质模型和模拟数据。

RokDoc 软件还有许多其他可用工具和工作流程，能够处理大型井数据集，整个软件增加了新的多井选择能力。软件支持加载、处理和转换陆地项目中常见的偏移距不规则数据集。终端用户可以通过数据驱动将 3D 地震油藏描述与基于井数据的岩石物理、地质压力和地质力学分析结果集成，在一个统一的平台上建立 3D 地质力学分析、岩石物理和弹性属性模型。

RokDoc 软件提供的新功能有助于数据分析结果的集成：例如，利用盆地模型衍生品联合 Ikon 公司的波阻抗反演和相位反演等技术，以及大量的孔隙压力分析和岩石物理模型等，可以用于 1D 到 3D/4D 全波段光谱模型的工作流程。

2）基于大数据、云计算的软件平台形成产品

Emerson 公司收购帕拉代姆公司后，集成了两家公司先进的软件平台，并在此基础上进一步完善基于云的平台产品。2019 年 SEG 年会，公司重点介绍了综合的 1D 到 3D 工作流程，完善综合平台降低钻井和开发生产中的地质风险。

该平台能够提供复杂工具，用于分析不同尺度和不同类型的数据；此外，提供专有技术，用于生成一致的、稳定的数字化地下描述结果。集成了所有可利用的数据、相关的不确定性，并多学科分享，支持管理决策；提供开放环境，地质学家、油藏工程师能够进入读取信息，并能够跨学科协同处理 1D 到 3D 的工作流程。

CGG 公司发布 GeoSoftware 软件系统最新成果，随着人工智能在地球物理领域的应用进

展，CGG 公司快速开展了相关的研究。推出了基于云的新一代油藏描述方案，Jason™10.0、HampsonRussell™10.4 和 PowerLog™10.0 等相关软件产品均开发了机器学习功能的综合 E&P 功能，为油藏描述和油藏属性分析提供更好的服务产品。

3）主流解释软件发展多学科协同平台

主流解释软件 Landmark、Petrel 等逐步向以三维可视化为平台，多学科协同工作的方向发展。地质工程一体化、智能化在综合研究方面实现大量研究应用。

斯伦贝谢公司推出了 GAIA 数字勘探平台，帮助勘探团队快速发现和访问盆地规模的数据，并管理勘探机会，能提供超过 $300 \times 10^4 km^2$ 的三维地震勘探，$300 \times 10^4 km$ 的二维地震线，以及斯伦贝谢公司地震/井数据供应商网络的其他勘探数据类型。GAIA 平台利用 DELFI 勘探与生产（E&P）认知环境的强大功能访问斯伦贝谢公司和其他勘探与生产行业数据供应商提供的数据，提供个性化的用户体验，从而使用户能够发现并将所有区域或盆地中的可用数据可视化和进行交互，而不会影响解析度和规模。GAIA 平台还针对当前的云安全标准设计，包括全数据加密、联合单点登录和由专用云安全操作中心等进行的全天候监控。

4）基于人工智能的地震解释软件和技术快速发展

在地球物理领域，机器/深度学习方法目前主要用于数据处理与解释方面，包括地震速度拾取、初至拾取数据重建与差值、地震构造解释、地震相识别等方面。

目前，国际上以 CGG、Emerson 和 Geophysical Insights 为代表的多家公司形成了基于机器/深度学习地震数据解释的软件产品：CGG 公司在其核心软件系统 GeoSoftware 中增加了机器学习应用模块进行油藏描述；Geophysical Insights 公司开发了 Paradise 平台，平台上的 Geobody Analysis 软件能够根据神经分类结果选择目标体，使用卷积神经网络识别地震相，以及使用机器学习进行自动岩相分类等多种功能。Emerson 公司的 E&P 软件将机器学习应用于地球物理解释和油藏描述，建立大闭环工作流程，将深度学习应用于全方位"方向性收集"，对地下油藏特征进行描述，为自动叠前地震解释提供了支撑（图9），同时使用神经集合网络从地震数据和井筒数据生成概率岩相模型，能够更好地了解储层非均质性等，为油藏开发提供方案。

  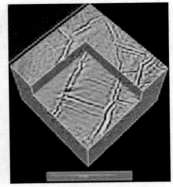

全波场复合成像　　　　　深度学习采集脚印分类识别　　　　基于深度学习的断层分类识别

图9　基于深度学习的叠前数据成像体

5）定量解释技术新进展

定量地震解释应用岩石物理分析，从地震角度预测储层参数，如岩性和孔隙流体属性等。它展示了岩石物理学多学科结合的结果，如地震数据、沉积学信息和随机建模等，可以产生比单一技术分析更准确的结果。随着人工智能在地震解释领域的应用发展，定量地震解释工作流程越来越完善，减少了地震解释结果的不确定性。

帕拉代姆公司的综合定量地震解释（QSI）工作流程也在新版软件中进一步完善，QSI模块直接集成到解释平台中。QSI在几何解释框架内对每个岩石单元的地下相关参数进行了量化，为有关岩石类型、岩性、储层性质、流体充填、弹性性质和地质力学性质的问题提供了准确答案，更好地服务于钻井设计。

（三）地球物理技术发展趋势

2019年，工程技术服务市场逐步复苏，但地球物理行业复苏进程中仍旧挑战重重，产能严重过剩，竞争更加激烈，服务价格短期内仍难以恢复。适应低成本、高质量，符合绿色环保要求的光纤、节点系统，高效、高精度地震采集技术，基于人工智能的地震数据处理解释技术，以及云端数据管理平台是今后重要发展方向。未来物探的攻关重点领域是非常规、低渗透、深水、深层以及超深层资源；跨专业一体化协同工作成为发展方向；低成本、高精度技术成为必然选择，"AI＋物探"是数字化转型升级的方向。

1. 地震装备朝着便携化、节点化、自动化和智能化方向发展

提高生产效率、压缩生产成本是市场竞争的主要手段。低油价造成了国际物探公司连续3年经营困难，致使各公司面临巨大经营压力，尤其是以重资产为主的地震采集业务与地震装备制造业务。便携化、节点化、自动化和智能化地球物理装备将成为重要发展方向，并成为行业竞争的关键因素。为提高生产效率和市场竞争能力，跨界融合新材料、人工智能等新兴产业技术，以光纤、节点装备为代表的新型地震采集设备，具有布设灵活、成本低等优势，能够减少用工量，从而满足降本增效的需求。

2. 经济、高效、绿色的地震数据采集方法是采集技术发展方向

油公司越来越注重用最低的成本获取高质量的地质资料。地震勘探的成本主要发生在采集阶段，研究经济有效的采集技术十分迫切。分布式震源混合采集、压缩感知地震采集的发展引起了业内广泛关注，将进一步促进陆上可控震源高效混叠采集处理技术的推广应用；随着大数据、人工智能等新技术以及无线、节点装备的发展，在采集设计、作业管理方面，将进一步推动采集方法高效、绿色、智能化发展。

3. 基于人工智能的数据分析及云端数据管理是处理解释重要发展方向

数字化变革发展是油气行业的一个重要主题，并稳步向前推进。国际物探公司正加速与科技信息巨头进行全方位合作，积极共同探索和构建油气数字化生态系统，建立云端数据平台，随着地球物理行业对数据处理程度的提高，油气勘探开发将更加准确高效。数字化变革将推动今后地球物理行业工作方式不断创新，基于大数据分析、人工智能的综合地震数据管理方案是未来重要发展方向，基于人工智能的地震解释方法将进一步向着自动化和智能化解释发展。

4. 多学科协同、一体化服务是行业发展方向

随着数字化发展，多学科协同、地质工程一体化、勘探开发一体化是地球物理未来发展的必然方向。多学科的协同应用不仅仅是重、磁、电、震等地球物理各学科专业技术的集成应用，还需要建立一体化商业模式、综合业务模式，深化产学研合作，加强物探公司与油公司、油服公司之间的深度合作，加强地球物理与数字化技术、计算机技术等多学科的一体化业务模式。将重资产的地震数据采集业务与轻资产的数据处理解释、油藏、信息、智能油田、软件销售等业务结合起来，为甲方提供产业链一体化服务，是降低项目运作成本的有效手段。

参 考 文 献

[1] 史子乐，施继承，黄艳林，等. 全球物探市场现状和竞争形势分析与展望 [J]. 石油科技论坛，2018，23（4）：68 – 75.

[2] 郭建海. 全球物探市场发展现状及前景展望 [J]. 当代石油石化，2018，26（8）：24 – 27.

[3] 史子乐，黄艳林，冯永江，等. 国际物探巨头退出采集业务原因分析与启示 [J]. 石油科技论坛，2019，38（1）：63 – 68.

[4] Grytnes P C，Donoghue R. OBN seismic is ade – risking game changer [J]. Hart's E&P，2018，91（10）：38 – 39.

[5] 史子乐，施继承，黄艳林，等. 全球物探数据采集业务市场变化与趋势 [J]. 国家石油经济，2019，27（7）：49 – 56.

[6] Dellinger J，Rossa，Meaux D，et al. Wolfspar®，an "FWI – friendly" ultralow – frequency marine seismic source [C]. Tulsa：Society of Exploration Geophysicists，2016：4891 – 4895.

[7] 李成博，张宇. CSI：基于压缩感知的高精度高效率地震资料采集技术 [J]. 石油物探，2018，57（4）：537 – 542.

[8] Mosher C C，Li C B，Ji Y C，et al. Compressive seismic imaging：moving from research to production [C]. Tulsa：Society of Exploration Geophysicists，2017：74 – 78.

[9] Mosher C C，Li C B，Williams L S，et al. Compressive seismic imaging：land vibroseis operations in Alaska [C]. Tulsa：Society of Exploration Geophysicists，2017：127 – 131.

[10] Zhou R，Willis M E，Palacios W. Detecting hydraulic fracture induced velocity change using rapid time – lapse DAS VSP [C]. Tulsa：Society of Exploration Geophysicists，2019：4859 – 4863.

[11] Ramos – Martinez J，Qiu L，Kirkeb Φ J，et al. Long – wavelength FWI updates beyond cycle skipping [C]. Tulsa：Society of Exploration Geophysicists，2018：1168 – 1172.

四、测井技术发展报告

随着油价缓慢回升，石油工程技术服务市场稳步发展，测井技术服务市场规模较2018年有较大幅度的增加，增长6.1%。测井技术呈现较为平稳的发展态势，有十几种新型或改进型测井仪器推出，包括随钻前探、油基钻井液随钻声电成像、三维随钻油藏描述、智能电缆地层测试、小井眼随钻岩石物理评价、可溶光纤测井等，这些新技术可以解决随钻地质导向、非常规储层评价等方面的问题，以及有效提高作业效率、降低作业成本。

（一）测井技术服务市场形势

Spears & Associates公司发布的油田市场报告显示，在2016年测井技术服务市场规模降至近10年的最低水平之后，自2017年开始，市场规模出现大幅反弹，2019年总额在130亿美元左右，比2018年的122.6亿美元增加6.1%（表1、图1）。其中，电缆测井技术服务市场规模约为110.4亿美元，比2018年增加5.2%（图2）；随钻测井技术服务市场规模约为19.63亿美元，较2018年提高10.9%（图3）。

表1　2010—2019年测井技术服务市场规模

年份		2010	2011	2012	2013	2014	2015	2016	2017	2018	2019
市场规模（亿美元）	电缆测井	103	117.9	132.4	141.2	151.17	110.6	76.4	91.3	104.9	110.4
	随钻测井	19	22.9	26.3	31.25	34.51	28.78	16.95	16.17	17.7	19.63
总额（亿美元）		122	140.8	158.7	172.45	185.68	139.38	93.35	107.47	122.6	130.03
增幅（%）			15.4	12.7	8.7	7.7	−24.9	−33.0	15.1	14.1	6.1

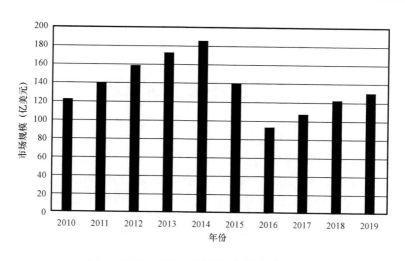

图1　2010—2019年测井技术服务市场规模

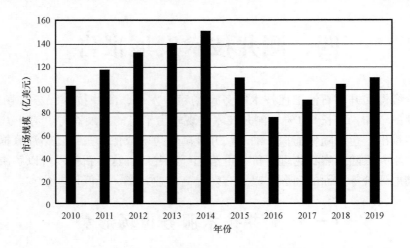

图2 2010—2019年电缆测井市场规模

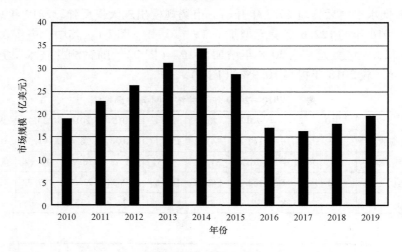

图3 2010—2019年随钻测井市场规模

（二）测井技术新进展

1. 电缆测井技术

1）XMR新型核磁共振测井仪

哈里伯顿公司最新推出业界唯一一款耐高压35000psi（约240MPa）的核磁共振测井仪XMR，提供的信息比常规核磁共振测井仪多8倍以上，可以对非常规储层进行更准确的评价。其特点包括：（1）优异的耐高温高压性能，耐温175℃，耐压240MPa；（2）2D和3D流体特性、孔隙分类、渗透性分析和非常规分析等；（3）拥有上、下测两种测量方式。2019年，该技术荣获世界石油技术大奖——最佳勘探技术奖。

XMR新型核磁共振测井仪不仅可以避免因井眼条件恶劣带来的风险，还能提高作业效率。哈里伯顿公司使用该技术在美国 Appalachian 盆地非常规储层进行了应用，准确评估了油藏的孔隙度、可流动流体及毛细管束缚水组分，取得良好的应用效果。

2）Ora 智能电缆地层测试技术

斯伦贝谢公司推出的 Ora 智能电缆地层测试技术利用新型测量技术和数字化架构，使硬件变得更加智能，有效实现了软件、硬件的结合，可以在所有条件下（包括以前不可能的情况）获得高质量的储层油藏描述结果。

产品特点：（1）可适应高温高压环境（200℃/240MPa）；（2）具有数字功能的硬件可以自动完成复杂的工作流程，将作业时间减少 50% 以上，并提供最高精度的流体分析和零污染样品；（3）用户可根据需求控制数据的采集，智能平台能够根据采集的数据及时提供具有操作性的决策意见。

Ora 技术目前已在北海、美国墨西哥湾、西非、中东、北非和中美洲的各种作业环境中成功完成了 30 多次现场试验。在墨西哥，Ora 技术是第一种可以在具有挑战性的碳酸盐岩地层中（在压力为 138MPa、温度为 182℃、渗透率低于 0.03mD 的条件下）获得高质量凝析气样品的设备，这帮助墨西哥国家石油公司将近 25 年发现的最大的陆上油气藏的预估储量提高了 3 倍。

3）多功能全冗余地面采集系统

斯伦贝谢公司推出的 eWAVE 新型多功能全冗余地面采集系统由两组完全相同的采集面板和 8 组电源模块组成，实现了数据完全备份。

技术特点：（1）使用了电缆传输速率达 3.5Mbit/s 的遥传系统 EDTS2.0，总线传输速率达到 8.0Mbit/s；（2）使用新式电源，新式电源可提供直流、交流、辅助交流、三相交流、DC6 等多种形式共 10kW 以上的电源；（3）为了防止电源故障对作业造成影响，准备了两套电源模块；（4）电源模块可以提供 3.3A、1100V 的电流电压，电流模式可以根据需要自动编程进行调整；（5）系统还具有自诊断和自适应功能，能够根据电缆长度和信号衰减情况自动调节传输速率；（6）遥传接口模块能够进行非常灵活的编程组合，以支持多种电缆调制解调方式。

2. 生产井测井技术

1）新型可溶解光纤测井仪

Well - sense 公司最近推出了新型试井仪器 FiberLine（图 4），这种试井仪器使用简单，不需重型设备便可下入井中，在完成作业后会自动溶解消失，能够有效降低成本。

图 4　可溶解光纤测井仪

技术特点：（1）重量轻。总长约为 4600m 的 FiberLine，加上设备下放硬件，总重不超过 15kg。（2）应用范围广。可沿井筒记录声音、温度、压力以及流量等随深度变化情况，以检测渗漏，并基于水泥固化时的热量来检测固井质量，具有应用于微地震监测、压裂诊断以及气举检查的潜力。（3）成本低。无须昂贵的电缆、连续油管等下入设备，无须进行设备回收，即使卡住也不会持续很长时间，因此，这种可降解的光纤是节约成本的好手段。（4）适用复杂井眼环境。包括高温高压环境（10000psi 和 150℃，具有提高到 20000psi 和 300℃的潜力）以及小井眼井。（5）可与其他传感器配合使用，可充分发挥 FLI 分布式数据采集和单点数据采集相结合的优势，提供内容更为丰富的井下图像。

2）超声波井下监听技术

Archer 公司推出的 VIVID 声波监听平台可检测多层套管外的微弱信号［微环中低至 0.08L/min 的液体流动；低压差（0.2~0.4MPa）下，低至 3.5L/min 的气体流动］，并能精确地确定其深度，对于套管和完井评价、水泥性能评价以及湍流分析意义重大。

技术特点：（1）气流、液流的泄漏响应特征描述；（2）识别射孔段的层间窜流；（3）评估水泥密封质量；（4）利用 VIVID 声波监听平台的全宽带频谱分析和高灵敏度特性，可实时绘制湍流图像，支持生产流体描述并可减轻完井伤害；（5）在无须起出完井仪器的情况下，诊断油管、套管和层间隔离失效问题。

3）新型微探测器

挪威石油公司设计的微型探测器（图 5）具有经济、高效的优点，较好地解决了数据传输难题，适用于钻井、生产井。

微型探测器（μSond）是一种微型数据记录装置，在井底释放，并由钻井液携带至地表，在这个过程中，探测由井底到地表的井下数据，其中包括压力、温度、流体电学特性等，在到达地表后，利用无线通信技术识别各个 μSonde 并取得其记录的数据，再将数据传送给终端用户进行分析。其特点包括：

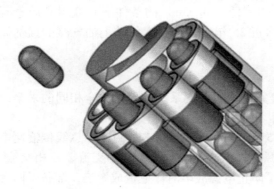

图 5　微型探测器作业示意图

（1）为了不堵塞钻井液循环通道，这种微型探测器需要设计得很小；（2）识别井中存在的问题，如钻屑堆积、页岩膨胀或其他塑性变形导致的井筒变化，由崩落和冲刷形成的特大孔隙等；（3）测量由井底到地表这段距离中的钻井液压力和温度梯度变化，以识别井底钻具组合（BHA）振动过大等情况，并最终实现钻井的优化；（4）将钻井过程中测量的海量随钻测井数据（如成像测井数据等）及时传输到地表。

3. 随钻测井技术

1）IriSphere 随钻前探技术

斯伦贝谢公司推出的 IriSphere 随钻前视技术可实时获得钻前 30m 处地层的电阻率剖面，具有很高的电阻率变化分辨能力。IriSphere 随钻前探技术将方位深探测测量技术和先进的自动反演技术结合起来，在管理钻井风险、优化套管布置和取心位置的同时，可准确地探测钻头前方未钻开区域的地层特征，不仅可以减少非生产时间（NPT），还可以有效优化钻井决策，提高储层钻遇率和钻井安全性，有利于达到降低吨油成本的目的。另外，IriSphere 服务还可以为钻井人员提供实时的钻井液性能管理，并支持优化套管设计和应急计划，避免了过早的套管密封或取心位置。

在澳大利亚西部海域的实际应用中,通过与 EcoScope 多功能随钻测井服务、sonicVI-SION 随钻地震服务等配合使用,成功识别出钻头前方约 19m 处的储层顶部,以及钻头前方 7m 处厚度为 25m 的储层。

2)Earthstar 随钻远探测技术

哈里伯顿公司推出的三维随钻油藏描述技术从沿井眼的二维剖面图拓展到完整储层的 3D 描述,有利于实现精确的井位布置。三维油藏描述功能源自可识别距井眼 68m 处储层和流体边界的 EarthStar™ 超深电阻率服务,通过计算和显示井眼周围的电阻率分布,这项创新技术可以很好地描述井下地质构造和流体分布,识别断层、含水带、局部结构变化等容易被忽视的特征,有利于优化着陆轨迹,实现油藏接触最大化,实现安全钻井。

该技术在挪威的碳酸盐岩地层进行了应用(该地层存在裂缝、塌陷结构、断层及明显的非均质性,传统随钻测井技术无法有效支撑井位决策),准确识别出倾斜的油水接触面,并确定了倾斜角度,推翻了水平油水接触面的判断,大大增加了油藏接触面积。

3)新型钻井液脉冲系统

哈里伯顿的 Sperry Drilling 公司推出的 JetPulse 高速钻井液脉冲遥传技术,可以连续高速传输钻井和地层评价数据。

产品特点:(1)在大井深范围和复杂井眼轨迹条件下,以编码方式连续传输井下数据,物理传输速率高达 18bit/s;(2)通过将新型遥测技术与随钻测量和随钻测井服务结合,系统可以缩短钻井周期,优化油藏接触面积;(3)3D 井下数据管理技术通过将数据压缩获得超过 140bit/s 的传输速率,可提供当前钻井作业最需要的数据,有利于及时做出钻井决策;(4)行业领先的堵漏剂耐受性,具备目前最大的堵漏剂通过能力,无须更换井下钻具组合,即可顺利泵送所需的堵漏剂用于堵漏。应用领域包括:(1)提高钻遇率。利用快速、高质量的地质导向图像和测量结果来精确控制井眼位置,使井眼与油藏最大化接触。(2)提升对油藏的认识。快速实时获取储层岩石以及储层流体性质的更多信息,以便对地质导向或在何处进行其他随钻测井做出最佳决策。(3)减少钻井时间。利用实时钻井动态数据,使钻进效率与钻进速度达到最大。

4)油基钻井液随钻声电成像测井技术

斯伦贝谢公司推出的 TerraSphere 随钻声电成像测井仪可在水基或油基钻井液中生成高清晰度图像,包括井壁声波图像和井周电阻率图像,具备地应力、井眼稳定性分析,岩性识别,井径测量,地质导向等功能(150℃/137MPa)。

产品特点:(1)电磁子系统使用两个相隔 180° 的电极,可以透过钻井液生成地层高清晰度图像,可应用于碎屑岩、碳酸盐岩、页岩等地层;(2)声学子系统使用 4 个相距 90° 的超声波探测器,测量可用于确定井径的行进时间和可确定井壁声阻抗的回波幅度。传感器具有高采样率和自动聚焦特性,可有效降低仪器对偏心率和井眼光滑程度或井径变化的敏感性,在油基钻井液中生成高清晰度图像。

TerraSphere 服务将两种图像集成在一起,互为补充(电阻率图像具有丰富的地层特征,而超声图像对裂缝和井眼条件更为敏感),从而提供了完整的解决方案,可以使作业人员在油基钻井液中钻进时,实时了解地层和井眼情况。

5）智能取心技术

地层岩心蕴含着大量重要数据，其中包括相对渗透率、润湿性、地层流体属性等，获得这些数据对于准确建立储层流动模型具有十分重要的意义。取心作业是获得这些数据最直接有效的手段，因此它一直都是油气资源勘探和评价的工作重点之一。目前的取心技术已较为成熟，但仍有一定不足——取心井深容易出错，这会导致取心作业的效果达不到预期。CoreAll 公司最近推出的智能取心系统（ICS）使用一系列先进传感器对油藏岩样进行数据采集与分析，并通过钻井液脉冲遥测技术将采集到的数据实时传输到地面，具有井深定位精度高的优点，很好地解决了现在取心作业面临的问题。

在智能取心系统下井后，它不仅可以判定所取岩心完整性，还可以对电阻率、温度、伽马能谱、振动等多达 15 种不同的参数进行测量，测量得到的数据以指定速率传输到地面。这些数据可以与传统电缆测井测量得到的数据组合使用，互为补充。在取心后进行电缆测井可以确定何时钻遇水层、何时停钻取心，并且可以判定所取岩心是否取自理想层位；在进行电缆测井时（通常在取心作业几天后进行）参考智能取心系统所采数据，可以更准确地评估油藏属性（电缆测井数据通常会由于钻井液滤液侵入储层基质而受到影响，智能取心系统为随钻测量不受侵入影响）。

目前，CoreAll 公司正致力于实现该系统的商业化应用，通过与多家服务公司和设备制造商谈判，确保了该系统与传统钻井设备的兼容性。未来，CoreAll 公司将在 ICS 的基础上开发一个钻井模块，以进一步完善 ICS 的功能。该钻井模块可以通过地面设备对取心桶进行控制，使其及时关闭以保证钻井的正常进行。CoreAll 公司项目总监 Alf Berle 介绍该模块："你可以先钻井，然后测井，一旦发现进入目标地层，即可进行取心，这方面还存在能够大幅节约成本的潜力"。这种新增模块预计可以节约 24~48h 的非生产时间，其中包括起出并卸下常规钻头，更换取心钻头的时间。另外，该钻井模块还支持多井段取心作业，在取心完成后可继续钻进数百米，为后续电缆测井作业提供足够的空间。

6）用于小井眼的随钻岩石物理评价服务

针对海上/陆地的 5.75in 小井眼定向钻井与地层评价需求，斯伦贝谢公司推出的 OmniSphere 随钻岩石物理评价服务，它包括可用于定向钻井和地层评估的 OmniSphere RGM 服务，以及用以识别黏土类型和岩性的 OmniSphere SGR 服务。产品基本参数：最小井径 5.75in，数据遥传速率 6bit/s，耐温 150℃，耐压 172MPa，油/水基钻井液。

该技术可以应用于：（1）在复杂油藏中实时辅助地层评价与完井决策；（2）通过正确识别含有放射性非黏土矿物质的含量，来提高储层评价的精度；（3）测量总有机碳含量，并通过识别有机碳富集区，实现非常规油藏地质导向；（4）钻进过程中进行地层评价，缩短作业时间；（5）无电池作业，提高作业效率与安全性；（6）根据井眼尺寸、偏心率、钻井液类型等具体情况，实时执行自动环境校正，保证测量精度；（7）停泵时进行井斜与方位测量，可提高测井时效性，显著降低了井壁失稳风险，并减少了卡钻事故。

4. 其他技术

1）QLog 人工智能测井技术

Quantico Energy Solutions 公司最近研发的 QLog 测井技术集人工智能和大数据技术于一

身，具有强大的数据处理能力，可以有效帮助作业者降低测井成本，提高作业效率。

QLog 人工智能软件系统能够测量出油藏的岩石物理性质，包括随钻测量和电缆测井相关数据。在输入参数方面，软件算法运用了包括国内和国外许多盆地的伽马射线测井数据和钻井动态数据（包括机械钻速、钻压和扭矩等），软件中涵盖了几百口井的测井和钻井数据，如此大的测井和地层参数数据库使得该系统能够给出油藏的岩石物理性质，而无须进行昂贵的测井作业。利用人工智能专有数据库，QLog 测井技术提供了一套具有革命性的测井工艺，通过它仅需较少的作业费就能深刻认识油藏特征，而且避免了常规测井作业时的入井工具风险。

2）新型插入式射孔枪

斯伦贝谢公司近期推出 Tempo 带测量仪的对接式射孔枪系统，是业内首款完全集成了创新设计的插入式射孔枪系统，降低了作业风险，增加了安全性、可靠性和效率。

技术特点：（1）大大简化了组装、装枪和射孔流程，减少了组装过程中出现人为失误的可能性；（2）具备先进的实时井下测量功能来监控和确认作业过程，在射孔前、射孔过程中和射孔后获得压力、温度、磁性定位（CCL）以及伽马射线（可选）数据；（3）可承受反复的射孔枪震动，因此井场射孔作业可连续不中断进行；（4）可以在地面和入井时彻底检查系统的完整性；（5）达到最高射频（RF）安全级别（API）；（6）密封件更少，长度更短，最多可携带 40 枪；（7）精确的深度控制。

3）新型核磁共振模型

核磁共振测井仪器可以用来寻找到地层中的原油和甲烷，在石油工业中应用十分广泛。最近，莱斯大学工程师改进了核磁共振模型，以更好地确定非常规页岩地层中的油气分布。

核磁共振测井仪可以确定弛豫时间，并据此区分油、气、水，但弛豫时间不止受分子影响，还受到环境影响。例如，对于轻质原油而言，其核磁共振弛豫时间和黏度呈负相关。但这种相关性并不是固定不变的，当原油中溶解甲烷时，这种相关性会发生变化。甲烷是一种球形对称分子，而其他烷烃是线性的。这种完全不同的几何结构，使得甲烷与所有其他（烃）烷烃的弛豫模式不同，当二者混合在一起时，会对黏度与弛豫时间的关系产生影响。

由于井与井之间均或多或少地存在差异，这些差异会对流体特性与核磁共振响应之间的关系产生影响，为了更准确地确定储层油气分布，现在急需一种能概括所有物理现象的核磁共振模型以简化计算。为此，莱斯大学的研究人员创建了一个弛豫行为库，通过改变限制条件，来研究环境与核磁共振响应之间的关系。最终，莱斯大学成功改进分子动力学模型，该模型可有效表征甲烷从液态到气态在不同温度和密度下的特性，提高了核磁共振区分石油和天然气与水的能力。

（三）测井技术发展特点

1. 测井仪器耐高温高压性能不断提升

深层油气藏是油气资源的主要组成部分，随着浅层资源日益枯竭，深层逐渐成为勘探开发的重点，深层油气藏的高温高压对测井仪器提出了挑战，各家公司不断推出耐高温高压的测井仪器。斯伦贝谢公司最新推出的智能电缆测井技术耐温耐压性能达到 200℃/240MPa，OmniSphere 小井眼随钻岩石物理评价技术耐温耐压性能达到 150℃/172MPa；哈里伯顿公司的新型核磁共振测井仪器耐温耐压性能也达到了 175℃/240MPa。随着耐高温高压材料等相关技术的发展，测井仪器耐高温高压性能将获得进一步提升。

2. 非常规储层评价受关注度不减

自 2010 年各大服务公司推出适于非常规储层评价的测井仪器和技术之后，非常规储层评价的热度持续不减。近两年，出现了多种适于非常规储层评价的仪器和技术。其中，Pulsar 多功能伽马能谱测井技术可以确定总有机碳含量。新型核磁共振测井仪器采用了先进的电子元件（能够应对等待时间更短的脉冲序列）以及新的脉冲序列，极大地改善了短 T_1 和 T_2 组分的测量灵敏度，在可接受的测井速度下不仅可以完成连续的 T_1 和 T_2 测量，还大幅提高了孔隙度测量精度。WellDog 公司在美国推出页岩"甜点"探测服务，该项服务采用激光器和先进的探测器识别页岩地层中的天然气和天然气液，提高油气层导向能力，降低钻井成本，有助于集中开发力量，优化生产，减少压裂级数和用水量。2019 年，哈里伯顿公司推出三维核磁共振测井技术，不仅大幅提升核磁共振测井仪的耐温耐压性能，一次下井采集的数据也远多于普通仪器，测量结果得到明显改善，有效扩大了核磁共振测井在非常规储层中的应用范围。

3. 随钻远探前视技术进一步发展

近几年，随钻测井的探测距离获得较大提升，如斯伦贝谢公司推出的 IriSphere 随钻前视技术（30m）、Geosphere 公司的随钻油藏描述技术（30m）以及哈里伯顿公司推出的 Earthstar 随钻远探测井技术（68m）等，这些技术能够指导钻井决策，优化钻井轨迹，增加油藏接触面积，有利于实现降本增效。目前，随钻远探前视技术均是基于电磁波测井，声波测井同样具有远探前视潜力，国内外部分公司已经开始研究基于声波的随钻远探前视技术。更远的探测距离、更高的精度、更广泛的适用性已成为随钻测井的重要发展方向。

4. 智能化成为测井技术的发展趋势之一

人工智能技术经过数十年发展已相对成熟，目前各行各业都在开展智能化探索，测井行业也不例外。斯伦贝谢公司推出的 Ora 智能电缆测井技术、智能绞车以及 Quantico Energy Solutions 公司的 QLog 人工智能测井解释软件等都是测井行业向智能化方向探索的结果。人工智能不仅可以快速处理海量数据获得平时难以获取的重要信息，提高作业效率，将员工从枯燥的劳动中解放出来；还可以通过机器学习进行自主处理，应对各种复杂挑战。与其他行业一样，测井行业将继续向智能化方向发展，且研究力度将进一步增大。

参 考 文 献

[1] 肖舒月. Halliburton 首次推出 3D 随钻测井技术 [J]. 天然气勘探与开发，2019（3）：126.

[2] 刘宝林，桂暖银. 中国大陆科学钻孔钻进规程合理控制问题的探讨 [J]. 探矿工程（岩土钻掘工程），2001（z1）：242–244.

[3] 孔志刚，张鑫. 钻井取心工艺中探心的研究与应用 [J]. 科技风，2019（24）：159.

［4］覃利娟，吴昊，杨丽．核磁共振测井在东方 A 区储层孔隙结构研究中的应用［J］．西部探矿工程，2019（8）：95－98.

［5］彭川，何宗斌，张宫．核磁共振 T_2 弛豫仿真软件研发及在岩心核磁实验中的应用［J］．计算机应用与软件，2019，36（3）：282－300.

［6］范卓颖，侯加根，邢东辉，等．低渗透储层核磁共振实验与测井应用［J］．中国石油大学学报（自然科学版），2019，43（1）：53－59.

［7］王娟．超高温随钻测井技术［J］．天然气勘探与开发，2017（2）：20.

［8］臧德福，王树松．测井液压绞车智能控制系统［J］．石油仪器，2009，23（3）：10－12.

五、钻井技术发展报告

2019年以来，随着油价的回升和企稳，全球油服市场较为平稳，油田服务投资自2016年回升以来，始终保持在2000亿美元左右。陆地和海洋油气勘探开发投资增长，全球钻井行业继续遵循技术为王的策略，向着低成本、高可靠性、高安全性方向发展，深水钻井行业发展前景广阔。

（一）全球钻井行业发展

2019年，全球勘探开发投资同比微增。全球常规油气勘探开发投资增幅较大。陆上非常规油气投资额出现小幅下降，同时二叠盆地原油出口受限也降低了资金投入强度。海上勘探开发投资逆转下降趋势。在此外部环境下，全球油服市场较为平稳，并未如2016年油价回归以来展现出快速增长局面。

1. 2019年全球油田服务市场温和回暖

油田服务投资自2016年回升以来，始终保持在2000亿美元左右，受北美页岩油气工作量减少影响，全球钻井数略有减少（图1）。全球钻井类型趋向水平井转型。美国水平井钻井数仍占有绝对比重，占到总井数的90%以上。水平井段长度每年增长5%。

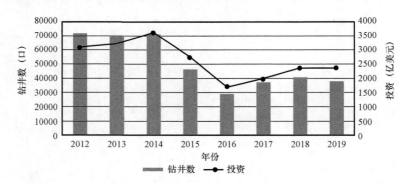

图1　2012—2019全球油服市场变化（不含中国、俄罗斯和中亚）

资料来源：贝克休斯，Spears & Associates

2. 高端钻机利用率持续增长

不同地区、不同类型的钻机利用率呈现不同特点。由于国际需求的增长，钻机利用率达到了88%，相比2018年的77%增长了11%。哥伦比亚、墨西哥和中国的钻机利用率正在上升，需要重新启用旧钻机或增加新钻机来满足需求，中东陆上的钻机利用率超过80%。随着油价的回升，海上钻机利用率提升。在2018年触底后，钻井船的需求终于开始出现增长，利用率从2018年的59%上升到2019年的71%。自升式钻井平台的利用率也达到了71%，配置了现代化设备的钻井平台利用率远远高于标准化平台（图2）。但在美国，受非常规收缩投资的影响，在用钻机数量进一步减少，平均钻机利用率不足 50%，但钻深能力超过 16000ft 的深井钻机以及配备有自动化钻井装备的高端钻机，利用率均超过 80%。

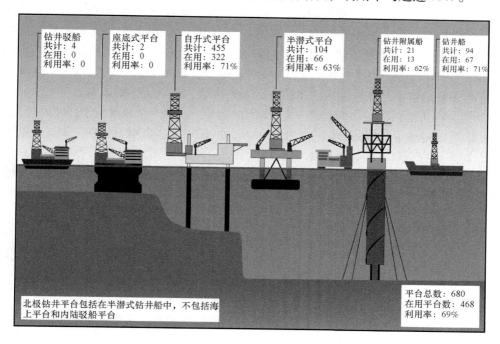

钻井驳船
共计：4
在用：0
利用率：0

座底式平台
共计：2
在用：0
利用率：0

自升式平台
共计：455
在用：322
利用率：71%

半潜式平台
共计：104
在用：66
利用率：63%

钻井附属船
共计：21
在用：13
利用率：62%

钻井船
共计：94
在用：67
利用率：71%

北极钻井平台包括在半潜式钻井船中，不包括海上平台和内陆驳船平台

平台总数：680
在用平台数：468
利用率：69%

图2　自升式钻井平台和钻井船的利用率均为 71%，略高于全球海上钻井船的平均利用率 69%

3. 海上钻井作业降本增效成果显著

海上钻井触底回升，工作量有明显增长。随着新发现不断向深水区拓展，深水、超深水作业的比例不断增加，超深水钻井比例从 10 年前的 3% 增长到 2019 年的 10% 左右。低油价下，深水作业经过一系列方式降低成本（共享基础设施、平台化和规模化生产），实现了 30% 的成本节约，具备了发展的基础。水下作业市场具有较好的发展前景。预计到 2030 年，海上油田服务市场收入的年增长率将达到 6%，其中水下作业市场收入将超过其他油田服务业务板块，年均增长率达到 12%。

（二）钻井技术新进展

1. PDC 钻头技术进展

聚晶金刚石复合片钻头（PDC）在钻井作业中应用十分广泛，2018 年 PDC 钻头使用率占市场总额的 89%。但由于钻井深度和地层复杂程度的不断增加，以及对采收率和经济效益要求的不断提高，装备制造商需要进一步提升 PDC 钻头的耐久性和钻进效率，开发能够在各种作业条件下高效破坏岩石的成型刀具组合。

1）双曲线金刚石钻头提高了在硬脆和软塑性地层中的稳定性和钻速

斯伦贝谢公司旗下的 Smith Bits 公司推出了用于软地层和塑性地层的双曲线型金刚石钻

头。新型钻头主要具有以下几点优势：（1）应对高冲击地层的耐久性。新型钻头通过结合传统 PDC 钻头刀具的剪切作用和碳化钨刀片的破碎作用，形成更强的穿透力，提高在硬脆地层中的钻速。（2）适用于软塑性地层。新型钻头为软塑性地层提供了解决方案，其双曲线几何结构通过产生小岩屑并提高岩屑去除率，与传统 PDC 钻头的刀具相比平均机械钻速增加了 21% 以上，显著降低了软塑性地层对钻进效率的影响。（3）延长钻头使用寿命。新型钻头采用 19mm 尺寸的刀具，扩大了现有的 13mm 和 16mm 刀具的选择范围，这些滚刀几乎只用于小井眼侧钻。这些特性减少了钻头起下钻次数，降低了钻井成本。

2018 年，在美国科罗拉多州丹佛 - 朱尔斯堡（DJ）盆地一个具有低磨损水平的软地层，作业人员采用定向马达底部钻具组合，配备 8.5in 的双曲线型金刚石钻头。3 口井的平均钻速提高了 20%。在一口井中，与使用传统 PDC 钻头的斜井相比，操作员看到垂直井的钻速提高了 50%，节省了 7.5h 的钻井时间。这口井是 DJ 盆地特定钻机钻至目标深度的最快井。

2）融合了多种设计元素延长使用寿命

贝克休斯公司的 Dynamus 钻头融合了多种设计元素，包括 StayTrue 异形切削齿（缓解横向振动，提高稳定性）、StayCool 抗磨损切削齿（降低金刚石复合片温度，延长使用寿命）、SweepBlade 刀翼设计及高抗扭矩的新型胎体材料，多种创新设计的融合使 Dynamus 钻头破岩效率更高，使用寿命更长。

除此之外，Dynamus 钻头的 AntiWalk 保径单元能够根据钻头的侧向切削响应，自适应控制钻头侧向切削深度，保持方位和井斜的稳定，降低狗腿度，提高井眼质量。当然，这种自适应控制不会对定向造斜产生任何负面影响。

2018 年，Dynamus 钻头在 Midland 盆地现场应用 15 井次，机械钻速同比邻井提高了 32%，钻头进尺同比提高 50% 以上。

3）阿特拉的 SplitBlade PDC 钻头

传统的 PDC 钻头设计常常诱发岩屑清除不良，使岩屑在切削齿及排屑槽周围堆积，造成钻头泥包，破岩能量浪费，工具面控制困难，甚至造成切削齿温度升高，钻头先期损坏。

阿特拉的 SplitBlade PDC 钻头，凭借其独特的分体式刀翼设计和水力学设计，能够有效清除岩屑，提高机械钻速。主要创新设计包括：分离式刀翼设计，内侧刀翼前向偏移产生分离，提高排屑槽过流面积，岩屑运移更高效；经设计切削齿布局，PDC 切削齿具有较大的径向自由度，钻头攻击性更强；定向水眼设计将钻井液更直接地作用到切削齿上，持续高效清除岩屑，清除速度比常规 PDC 钻头快 7 倍。

2018 年，SplitBlade 钻头在二叠盆地进行了现场应用，机械钻速同比邻井提高 20%，钻头进尺提高 36%。

2. 数字化、智能化技术进展

过去，钻井业通过对硬件设备的改造与创新实现生产效率的提升和成本的节约，但在今天，以预测分析、物联网（IoT）、机器学习以及人工智能为特点的数字化技术正在改变着油气井钻井的规则。

1）建井云平台

数字化浪潮下，利用大量井下数据进行快速勘探决策和开发部署是油公司技术研发的方向，但大量的井下数据掌握在油服公司手中，必须通过合作，结合先进的数字化技术，才能真正实现勘探开发一体化。哈里伯顿公司推出 DecisionSpace 365 E&P 云及原生应用程序，这是业界首个部署在云平台上的一整套数字化 E&P 云原生应用程序，可实现生产效率的大幅提升，最优化油田开发方案，以及更低的建井成本和更安全的油井质量。

该技术集成了物联网、云计算和大数据技术，主要包括地质、建井和生产三个主要模块，主要技术特点是：（1）显著提高勘探成功率。DecisionSpace 365 由 iEnergy 云提供计算支持，在云平台上即可使用勘探与生产行业最强大、最完整的地质解释和建模软件，通过安全的多用户数据库彻底改变现有的工作方式。通过跨域工作流和高质量数据生成，加快优化地下决策，增强整个勘探和评估生命周期的管理。（2）通过持续的实时数据反馈，不断提高建井效率，实现高效建井。建井模块集成了业界最完整、最领先的建井系列软件，使用户能够应用数字双胞胎技术实现精益流程执行和钻井决策优化。通过实时数据持续反馈，可以在建井中实现更高的性能。数字井筒计划能够设计清晰的建井程序。利用实时数据进行集成自动化分析，优化当前井设计中的关键技术参数，同时优化成本以及健康、安全和环境问题，减少非生产时间。（3）更快地找到生产问题。能够实时访问，降低井完整性风险，更准确地分配生产，整合各种来源的生产数据。

DecisionSpace 365 E&P 云的创新性在于采用统一的云平台，利用云计算，提供从勘探开发到建井，再到生产的完整解决方案；并通过实时数据的反馈，应用数字双胞胎技术不断优化决策，提高建井效率。该技术为建井工程提供了全新的方法，它利用数字技术的进步来降低勘探风险，改善油藏描述和建井全过程，提高钻井效率，为高效低成本开发油气资源提供了技术保障。

2）新一代智能化钻井服务

自动化编程平台是实现大数据的实例。首先，通过大量井下传感器和地面传感器收集地面和井下数据，再通过平台开放式的架构理念与软件开发套件，允许第三方编写算法来控制系统，一方面，帮助实现地面井下的一体化，有助于整个钻井系统的闭路自动控制；另一方面，通过统一的软件平台形成完整的控制体系。目前，斯伦贝谢、NOV、通用贝克休斯等公司都在进行这项技术的研发。通用贝克休斯公司的 Predix 平台将各种工业资产设备和供应商相互连接并接入云端，同时提供资产性能管理（APM）和运营优化服务。APM 系统每天共监控和分析来自上万件设备资产上的 1000 万个传感器发回的 5000 万条数据，终极目标是帮助客户实现 100% 的无故障运行。NOV 公司在 Precision 钻井公司北美市场的十多台钻机上装备了 NOVOS 系统，可通过数据监控实现每次接单根时间减少 41%，平均接单根时间从7.91min 下降到 4.67min。基于 NOVOS 平台的 Rigsentry 应用能够监测防喷器和钻机上部设备的状况，预测设备或部件的失效，最早能够提前 14 天给出潜在风险提示。斯伦贝谢公司的"未来钻机"也将通过钻机构建一条先进机械化设备通向数据的桥梁，通过数据的收集、反馈和共享，实现高度的自动化钻井，最终实现"自主钻井"。

3）自主学习的智能定向钻井系统

Oceanit 实验室和壳牌合作研发了智能定向钻井系统，该系统通过采集相应的钻井历史资料，模拟钻井数据及定向钻井操作人员的日常操作，利用机械自主学习算法产生相应的下步钻井指令，从而实现高效的定向钻进。该系统可以增强工具面的控制能力，提高实钻井眼轨迹与预设值的吻合度，减少后期纠正井眼轨迹的工作量，同时降低钻井成本。

为了保证机械自主学习定向钻井系统控制工具面、引导钻头滑动的准确性和高效性，需要收集定向钻井作业的相关历史数据，大部分有效数据存储在钻井日志和录井数据中，收集的钻井参数通过筛选、过滤、归一化，选择适当的参数用于构建和训练人工神经网络。人工神经网络利用强化学习方法来细化训练历史数据，通过自主学习模拟施工人员日常操作，训练后的人工神经网络可以最大限度地减少井眼轨迹偏差，减小井眼弯曲度，并最大可能提高机械钻速。成熟的神经网络可以媲美一个定向钻井专家的决策能力，并保证决策失误率在3%以内。

先导实验中，该系统以美国东部二叠盆地的 14 口水平井定向钻井数据为基础，数据包括钻头、大钩载荷、重力工具面、磁性工具面、井斜数据、钻压与转速、立管压力、机械钻速等。利用人工神经网络对数据进行统一和清理，以用于机械自主学习和培训。例如，基于当前工具面、钻压、钻井液排量、机械钻速、压差、旋转扭矩预测未来的压差和旋转扭矩，经过 180 万个训练步骤后，将预测数据与实钻数据进行对比，压差预测误差为 0.21%，旋转扭矩预测误差为 2.72%。

3. 钻井液技术进展

钻井液是钻井的血液，钻井液性能对钻速的提升、井眼质量、消除喷漏卡塌等事故复杂，以及钻井过程的环保性至关重要。国外在钻井液领域投入大量研究，主要关注于新材料的应用。中国钻井液主要的添加剂还是依赖进口。

1）基于纳米 SiO_2 和氧化石墨烯的页岩水基钻井液

由于油基钻井液的环保处理存在很大困难，因此如何设计水基钻井液体系，从而控制页岩—水作用成为研究的热点与难点。

传统的添加剂尺寸较大，无法对页岩的微裂缝和纳米孔起到封堵作用，在水基钻井液中添加纳米材料，可以对页岩储层的微孔隙进行有效物理封堵，提高井筒稳定性。纳米材料可以有效提高水基钻井液的流变性能。对于长井段水平井来说，通过加入纳米材料可以有效帮助降低岩屑床高度，降低钻井泵压力。

密苏里科学技术大学 Jose Aramendiz 等通过实验方法研究了利用二氧化硅纳米颗粒（SiO_2 – NP）和石墨烯纳米片（GNPS）设计和评估纳米颗粒水基钻井液体系（NPWBM）。试验结果表明，纳米颗粒水基钻井液体系显示出良好的抑制性能和低浓度下的稳定性，说明纳米添加剂可减少与钻井作业相关的环境污染。

2）用于页岩井壁稳定的纳米型钻井液体系

得克萨斯大学奥斯汀分校开展了用于页岩井壁稳定的纳米型钻井液体系研究，目的是研究纳米粒子与地层流体及其他流体的相互作用原理。首先进行了电动电位（ZP）测量，可以揭示出纳米溶液与页岩接触后的相互作用原理；然后开展压力传递实验（PTT），测量了液体侵入页岩的压力；最后开展厚壁圆筒实验（TWC），测量了纳米粒子穿透页岩表面的压力。实验发现，纳米粒子的加入可以显著降低液体侵入页岩的能力，同时可以减少页岩坍塌。纳米粒子与页岩会发生电子学相互作用，从而封堵孔喉，压力传递降低，近井眼井壁稳定，提高了井眼压力，降低了有效应力。

3）新型低密度油基钻井液体系

贝克休斯公司研制出一种新型低密度油基钻井液体系——DELTA – TEQ，用于窄密度窗口地层安全钻井。该体系使用特制的黏土和聚合物，抑制网架结构交联强度的持续增加，降低了停/开泵时钻井液产生的压力波动（0.1g/cm³）。在开/停泵和下套管过程中，可以保护地层免受激动压力的破坏。

4）新型低密度油基钻井液体系

M – I SWACO 公司 2019 年推出了 MEGADRIVE 乳化体系。该新型钻井液体系具有性能稳定、热稳定性好（180℃）等良好的钻井性能，不会引起交联强度的提高。此外，流体耐高固相污染，高温高压滤失量低，耐海水及水泥污染。MEGADRIVE 体系使用 MEGADRIVE P 高性能主乳化剂和 MEGADRIVE S 辅乳化剂以及包被剂协同改善体系的乳化稳定性，该钻井液体系现场应用后，预计可节省钻井成本数百万美元。

4. 海洋钻井技术进展

随着海洋油气工业的回暖，海上钻井设备迎来新一轮研发周期，具有更高抗压能力的防喷器及海上控压钻井技术是重点的发展方向。

1）耐高压（大于 20000psi）设备

钻机装备：雪佛龙公司和 Transocean 公司签署了一项钻机设计与建造合同，以及一项为期 5 年的深水钻井合同，Transocean 公司的两台深水钻井船目前正在位于新加坡的 Jurong 船坞建造。该钻井平台将是首个额定压力为 20000psi 的超深水浮式钻井平台，预计将于 2021 年下半年在墨西哥湾开始作业。

防喷器系统：NOV 公司的 20000psi 防喷器系统可用于 18¾in 井眼，带有 20000psi 管线、阀门、接头和盲板及 BOP 芯轴。API S53 级 7 – A1 – 6R 防喷器组有六个闸板腔（三个双壳体）和一个环形防喷器。两个低强度剪切（LFS）闸板安装在上部，四个较低的腔体可以安装多个新设计的 4½ ~ 7⅝in 闸板。新设计的 20K 井口接头以及防喷器上的各种故障安全双闸阀也已安装到位。与传统采用 V 型剪切技术的闸板不同，LFS 可以用更小的剪切力剪切更大更厚的钻杆；NOV 公司对控制系统也做了研究。专利的水下可回收吊舱系统，称为 RCX，可以在防喷器还在井口的时候部署、替换和回收，液压和电气部分已经合格，可回收的部分正处于测试阶段；更大的防喷器组和新的规定也影响了所需要的蓄能器瓶的数量。对于传统的蓄能器瓶，需要多达 35 瓶，每瓶重 10000lb❶。

2）单一的流体管理工具

无论是钻杆还是套管，VERSAFLO 套管和钻杆反排循环工具都可以被描述为一个密封元件，它在升降机和顶驱之间形成了连接。该工具实现了通过顶驱的回收或循环，而不需要借助别的通路。流动通道保持不变，并提供一种快速形成液压密封的方法。这是一个非常简单的系统，它的每一端都有旋转肩或钻杆连接，该工具可以在 15min 或更短的时间内直接安装到顶驱。一旦它被组装好，就可以在套管和钻杆两种作业模式下使用。工具的下部为套管

---

❶ 1lb = 0.454kg。

接头，上部为钻杆接头。底部有一个黑色的密封元件，无论套管的尺寸如何，都会将正确尺寸的封隔器连同上部芯轴的钻杆部分一起送到钻井平台上。工具的额定抗拉强度为 250×10^4 lbf❶，测试证明可以达到 300×10^4 lbf。额定压力为 5000psi，扭矩为 70000ft·lbf。套管模块可以处理外径 $7 \sim 18\frac{5}{8}$in 的套管，钻杆模块可以密封 $3 \sim 5\frac{1}{2}$in 内径的钻杆。

随着该工具的使用越来越广泛，Frank's International 公司正在寻找其他的应用。一旦将该工具商业化，并获得更多的经验，应用就变得更加容易。其中一些应用包括 7in 的尾管，这是亚太地区一家重要石油公司使用的尾管尺寸，在需要扩径时，可以进行循环并将尾管起出。该工具还可应用于钻井作业，能够将钻具循环使用，这使得可以在升降机上起下钻，但在钻具从井眼里起出来的时候仍然保持泵送和循环，加拿大的一家石油公司将其作为泵入或泵出井眼的首选工具。该工具还可用于完井时冲洗隔水管和防喷器。

3）自动化隔水管系统

新一代自动化隔水管系统是行业第四代。这是控制系统、硬件、软件和可编程逻辑控制器（PLC）领域的顶级产品，可以带来人工智能、基于状态的维护、额外的传感器和运行速度。在这个关键的系统中，后台也有一个控制系统，通过人工智能来帮助实现流程自动化。

自 2014 年以来，威德福公司已经完成了 7600 余项控制压力钻井（MPD）工作。该公司吸收了所有的经验和大部分信息，并将其放入控制系统中，使整个过程更容易、更有效。从根本上而言，该公司改进了管线的硬件设计，使其有更大的能力来处理气举事件，当然，还通过增加机器人和单一连接来实现气举系统的自动化，机器人技术使系统更加安全。在目前的系统中，人员必须经过钻井甲板才能连接 MPD，整个过程可以在没有人员的情况下完成。该系统由智能水下张力环隔水管、环形隔震装置和免提流量阀芯组成。旋转控制头采用该公司最新的一款，具有监测和传感器功能，可以通过提前通知油公司来预测故障并减少潜在影响。

（三）钻井技术展望

受美国页岩油气开发放缓影响，全球钻完井市场规模将下降，新冠肺炎在全球蔓延，将对油价、油气投资造成影响，对油田服务形成进一步冲击，将更加需要数字化、低成本化的钻井技术。

1. 数字化技术将在钻井领域大规模推广

利用数字技术不仅会帮助石油行业减少非生产时间，改善性能，而且还会催生出新的商业模式，使服务公司或承包商成为不仅仅提供设备，还能借助预测分析技术、传感器和 IoT 等手段提供针对设备的数字化服务，为油公司带来更大价值。

2. 提高破岩效率成为提速的撒手锏

个性化钻头技术的创新发展大幅度提高了油气钻井的破岩效率，同时也为油公司提高油气勘探开发效率与效益提供了重要手段。近年来，应用新型钻头完成的钻井作业在提高钻井

---

❶ 1lbf = 4.448N。

速度的同时，在降低钻井成本和保障钻井安全等方面发挥了重要作用。

3. 水平井钻井推进大规模"一趟钻"

"一趟钻"不仅仅是钻头技术的升级，还是钻井工程的全面升级，也是地质—油藏—工程一体化解决方案。钻头、钻井液、导向工具、仪器以及钻井工艺、装备的最佳匹配是"一趟钻"的基本保证，井筒完整性是"一趟钻"的基本前提，也是严控非生产时间的必然选择。

参 考 文 献

［1］ Tony Crawford，Tarjei Myklebust，Aylar Ibrahimoglu. 2019 NOV census shows robust international land rig utilization but softening in North America onshore［J］. World Oil，2019（10）：53－63.

［2］ 思娜，王敏生，李婧，等. PDC 钻头新技术及发展趋势分析［J］. 石油矿场机械，2018，47（2）：1－7.

［3］ 杨飞，周静. 智能钻井大数据技术的发展研究［J］. 石化技术，2017，24（9）：230，68.

［4］ 邱文发. 探析钻井液技术现状及发展方向［J］. 化工管理，2019（30）：205－206.

［5］ Justin Fraczek. New generation of offshore drilling tools targets safety，wellbore conditions［J］. World Oil，2019，10（7）：23－28.

［6］ Isaac Fonseca，Jennifer Taylor，Andrew Creegan. New tool enables visualization of real－time EFD，vibration data from multiple points in drillstring［J］. Drilling Contractor，2019，5（9）：68－72.

［7］ 杨金华，郭晓霞. 页岩水平井一趟钻应用案例分析及启示［J］. 石油科技论坛，2018，37（6）：32－35，60.

六、油气储运技术发展报告

2019 年，国际油价均价为 60 美元/bbl。石油公司逐步适应低油价，经营实现盈利，行业景气程度继续提升。全球天然气市场继续增长，受亚洲多国政府的能源和环境政策影响，亚太地区的天然气需求仍将是全球天然气需求强劲增长的驱动力，多个发展中国家正在成为新兴的市场买家。液化天然气（LNG）已成为全球连接供需双方的重要贸易方式，供需关系将在市场调节下逐步达到平衡。2019 年 12 月 9 日，国家石油天然气管网集团有限公司（简称国家管网公司）挂牌成立，标志着深化油气体制改革迈出关键一步，上游油气资源多主体多渠道供应、中间统一管网高效集输、下游销售市场充分竞争的"$X+1+X$"油气市场新体系基本确立。

（一） 油气储运领域新动向

1. 油气管网监管迎来新办法

2019 年 3 月 19 日，中央全面深化改革委员会第七次会议审议通过《石油天然气管网运营机制改革实施意见》。会议强调，推动石油天然气管网运营机制改革，要坚持深化市场化改革、扩大高水平开放，组建国有资本控股、投资主体多元化的石油天然气管网公司，推动形成上游油气资源多主体多渠道供应、中间统一管网高效集输、下游销售市场充分竞争的油气市场体系，提高油气资源配置效率，保障油气安全稳定供应。

2019 年 5 月 24 日，国家发展和改革委员会、国家能源局、住房和城乡建设部、国家市场监督管理总局联合印发了《油气管网设施公平开放监管办法》（简称《监管办法》）。《监管办法》的出台，是落实党中央国务院推进油气体制改革决策部署的重要举措，也是能源领域坚定不移深化市场化改革、全面强化能源监管的具体体现。

2. 天然气管网建设稳步推进，互联互通工程取得巨大成绩

《天然气发展"十三五"规划》提到，"十三五"是中国天然气管网建设的重要发展期，要统筹国内外天然气资源和各地区经济发展需求，整体规划，分步实施，远近结合，适度超前，鼓励各种主体投资建设天然气管道。"十三五"期间，新建天然气主干及配套管道 $4 \times 10^4 km$，2020 年总里程达到 $10.4 \times 10^4 km$，干线输气能力超过 $4000 \times 10^8 m^3/a$。2019 年 10 月 16 日，中俄东线天然气管道工程黑河—长岭段（北段）全线贯通，中国东北方向首条天然气进口通道正式打通。2019 年 6 月 14 日，青岛—南京输气管道项目开工建设，全长 531km，北起中国石化青岛 LNG 接收站，南至川气东送管道南京输气站。

加快天然气管网互联互通工程建设，是落实天然气产供储销体系建设工作最重要的一环。为推动形成"全国一张网"的天然气供应格局，中国石油 21 项天然气基础设施互联互通工程相继投产后，华北地区保供能力显著提升，在实现"南气北上" $3000 \times 10^4 m^3/d$ 的基础上，大连 LNG 等向华北增供 $700 \times 10^4 m^3/d$、天津 LNG 增供 $2700 \times 10^4 m^3/d$；同时增加三

条华北地区冬季清洁取暖供应通道，这三条通道极大地提升了冬供期间华北地区天然气保供能力。

3. LNG 接收站建设和运营主体趋于多元化

中国天然气市场需求快速增长，LNG 接收站投资建设持续活跃，LNG 接收能力预计将年增 8.6%，在 2025 年前达到 $1 \times 10^8 t/a$。据 BHI 统计，截至 2019 年，中国（不含香港、澳门和台湾）已建成 LNG 接收站 20 座，LNG 接收站总能力为 $6540 \times 10^4 t/a$。全国拟在建 LNG 接收站项目 64 个，以前期项目为主；项目遍及沿海各省区，广东省项目数量最多；项目投资主体以传统"三大油企"领军，民营企业大步扩张，多元化格局正在形成。

4. 储气库建设迎来黄金发展期

作为全球第三大天然气总消费国，中国的储气库仅 25 座，占全球储气库总量不到 3.5%，不足美国储气库总量的 6%。目前，国内储气库只有中国石油和中国石化参与建设，其中有 23 座储气库由中国石油建成，中国石化建成 2 座，中国天然气储蓄能力与世界平均水平相比仍有很大差距。

2019 年，中国石油、中国石化正在加速储气基础设施建设，有效调节天然气管网气源缺口压力，有力保障了天然气供应。2019 年初，中国石油召开了 2019—2030 年地下储气库建设规划部署安排会议。明确至 2030 年，将扩容 10 座储气库（群），新建 23 座储气库。与此同时，2019 年 6 月，中国石化天然气分公司文 23 储气库注气量达 $10 \times 10^8 m^3$，提前完成阶段性注气目标，待垫底气完成后将为华北地区天然气季节调峰和应急保供提供资源保障。

5. 中东国家减少对霍尔木兹海峡的依赖

全球约 1/5 的石油生产都要经过霍尔木兹海峡，但随着美国和伊朗之间的紧张局势升级，这条航道的脆弱性已成为人们关注的焦点。沙特阿拉伯国家石油公司在 2019 年底完成一条横贯该国东西方向的石油管道的扩建，增加该国从红海出运的石油量，避开日益紧张的霍尔木兹海峡。管道的扩建将使沙特阿拉伯有机会绕过霍尔木兹海峡，从红海而不是波斯湾运输更多石油。同时伊朗政府打算建设一条新输油管道，西起南部布什尔省戈雷赫，东至阿曼湾的贾斯克港，整个项目预计花费 18 亿美元，其中 7 亿美元用于开发贾斯克港。贾斯克港将新建两座炼油厂和多座石油化工厂，成为新的原油出口终端。

6. 俄罗斯"不计成本"建设天然气管道

2019 年，俄罗斯天然气工业股份公司（Gazprom）不遗余力、"不计成本"地建设天然气管道。其中，三条连接欧洲、东北亚的天然气管道项目将尤为重要，即俄罗斯通往德国的"北溪 2 号"天然气管道、从俄罗斯到土耳其的"土耳其溪"天然气管道，以及通过俄罗斯西伯利亚连接东北亚地区的天然气管道，以保证未来数年内俄罗斯天然气出口顺畅。

"北溪 2 号"项目旨在敷设一条由俄罗斯经波罗的海海底到德国的天然气管道，绕开乌克兰把俄罗斯天然气输送到德国，继而输送到其他欧洲国家。该管道项目预计每年可向德国输气 $550 \times 10^8 m^3$，满足欧洲 10% 的天然气需求，对欧盟能源系统至关重要。

"土耳其溪"是俄罗斯向土耳其及欧洲南部输送天然气的管道项目，其海底部分两条管线均长 930km 已经竣工，陆上部分于 2019 年开工建设。项目全部完工后，俄罗斯每年可向土耳其和欧洲输送总计 $315 \times 10^8 m^3$ 天然气。

同时，在亚洲方面，俄罗斯也在加强天然气的管道运输。2019 年，俄罗斯天然气工业股份公司建成年运力为 $380 \times 10^8 m^3$ 的西伯利亚天然气管道（即中俄天然气管道）。这一管道长达 4000km，2019 年 12 月开始运输天然气。

7. API 发布管道系统完整性新标准

美国石油学会（API）发布了第三版 API RP 1160《管理危险液体运输管道系统完整性推荐作法》。API RP 1160 为建立安全的管道运营提供了一个规程，包括对潜在风险进行强有力的评估，并建立一套系统对日常操作进行安全和可持续地管理。

第三版 API RP 1160《管理危险液体运输管道系统完整性推荐作法》吸收了近年的行业经验和管道力学成果，同时严格吸收了安全管道操作（API RP 1173）部分内容。这将有助于管道运营商建立一个安全、现代和全面的完整性管理系统。此外，第三版文件还参考了管道泄漏检测（API RP 1175）、管道开裂评估和管理（API RP 1176）、完整性数据管理和集成（API RP 1178）以及位于岸上或沿海地区的管道的海底技术危害（API RP 1133）等出版物。

（二）油气储运技术新进展

2019 年，油气储运行业在储存和运输领域均取得了多项科研成果，对推动储运科技的发展具有重要的促进作用。

1. 油气管材技术进展

1) 中国石油石油管工程技术研究院提案两项石油管材国际标准

2019 年 5 月 15 日，由中国石油石油管工程技术研究院提出的《石油天然气工业管道输送系统用耐蚀合金内覆复合弯管》和《石油天然气工业管道输送系统用耐蚀合金内覆复合管件》两项国际标准提案，通过国际标准化组织（ISO）投票正式立项。2007 年以来，管研院在国家及中国石油相关单位的资助下，针对耐蚀合金复合管、弯管和管件的选材、试验和检验，开发了多项具有自主知识产权的技术，先后获得国家发明专利授权 5 项，并牵头制定了 GB/T 35067—2018《石油天然气工业用耐蚀合金复合弯管》和 GB/T 35072—2018《石油天然气工业用耐蚀合金复合管件》两项国家标准，为本次国际标准项目的成功立项奠定了坚实基础。

2) 首条 NPR 新材料智能生产线投产

2019 年 5 月 13 日，中国首条负泊松比（NPR）新材料智能生产线在青岛国际院士港投产。由何满潮院士团队研发的 NPR 新材料通过改变材料分子结构，实现了钢材强度与韧性兼具，有望广泛应用于管道、矿山支护、桥梁工程等领域，极大地提升了工程的抗震能力和安全性能。

普通钢材断裂点在"脖子"处，周边区域也明显变细，这种局部塑性变形会对工程造成很大危害，而 NPR 材料受力后，在横向上不是变细，而是一反常态地均匀变粗或不存在"脖子"颈缩现象，同时具备大变形能力。一般来说，强和韧两个特性像跷跷板的两端难以实现均衡，何满潮院士团队研发的 NPR 新材料克服了高屈服强度和高均匀延伸率的矛盾，实现了同时强和韧，同时该材料还具备无磁和抗强磁场磁化的特点，有望应用于煤矿行业、抗震结构、地下工程等。

3）石墨烯为埋地管道腐蚀老化提供一种新的解决方案

自从石墨烯被发现并获得 2010 年诺贝尔物理学奖以来，它被誉为一种神奇的材料，其潜在的应用范围包括从受污染的水中去除放射性物质、建造压力传感器或制造先进的晶体管。

作为先驱，英国 Haydale 公司提出一种复合解决方案（HCS），石墨烯可以加入管道制造过程中，提高其抗泄漏性和增强韧性，如图 1 所示。在威尔士研究中心测试新设计的 HCS 管道，成功的结果验证了新材料的突破性成果。将石墨烯增强聚合物用于油气管道系统有着广泛的好处，包括增强了强度、刚度和韧性，提高了渗透阻力和疲劳性能。

图 1　HCS 石墨烯管道

2. 油气管道设计技术进展

1）中俄东线刷新中国管道设计和建设新标准

中俄东线是中国加快技术和装备国产化的代表性工程，刷新了中国管道设计新标准。1422mm 超大口径、X80 高钢级、12MPa 高压力等级，这些高难度的工程数据预示着中国管道设计和建设水平正向着世界一流水平迈进。为提高管道建设水平，中国石油曾设立重大科研专项，先后攻克管材制造、管道断裂控制、管道施工装备国产化等一系列技术难题。特别是突破国外技术壁垒，管道核心控制系统和关键设备全面实现国产化，带动了国内相关产业升级换代。工程首次实现管线 100% 自动化焊接、100% 自动超声波检测、100% 机械化防腐补口，焊接一次合格率高达 95.48%（图 2）。

中俄东线是中国创建"智能管道、智慧管网"的样板工程。按照"本质安全、卓越运营"要求，首次实现了管道建设关键工序远程实时监控，全过程数据采集、分析、预警的智能工地建设。中俄东线也是全国引领性劳动和技能竞赛的先进典型。不断优化施工手段，推进技术与管理创新，提高工作实效，攻克 -40℃超低温环境下多项技术难题，实施"互联网 + 项目管理"新模式，取得创新工法 48 项，发布 19 项技术标准和管理规范，推进了中国管道工程建设向国际一流水平看齐。

按智能管道"三全"目标建设中俄东线，"智能工地"系统全面采集建设数据，数字虚拟管道与实体管道同步建成，为全智能化运行和全生命周期管理奠定基础。

在中俄东线施工中，首次全面推广机械化作业，主要包括全自动化焊接、全自动超声波检测、全机械化防腐补口，以施工技术革新保证工程质量，减少人员劳动强度，提高施工效率，满足全数字化移交要求。

☐ 全自动化焊接

焊缝性能复现性强，质量可靠、稳定，施工效率高，每道焊口的净焊接时间也由传统焊接的8～10h缩短至自动焊接的1h以内，在提高施工效率的同时保证了焊接一次合格率。

☐ 全自动超声波检测

全线路采取100%超声波检测，环境敏感点和高后果区采取超声波和射线双百检测、双百评定，同时对检测结果开展检测单位之间的100%互评和第四方的100%复评，确保焊接质量受控。

☐ 全机械化防腐补口

机械化防腐补口方式，有效降低人为因素对防腐补口质量影响。施工过程中，对锚纹深度、表面清洁度、预热温度、回火固化温度与时间等技术指标进行检查，并抽取进行破坏性测试。

图2　中俄东线智能管道设计

2) 马来西亚国家石油公司对 LNG 装载管线中喘振工况缓解措施开展研究

紧急关闭系统（以下称 ESD 系统）存在于 LNG 装载管线（图3）中，该系统在紧急情况下可能被激活。激活时，ESD 阀将在 15s 内关闭，以使管线恢复到安全状态。随着 ESD 阀的迅速关闭，管线中的 LNG 的速度会突然发生变化，这会导致蒸汽形成和坍塌现象，从而导致喘振工况和对管道产生较大的瞬时冲击力。如果不采取缓解措施，喘振压力峰值可能会达到正常工作压力的 10 倍，大大超过装载管线的设计压力，并且带来灾难性的结果。

因此，马来西亚国家石油公司通过实验探究、软件模拟等方法对此问题进行了一系列探究。研究了多种方法进行缓解，分别为正常的 ESD 控制、无意中关闭了一个 ESD-1 阀门、没有缓解措施和组合采用两种缓解措施。在组合采用两种缓解措施模拟时，效果达到最佳，没有出现超压问题，其他方法的测试结果中均存在超压问题。以下两种缓解措施分别为：一是在 ESD 系统激活后应用一个 20s 自动停泵延迟计时器；二是 ESD 激活后立即打开回程阀。

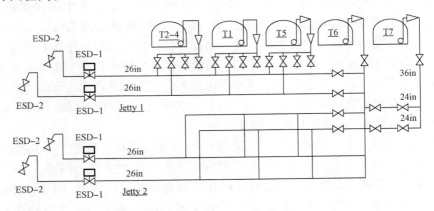

图3　马来西亚国家石油公司 LNG 装载线路图

3. 油气管道施工技术进展

1）国内管道施工连破纪录

（1）天然气管道实现不停输改线。

2019年8月25日，中国石油管道局工程有限公司采用四封不停输封堵工艺，在川气东送天然气管道上实现了主管线不停输的改线作业新纪录。此次作业，是中国首次实施于大口径、高压力、高钢级管线，施工难度罕见。

（2）中国跨度最大、载荷最重天然气主干管道跨越主体工程完工。

2019年8月25日，中国石化天然气分公司南川—涪陵天然气管道乌江悬索跨越主体工程完工，跨越全长467.8m，主跨355m，荷载1008.3t，是目前中国跨度最大、载荷最重的天然气主干管道跨越工程（图4）。

图4　重庆乌江悬索跨越工程现场

（3）中国天然气管道最长定向钻穿越成功。

中国石化天然气分公司负责建设的中科炼化一体化工程配套输气管道——通明海峡定向钻穿越一次成功，穿越长度4060m，刷新了中国天然气管道定向钻穿越长度之最（图5）。

图5　通明海峡定向钻穿越现场

2）德诺采用新的管道敷设方式进行管道保护

为了修复德国慕尼黑东北200km处的一条管道，DENSO公司利用一种漂浮在水中的新敷设方法，迅速有效地保护焊缝免受腐蚀。管道首先被放置在水中，再将DENSOLEN－AS 50磁带系统应用于焊接仅10min的焊缝处，管道就被推入一个充满水的隧道，4个月后管道被抽干（图6）。这种敷设方法是具有挑战性的，因为管道焊接后通常不会立即永久暴露在腐蚀性介质中。而试验结果表明，DENSOLEN－AS 50磁带系统对焊缝高质量的保护符合标准要求。

图6　现场施工图

DENSOLEN－AS 50（图7）是一种用于金属管道防腐的冷应用单带系统，具有优异的经济和质量性能。这种独特的磁带系统拥有不小于1.2mm的压痕电阻和不小于20J的抗冲击性能。DENSOLEN－AS 50实际上对水蒸气和氧气不渗透，对土壤细菌和电解质具有抵抗力。由于创新的方式，磁带融合在一起，并在重叠的地区创造一个持久的软管型涂层。DENSOLEN－AS 50用于现场接缝涂层、管道涂装和管道修复、电站和管道站建设。DENSOLEN－AS 50的另一个特殊应用是作为一种机械保护带。

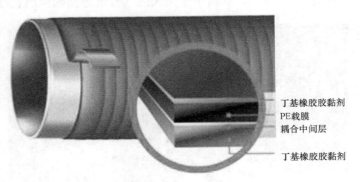

丁基橡胶胶黏剂
PE载膜
耦合中间层
丁基橡胶胶黏剂

图7　DENSOLEN－AS 50示意图

DENSOLEN－AS 50的优势有：最大限度地机械保护和防腐；超过压力等级C50的要求，符合EN 12068的要求；通过DIN－DVGW认证体系：C50（EN 12068，DIN 30672）；与PE、PP、FBE、PU、CTE和沥青涂料兼容；最高使用温度达85℃。

3）Novarc 技术公司发布了一种名为 SWR 的焊接机器人

Novarc 技术公司开发出一种名为 SWR 的焊接机器人（Spool Welding Robot，SWR），如图 8 所示。这是一种协同焊接机器人，能够提高焊接的生产率，降低管道车间的成本，同时显著提高焊接质量。

SWR 焊接机器人使用气动机械手，焊接臂可以在 15ft 的范围内任意移动，可以焊接长达 30ft 的线轴。焊接臂可以在接近 3 点方向时向下移动焊接 4in 管道，也可以在接近 12 点方向时向上移动焊接 48in 管道。SWR 焊接机器人配备了林肯公司的 PowerWave R500、PowerWave STT® 模块，Cool Arc® 水冷却器和自动驱动送丝机。SWR 是一种快速高效的焊接解决方案，能够存储和快速记录焊接数据和视频（使用 Novarc 公司的 AI 驱动的焊接视觉系统——Novye™）来进行精确的车间分析和质量控制，如图 9 所示。

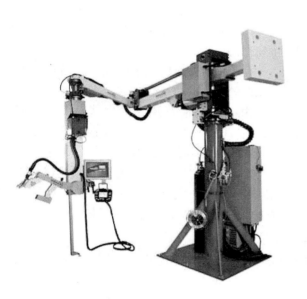

图 8　SWR 焊接机器人

图 9　焊接视频图

SWR 焊接机器人优点：半自主式激光焊缝跟踪，精度 0.01mm，焊缝定位完美；开创性的 NovEye™ 相机和 NovData™ 数据收集系统获取焊接过程和结果的清晰视图；4ft×4ft 的小型开放平台在一个小空间内集成了多个定位器；能够使用 GMAW 和 MCAW 标准焊接管道线轴，并可选配 FCAW 封装；完整的 ABICOR BINZEL 产品解决方案套件，包括 ABIROB W，TH6D 激光焊缝跟踪，EWR 2 Net 和 MasterLiner。

4. 油气管道安全技术进展

管道安全近年日益受到重视，尤其是国内"黄岛 11·22""晴隆 7·2"事故后，管道安全隐患的治理和管道安全得到重视，相关技术取得突破。

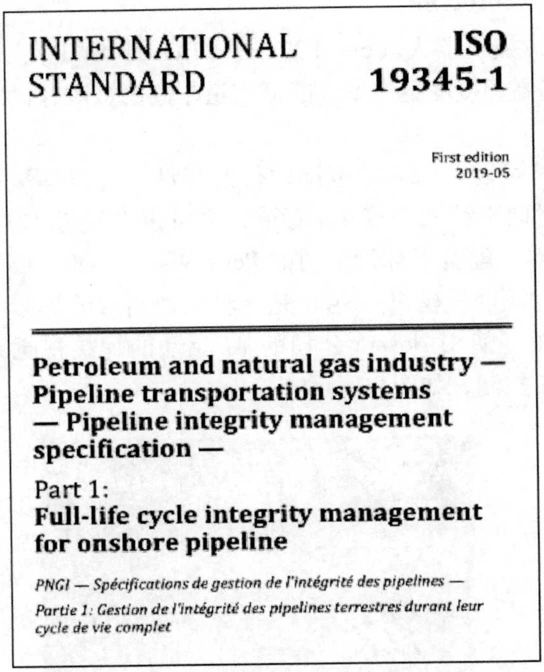

INTERNATIONAL
STANDARD

ISO
19345-1

First edition
2019-05

Petroleum and natural gas industry —
Pipeline transportation systems
— Pipeline integrity management
specification —

Part 1:
Full-life cycle integrity management
for onshore pipeline

PNGI — Spécifications de gestion de l'intégrité des pipelines —
Partie 1: Gestion de l'intégrité des pipelines terrestres durant leur
cycle de vie complet

图 10　《管道完整性管理规范》封面

1）多项管道安全 ISO 国际标准发布

（1）《管道完整性管理规范》。

由中国油气管道从业者主导编制的国际标准 ISO 19345 - 1《管道完整性管理规范——陆上管道全生命周期完整性管理》（图 10）和 ISO 19345 - 2《管道完整性管理规范——海洋管道全生命周期完整性管理》分别于 2019 年 5 月 10 日和 5 月 16 日正式发布。这是第一个由中国石油管道工程师系统的、全文主导编制的管道管理纲领性标准，是中国管道管理技术迈向国际舞台核心的重要一步，将为管道完整性管理在世界推广应用、减少管道事故、提升管理水平发挥重要作用。

（2）《石油天然气工业陆上管道地质灾害风险管理》。

由中国石油管道公司牵头制定的 ISO 20074：2019《石油天然气工业陆上管道地质灾害风险管理》国际标准于 2019 年 7 月 30 日正式发布。该标准给出了陆上油气输送管道开展地质灾害风险管理的要求和建议，指导管道建设和运营者在管道全生命周期中有序并高效开展地质灾害的识别、评价和防治工作，降低管道系统风险，减少因地质灾害而造成或作为诱发因素导致的管道损伤事故。

2）应变设计和大应变管线钢管关键技术取得重大进展

大口径高压油气管道途经特殊地质环境时的失效控制是世界级难题，中国石油历经十余年攻关，应变设计和大应变管线钢管关键技术取得重大进展。

主要技术创新包括：（1）建立了基于应变的管道设计方法，突破抗震规范的适用范围，合理预测 9 度区的应变需求，提出控制管道失效的应变准则，形成 SY/T 7403—2018《油气输送管道应变设计规范》。（2）建立了 X70/X80 关键技术指标与钢管临界屈曲应变的关系，发明钢管临界屈曲应变能力预测方法，创新提出多参量联合表征评价和控制钢管变形行为方法；提出大应变管线钢和钢管新产品技术指标体系和标准，被纳入美国石油学会管线钢管标准附录。（3）自主研发 X70/X80 大应变 JCOE 直缝埋弧焊管成型、焊接、涂覆等关键技术，形成大应变管线钢管生产工艺和质量性能控制技术。（4）研发钢管内压＋弯曲大变形实物试验装置，形成钢管实物模拟变形试验技术，发明了钢管特定截面弯曲角及应力应变实时测量装置和方法。

3）ASME 新书更新了管道地质灾害的研究

ASME 出版社出版的《管道地质灾害：规划、设计、施工和运营》，探讨了一些相关的问题，如滑坡、地震和洪水等地质灾害对管道性能和安全的影响。

这一版相对于前一版具有相当大的扩展，深入探讨了以前讨论过的主题，以及许多额外的主题，包括数据管理、侵蚀控制、永久冻土和地震方面的考虑因素。它旨在为管道公司的从业人员以及从事新管道设计和建造或运营管道完整性管理的专业管道工程和岩土技术顾问提供最先进的参考。

该书全面介绍了管道地质灾害的主题，涉及以下专题：利用数据生成、集成和可视化技术进行走廊选择的地形分析；岩土工程和管道建设界面考虑；沟渠和高架河流交叉口；管道建设的非开挖技术；各种地质灾害评估、监测和消除机制。该书还为处理几种常见的管道地质灾害提供评价方法，如浮力控制、侵蚀和泥沙控制、永久冻土管道以及地震地质灾害的评估和减轻；该书还包括著名管道会议的出版文章内容。

5. 油气管道检测、监测技术进展

油气管道的检测和监测技术是保障管道安全运行的重要因素，相关的新技术层出不穷。

1）NDT Global 公司的管道检测技术取得两项突破性进展

提供超声波管道检测和完整性服务的 NDT Global 公司宣布其在管道裂缝检测技术方面取得两项重大进展。NDT Global UCx 增强型测量技术能够测定高达 100% 壁厚范围内的全部裂缝深度。这一技术消除了深度尺寸的限制，为操作人员提供了更准确的数据，以便在管道操作方面做出更明智的决策。NDT Global 公司的超声 ILI 机器人（图 11）能够准确检测和识别裂缝、基本材料的裂缝状异常材料和管道焊接区域，其高分辨率超声波裂缝检测使用的是经过验证的 45° 剪切裂缝检测波浪方法。针对 UT 裂缝检测，其增强型测量技术可以为 4mm（0.16in）以上深度的裂缝提供精确的评估。它超越了先前的 4mm 限制深度尺寸，这是自开发绝对深度裂缝检查以来的重大突破。

图 11　高分辨率检测机器人——Evo Series 1.0 UCx

NDT Global 公司将其业界领先的 UCx 技术的深度测量精度提高了 20%。这一进步更加优化了操作者所依赖的数据，以确保其管道的安全运行。UCx 增强型测量技术是专门为高精度检测焊缝轴向裂纹而设计的。这种精度水平可以实现轴向裂纹，裂纹状异常和线性指示等于或大于 99% 的检测概率。

NDT Global 公司的 Evo Eclipse UCx 技术则是第一个克服倾斜和偏斜限制的技术，是 ILI 技术史上最重要的进步之一。除了 UCx 增强型测量技术所带来的好处之外，Evo Eclipse 还提供了一种传感器配置，能够识别并精确确定倾斜和倾斜裂缝的尺寸，例如 DSAW 接缝斜面处常见的钩裂或裂缝。

2）Creaform 发布 Pipeecheck 5.1 油气管道无损检测软件

Creaform 公司发布了 Pipecheck 5.1，这是对石油和天然气行业管道完整性检测市场上最先进的无损检测软件（NDT）的重大升级。Creaform 公司是便携式 3D 测量解决方案和工程服务的全球领先企业。

Pipecheck 5.1 兼容最新发布的 HandySCAN 3D，HandySCAN 3D 是 Creaform 公司发布的最新一代便携式 3D 扫描仪，如图 12 所示。Pipecheck 5.1 提供：

（1）3 倍的扫描速度：11 个蓝色激光十字架可以缩短表面采集和可操作文件之间的时间，检查人员可以直接从十分高的测量速度中获取数据。

（2）4X 分辨率：采用高性能光学和蓝色激光技术，Pipecheck 5.1 提供无与伦比的分辨率，可捕捉十分微小的外部管道缺陷（腐蚀、凹痕和机械损坏）。

（3）多功能性：用户可以对任何类型的表面进行评估，包括复杂和闪亮的部件，以及任何复杂的室内或室外环境。

（4）高精确度：不管数据被捕获的条件如何，即使在有太阳、灰尘或雨环境下，HandySCAN 和 Pipecheck 5.1 软件仍可提供很高的精度。

（5）易用性：Pipecheck 5.1 软件和 HandySCAN 可供所有管道检查人员使用，而不论其经验和专门知识水平如何。此外，它的简单性和可靠性确保了检查结果完全独立于用户。

图 12　Pipecheck 5.1 现场测量图

3）FiberPatrol FP7000 光纤输气管道完整性监控系统

Senstar 公司发布了 FiberPatrol FP7000 光纤管道完整性监控系统，如图 13 所示。该系统通过提供对泄漏和第三方干扰（TPI）的早期检测，加强了输气管道和液体管道的完整性管理程序，与市场上的其他系统相比，提供了明显的性能优势。FiberPatrol FP7000 也可以用于安装在围栏上的入侵检测。

FiberPatrol FP7000 的工作原理是将激光脉冲传输到光纤中，精确测量光纤长度上的微小光反射。FiberPatrol FP7000 结合了专利的分布式温差传感器（DDTS）和分布式声波传感器（DAS）技术，比传统的流量和压力监测解决方案或其他基于 FiberPatrol 的解决方案更快、

图 13　FiberPatrol FP7000 光纤管道完整性监控系统

更准确地检测和定位微小泄漏。采用基于相干光时域反射原理的专利技术，FiberPatrol FP7000 的 DDTS 技术可以从一个参考温度连续监测整个传感器长度的温度，并可以检测低至 0.0005℃ 和 0.001℃/min 的温度和温度率的变化。此外，FiberPatrol FP7000 的 DAS 技术还可以检测到微小的声学信号。

6. 油气管道维抢修技术进展

油气管道的失效给财产和安全造成极大损害，维抢修技术对于降低危害极为重要，尤其是海底管道，一旦破坏可能对环境造成不可逆转的损害，经过多年研究和实践，多项管道维抢修技术得以研发和应用。

1）管道公司创新高钢级管道修复技术

中国石油管道公司科研专项"中俄东线管体缺陷在役非焊接修复研究"试验取得成功。课题组通过严格、规范的系列试验，验证了复合材料钢制内衬修复技术修复中俄东线环焊缝缺陷及面积缺陷的可行性，为中俄东线缺陷维修需求提供了非动火修复解决方案，采用该方案，预计费用能够降低 20%～30%。

中俄东线天然气管道由于管线输送压力大、跨度长，沿线经过的土壤、地质、环境类型多样，在其服役时间内将不可避免地出现内外腐蚀、应力疲劳裂纹、凹陷、焊缝缺陷甚至开裂等缺陷，对管道运行的本质安全造成重大隐患。中国石油管道公司开展的"中俄东线管体缺陷在役非焊接修复研究"专项课题，通过设计一种新型修复技术，并经过理论分析和试验研究，考察其修复高钢级管道管体缺陷的稳定性和可靠性，并开展修复层结构设计及施工工艺研究，为中俄东线投产后安全运营保驾护航。

2）Webtool 开发海底管道退役工具

液压水下工具专业公司 Webtool 与雪佛龙能源技术公司合作开发一种用于海底管道退役的快速干预工具，如图 14 所示。该工具将对管道进行卷曲、密封和切割，减少对海洋环境的潜在污染，潜在地消除了管道切割过程中对安全壳的要求，并将潜水员的干预降到最低。

在英国阿伯丁的巴尔莫勒尔水下测试中心，快速干预工具已经完成了测试。管道最初从海底升起并固定在工具上，在切割点两边的两个地方打褶，在不破坏管壁的情况下形成空腔。将管道穿入两个卷曲部分之间，以防止任何污染物逸出，然后将密封胶注入腔内，形成一个"橡胶化"的塞。最后，管道被切割，通过密封部分创造一个额外的卷曲点，并将管道分为两部分。管道末端现在完全密封，防止任何污染物的释放。当安装操作结束后，将工具移出上层甲板，复位并沿着管道进一步定位，以预先指定的长度重复操作，创建用于表面恢复的实用管段。

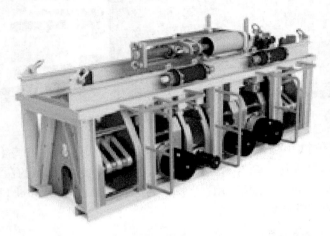

图14　海底管道退役快速干预工具

7. 油气管道输送工艺技术进展

1）GE NovaLT16 燃气轮机

新型的 GE NovaLT16 燃气轮机（图15）将提供高达37%的机械效率——在10～20MW的功率范围内提供了高效可靠的油气应用标准。额定功率16.5MW，7800r/min，它是理想的适合管道压缩、发电以及石油和天然气工厂的燃气轮机。NovaLT16 能够承受高的俯仰和横摇，因此非常适合海上压缩和发电。在较宽的运行范围内提高效率和减少排放，使新燃气轮机的可操作性非常灵活。GE NovaLT16 燃气轮机的特点是高可用性（高达99%）和可靠性，平均维护时间为 3.5×10^4 h（MTBM）。

NovaLT16 具有大负载范围内的操作灵活性，效率高，减少排放20%～100%的负荷，从而使它更容易满足在项目阶段没有预见的操作条件。模块化结构，方便访问辅助系统和宽阔的横向开放的燃气轮机机壳，使维修和支持更直接。该燃气轮机内置了 GE 工业互联网技术的远程监测和诊断功能，并配有诊断软件 Predictivity™ 解决方案，在其控制面板内集成了数据收集和数据传输。这使得任何问题都能被预见到并预先解决，从而降低了运营成本，并减少了对现场维修的需求。

图15　GE NovaLT16 燃气轮机模型图

2）水下多相流量计

斯伦贝谢公司的 Vx Omni 海底多相流量计（图16）是一种占地面积小、测量精度高的流量计，适用于 20000psi 高压，同时扩大了资金效率，加快了交货时间，并实现了高可靠性。Vx Omni 流量计规格见表1。

图16　Vx Omni 海底多相流量计

表1　Vx Omni 流量计规格

项目	气体体积分数（GVF）范围（%）	性能规格（%）
液体比例	0～90	3
	90～96	6
	96～98	12
	98～100	—
气体比例	0～100	5
	>90	2.5
水液比	0～90	2
	90～96	5
	96～98	8
水的体积分数	>95	0.2
烃质量流量	>3kg/s	5
总质量率	0～100	2.5

减少交货期：Vx Omni 流量计的部件数量减少了约 66%。超过 90% 的压力、流量、温度、深度等部件采用了最先进的仪器。

经济效率：Vx Omni 流量计为获取海底开发井（包括偏远地区的开发井）的天然气、石油和水流数据提供了新的可能性。通过缩减规模或取消地面试井设施和水下试井线，可以节省大量成本。设计的简化减少了零件的数量和复杂性。

卓越的可靠性冗余：可检索的电子设备和状态监测被内置到 Vx Omni 海底流量计中，从而提高了可靠性和可用性。可靠性预测表明，流量计平均故障间隔时间为 26 年。Vx Omni 流量计利用 Vx 多相试井技术无与伦比的性能，不需要过程控制或复杂的信号融合，因为它对多相流的混沌特性不敏感。该技术确保在任何多相流状态和从重油到湿气的生产流体中精确和可重复地测量流量。

3）Perma–Pipe 为 LLOG 的 Buckskin 项目提供管道保温技术

Perma–Pipe 公司和 BASF 公司有着长期的合作历史，为许多不同的行业提供保温技术解决方案，两家公司结合专业知识，共同开发了高热效率和成本效益的温控玻璃复合聚氨酯（Auto–Therm GSPU）。目前，Auto–Therm GSPU 是海洋管道和设备中最受欢迎的保温隔热产品，广泛应用于 Detla House、Buckskin 等多个项目。

BASF 公司的高性能材料有两个特点：首先是非常的灵活，可以使用严格的管道安装方法，自动温控装置的卷曲半径低至 330mm，并在 –12℃ 的环境下成功进行了低温弯曲试验；其次，GSPU 的导热系数较低，降低了保温层的厚度。Perma–Pipe 对于管道保温应用独特的专利工艺——连续注塑成型。将 GSPU 材料注入固定大小的管道模具，并在出模前迅速固化，与其他工艺相比，耗时更短，成本低，生产效率高。其独特之处在于允许管道进行四向和六边形敷设安装，将现场接头数量减少了一半，大量节省了承包商的成本和安装时间。

8. 防腐技术进展

对于全球管道运营商来说，不论是从投资的角度，还是从公众安全和环境保护的角度，维护油气管道的完整性是最为关切的任务。

1）新的艾默生腐蚀监测解决方案提高远程管道的完整性管理

艾默生公司研发了 Roxar FSM Log48 区域腐蚀监测系统（图 17），这是一种新的管道完整性管理系统，提供远程、连续的在线腐蚀监测，使操作者能够跟踪局部腐蚀并确保管道的健康，即使是在具有挑战性的环境中。

Roxar FSM Log48 是一种大面积、实时的远程管道监测解决方案，能够区分局部腐蚀和广义腐蚀，这一特性有助于减少对清管和其他更昂贵的检测方法的需求。新的解决方案使用无线局域网和蜂窝数据传输协议以及内置太阳能选项，不断监测偏远地区的腐蚀情况，从而减少维护和人员需求。拥有全面、实时的管道健

图 17   Roxar FSM Log48 区域腐蚀监测系统

康信息，操作人员可以更好地决定何时何地进行清管、完整性检测和静水压力测试，这有助于提高管道的可用性和运输能力。该系统的设计既适用于裸露管道，也适用于埋地管道，很容易安装在最有可能收集水的底部管道上。可对现有裸露或埋地管道进行改造，并可将几个单元安装在一条管道上，以尽量减少管道堵塞，以评估管道完整性和提高运输能力的需要。

2）罗森集团研制出新的管道内涂层磨损监测系统

罗森集团研制出聚氨酯内衬管道，管道内部涂有一层 RoCoat™ 涂层内衬。在操作过程中不可能对涂层厚度进行目测，这妨碍了对不可预见的磨损的检测。操作者倾向于依赖基于时间的维修间隔，尽管磨料磨损还没有达到维修的临界水平。因此，不能保证涂层厚度的充分

利用，即使用寿命。

罗森集团为新管道配备了一个磨损监测系统，如图18所示，可以在线获取涂层状况。操作人员现在可以使用一种新的PU监测系统来指示涂层厚度，从而实现全过程控制，并将维护时间和成本降到最低。使用罗森磨损监测系统，可以在不穿透管壁的情况下进行测量。单个接触点能够检索管道整个环线的数据。涂层中传感器的数量取决于客户的要求和管道直径。

图18　罗森磨损监测系统

3）新型化学键合磷酸盐陶瓷防腐涂层

化学键合磷酸盐陶瓷（Chemically Bonded Phosphate Ceramics，CBPCs）作为一种新型的、坚韧的材料，可以阻止碳钢腐蚀，延长设备寿命，并最大限度地降低重新上漆、维修或更换设备所需的成本和生产停机时间，引起了许多企业的注意。

与传统的聚合物涂层相比，耐腐蚀涂层通过与钢基体的化学反应结合在一起，轻微的表面氧化实际上改善了反应，如图19所示。合金层的形成使得氧和水分等腐蚀促进剂无法像普通涂层那样直接接触钢材。防腐蚀屏障由一个陶瓷外壳覆盖，可抵抗腐蚀、火灾、水、磨损、化学物质和高达200℃的温度。同时，传统聚合物涂层与基体机械地结合在一起，一旦涂层被刮擦、剥离或破裂，水分和氧气将从缝隙的各个侧面转移到涂层下，相比之下，陶瓷涂层基体受到同样损伤时不会扩散腐蚀，因为碳钢的表面已经形成了稳定的氧化物合金。此时钢表面如金和银这样的贵金属一样稳定，不再与环境反应和腐蚀。总体来说，此种耐腐蚀涂层有两个优点：首先，外部陶瓷涂层不会轻易破裂，需要喷砂去除；其次，化学结合层阻止腐蚀，不允许腐蚀促进剂扩散。

9. 智能储运技术进展

1）国产PCS软件亮相新建管道

国内长输油气管道控制系统长期采用国外SCADA系统，核心控制软件高度依赖国外，费用居高不下，迫切需要攻克核心技术，实现自主可控。北京油气调控中心肩负使命重任，打破技术壁垒，历时3年研发完成PCS管道控制系统，并于2016—2017年在港枣成品油管

图 19　喷涂无机涂层日益成为基础设施保护的利基

道和冀宁天然气管道成功进行工业试验。试验结果表明，PCS 系统在功能、性能和可靠性方面已超过同类国外产品，可完全实现国产化替代。

PCS 软件作为国产化核心部件，在站控 SCADA 系统应用中得到了充分检验，单站管理点数达到 5500 点，画面数量近 160 余幅，其功能与可靠性完全满足现场控制要求。PCS 系统成功应用于冬季保供互联互通工程，在大沈线盖州压气站、西气东输二线醴陵压气站和西气东输三线望亭末站都取得良好使用效果，步入国产 SCADA 系统全面推广应用新阶段。2019 年，新建投产的中俄东线天然气管道全线应用国产 PCS 软件，这将为智慧管道建设提供重要支撑。

2）成品油管道自动控制系统：软硬件均实现国产化突破

2018 年 10 月，中国石化销售华南分公司攻关开发的国产成品油管道自动控制系统（SCADA 系统）首次上线运行，并在广州黄埔站至深圳妈湾站上线使用，管道各项工艺参数运行正常，控制系统运行稳定，标志着中国成品油管道自动控制系统首次有了中国"心"。随后，珠江三角洲管网国产化工控系统正式运行。

此次成品油管道工控系统攻关成功，除了软件国产化外，首创核心的 PLC 硬件（可编程逻辑控制器）也完全实现了国产化。这一国产化的系统各项指标均优于国外产品。一是提高了响应速度，国外系统画面切换速度约为 5s，而国产化系统的画面切换速度不到 2s，性能指标大大优于国外系统；二是国产化系统硬件设计和布局更加合理，软件设计更加符合现场实操需要，日常使用和维修维护均比进口设备更加方便；三是新系统是自主研发的，拥有完全自主知识产权，彻底打破了国外厂商的长期垄断局面，保障成品油管道的运行安全，完全成本远低于国外进口产品。

10. 数字化管道技术进展

1）数字孪生技术助力管道智能化建设

随着管道在线监测技术的日渐成熟，管道运营人员可对管道进行实时监测，获取大量管道在线运行数据。然而，面对如此繁复庞杂的数据，如何实现数据的可视化一直困扰着管道行业，管道数字孪生技术成功解决了这一难题。

管道数字孪生技术是一项虚拟现实技术，可将管道数据以 3D 形式呈现。用户通过全息透视眼镜，可对管道的虚拟图像进行旋转、放大和扩展（视图缩小的最大范围达 $300m^2$，放大的最大范围为 $2m^2$）。管道附近的一些重点区域以热图的形式呈现，热图信息包括区域内地质情况，以及随时间移动地质变化状况。用户可对这些重点区域的地形显示信息进行操作，包括升高、降低和旋转该处地形，从而更好地发现小凹痕、裂缝、腐蚀区域以及由地面移动引起的管道应变等潜在危险。管道数字孪生技术还可对管道周边的边坡测斜仪进行全息展示，用户可清晰观测管道随地面运动而发生的移动情况，管道的管径数据变化也可通过 3D 视图直观显示出来。

管道数字孪生技术目前在加拿大 Enbridge 公司的部分管道进行应用，将 132 个独立的 Excel 数据集进行合并分析，呈现了 $2.25mile^2$[❶] 范围内的地理信息情况，实践表明节省了研究管道数据的时间，有助于用户更好地监控管道运行状况，快速准确地评估管道完整性。

2）技术工具箱推出了新的管道枢纽平台

技术工具箱（Technical Toolboxes），全球桌面和云计算的管道工程软件供应商，发布了 Pipeline HUB（HUBPL），以整合管道数据，更好地促进客户的技术工作。

HUBPL 代表了技术工具箱产品线中的一个转折点。随着行业的数字化转型，传统应用程序正从手动计算器演变成复杂的、集成的整体分析工具。HUBPL 为自动化集成和分析铺平了道路，以揭示对基础设施的设计和操作适应性的先进见解。HUBPL 将工程标准和工具库与管道运营商的数据在整个管道生命周期中连接起来。集成的映射进一步简化了工程资源，高效利用了现有的管道数据集。综合地图使工程师能够进行关键的地理空间分析，对现有数据库进行目视侦察，并使用户能够利用不同的地理信息系统数据组件。

HUBPL 继续支持业界所知的核心软件产品，并提供了其他增强功能，以改进工程分析中的用户体验。HUBPL 提供了如下新功能：

（1）映射功能允许：管道/资产/数据导入和编辑；将案例链接到管道/资产和地图；建立自己的管道数据库。

（2）可定制的工作界面：通过存储定制的布局和特定用途的应用组合，提高工作效率。

（3）导航仪面板增加了可定制的层次结构，简化了分析案例管理、数据输入和查找以前执行的工作。

（4）特设分析工具：可定制的管道数据图表，包括 HUBPL 应用程序中任何数据。

（5）数据可用性仪表界面，从数据库的角度让操作者明白可执行项。

11. 油气储存技术进展

1）管道公司建成首座反无人机入侵油库

中国石化管道公司（以下简称管道公司）岚山油库反无人机雷达智能防恐系统通过竣工验收。该系统采用全天候雷达监测，可以 24h 不间断对无人机入侵进行监测，能防范从围

---

❶ $1mile^2 = 2.589988km^2$。

墙至1000m左右范围内的商业无人机飞行目标。经测试，该系统具备对库区四周周界单台和多台商用无人机入侵无源监测、自动分析、预警和主动防御的功能。另外，由于雷达监测系统采用被动方式，跟踪干扰系统采用定向发射，并可以调节俯仰角度，定向辐射空中无人机目标，不会对库区内设备设施、信号传输、对讲设备及人体产生任何影响和辐射。

岚山油库是管道公司位于宁波市境内的一座大型原油油库。该系统于2019年6月在岚山油库测试成功，并于8月25日正式投用。测试当日，管道公司邀请行业专家、地方反恐专家指导验收工作，参加竣工验收人员还在岚山油库外对防护区域内不同高度的无人机进行了实际测试，各项指标均满足相关要求。

2）瓦锡兰为中国首艘远洋LNG加注船提供综合解决方案

瓦锡兰集团（Wärtsilä）专注于船舶动力和能源市场提供全球领先的产品、终身服务和设计方案，是船厂、船东、船运企业和近海海洋工程项目值得信赖的动力供应商。

瓦锡兰将为中国首艘远洋LNG加注船（图20）提供全面高效环保的整体解决方案。瓦锡兰将为这艘LNG加注船提供货物处理系统，瓦锡兰34DF双燃料主发动机、变速箱、可调螺距螺旋桨（CPP）、轴带发电机、两台瓦锡兰20DF双燃料发电机组以及船上的生活污水处理系统。集成式的气体系统、推进系统和废水处理系统旨在实现船舶高效、稳定、清洁的运行。

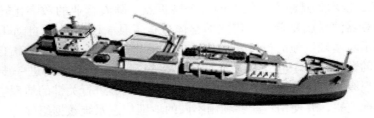

图20 LNG加注船模型图

（三）油气储运技术展望

近年来，虽然油价低迷，但科技创新和进步是降低成本的有效手段，油气储运专业相关技术快速发展，油气储运的范围也在不断地被拓展，油气储运技术开发迎来前所未有的发展机遇。

1. 非金属管材技术将持续快速进步

随着管道相关行业技术的发展，新技术、新材料在管道行业的应用成为促进管道技术进步的重要推动力。非金属管道既具备钢制输送管材的强度，又具备较强的抗腐蚀性能。纳米材料、碳纤维及碳纤维复合材料、先进复合材料、石墨烯、超硬材料、智能材料、仿生材料等，越来越多的新材料有望在油气管道领域获得用武之地。许多油气公司设立相应研究机构，对颠覆性材料技术进行储备研究。阿布扎比国家石油公司（ADNOC）、沙特阿美公司和TWI公司于2019年9月9日正式开设了非金属创新中心（NIC）。NIC是一个致力于创新和促进非金属工业应用的研究中心，位于英国的剑桥。该中心将开发新的非金属解决方案的先进技术，并展示 ADNOC 如何通过创新的合作伙伴关系，利用技术的力量来提高效率并释放出更大的价值，以实现 2030 年的智能增长战略。

2. 智慧管网逐渐清晰

在信息化浪潮的冲击下，"全数字化移交、全智能化运营、全生命周期管理"的智慧管网远景逐渐清晰。智慧管网是在标准统一和数字化管道的基础上，以数据全面统一、感知交互可视、系统融合互联、供应精准匹配、运行智能高效、预测预警可控为特征，通过"端 + 云 + 大数据"体系架构集成管道全生命周期数据，提供智能分析和决策支持，用信息化手段实现管道的可视化、网络化、智能化管理，并具有全方位感知、综合性预判、一体化管控、自适应优化的能力。

传统管道数字化是智能管道的基础，通过工程数字化交付、在役管道数据恢复数字成果与管道检测、SCADA 系统、物联网等感知数据全面集成，形成可动态更新的虚拟管道数字模型，在数字模型基础上融合油气输送工艺、管体材料及结构、机械结构及动力、岩土构造及致灾、腐蚀等机理模型，最终形成与实体管道高度一致、同生共长的管道数字孪生体，基于数字孪生体进而实现虚拟管道的预测、仿真、优化结果，指导实体管道建设运营业务的优化运行。借鉴工业互联网技术理念建设智能管道云平台，在统一的平台层（PaaS）部署公共技术和业务功能服务组件，通过全业务数据资源池承载数字孪生体数据模型，实现各信息系统数据标准固化和公用数据的融合共享，通过可动态扩展的计算资源池承载数字孪生体机理仿真和人工智能算法应用，在数据共享基础上全面支撑信息系统松耦合架构、功能模块深度集成和业务信息在线交互。

3. 管道企业逐步向数字化转型

许多国际管道企业将数字化转型提升到了公司战略层面，积极开展数字化转型战略的顶层设计，研究制定数字化发展规划。数字化转型已成为管道公司业务的一个重要组成部分。数字化转型涉及企业所有领域，业务领域包括管道经营、计划销售和贸易、HSE、供应链、动力设施、知识管理、人力资源管理、科技管理、财务管理、投资项目、社区空间；主体技术根据职能分为三大类，包括生产技术（机器人和无人机、3D 打印、建模）、通信联通技术（智能传感器、云计算、移动通信）及计算技术（人工智能、先进分析、虚拟现实和增强现实、区块链）。数字化转型将是石油和天然气行业变革的重要力量，将对目前的管道企业运行管理体系带来重大变革。

参 考 文 献

[1] 国家发展和改革委员会. 油气管网设施公平开放监管办法 [Z]. 2019 - 5 - 24.
[2] 李育忠，郑宏丽，贾世民，等. 国内外油气管道检测监测技术发展现状 [J]. 石油科技论坛，2012，31（2）：30 - 35，75.
[3] Wang Huakun, Yu Yang, Yu Jianxing, et al. Numerical simulation of the erosion of pipe bends considering fluid - induced stress and surface scar evolution [J]. Wear, 2019, 440 - 441：203043.

七、石油炼制技术发展报告

2019 年，世界炼油工业仍面临着生产能力过剩、油品结构调整、燃料质量升级、环保法规趋严以及来自替代燃料快速发展带来的多元化竞争等新形势。炼油技术装备正向着清洁化、一体化、大型化、集约化方向发展。近年来，围绕着清洁油品生产、重质/劣质油加工与高效转化、新型催化材料、炼化一体化、生物燃料等方面出现了诸多技术新进展。展望未来，智能炼厂技术将成为中远期的重点技术攻关领域，清洁油品生产和重质/劣质油加工等仍将是石油炼制领域发展的着力点。

（一）石油炼制领域发展新动向

石油炼制领域主要呈现加工能力不断增长、燃料油品产能过剩、产品结构持续调整、油品标准快速升级等特点，以及"控油增化"、智能化等新趋势。

1. 炼油能力不断增长，燃料油品产能过剩，产品结构持续调整，油品标准日趋严格

世界炼油能力已经从 2000 年的 $40.96 \times 10^8 t/a$ 增长到 2018 年的 $50.94 \times 10^8 t/a$，世界炼油格局呈现亚太、北美和西欧三足鼎立的形势，并且亚太地区炼油能力已超过欧美发达地区，在世界炼油总能力中占比达 36%。

生产低硫、低烯烃、低芳烃的清洁油品，减少有害物质的排放等已经成为当今世界炼油工业的发展主题，部分发达国家和地区燃料清洁化进程已近尾声，正致力于燃料生产的"零排放"和生产过程清洁化。

2. "控油增化"技术已成为全球炼化一体化发展的新趋势

炼化一体化已从简单分散的一体化发展成为炼油与石油化工物料互供、能量资源和公用工程共享的一种综合紧密的一体化，成为国内外炼油企业优化资源配置、降低投资和生产成本、提升产品附加值、加快转型升级、提高盈利水平的战略选择。炼化一体化技术，在新形势下其承载的功能有了很大拓展，正在向纵深发展，呈现了新的模式和发展动向，必将在炼化行业的可持续发展中发挥更大的作用。

3. 催化裂化装置仍是最重要的炼油装置，加氢裂化是油转化的重要手段

催化裂化装置以原料适应性宽、重油转化率高、轻质油收率高、产品方案灵活、操作压力低与投资低等特点，承担着汽油生产的主要任务，同时兼顾生产柴油和低碳烯烃。目前，全球范围内催化裂化装置依然是炼油企业最重要的蜡油加工和重油转化装置。此外，加氢裂化、加氢处理等装置也依然是炼油企业实现油品质量升级的关键技术，技术新进展多集中在新型催化材料研发和催化剂升级换代等方面。

4. 渣油加氢成为重质/劣质油加工与高效转化领域的关键技术

当前，原油重质化、劣质化程度进一步加剧，原油加工难度增大，同时环保法规趋向更为严格。近年来，渣油加氢的应用日益增多，其中包括固定床加氢处理、渣油加氢裂化等。

固定床渣油加氢的技术研发方面，主要是围绕如何延长装置运行周期和如何应对原料的劣质化问题。此外，沸腾床渣油加氢技术和浆态床渣油加氢技术正在逐步成熟，国内外已有多套已建和在建的渣油沸腾床加氢裂化装置，主要采用 LC - Fining 工艺和 H - Oil 工艺。还有一些渣油加氢裂化工艺正处于开发或完善阶段，典型技术有 VCC、EST、HDHPLUS、Uni-flex、LC - MAX 和 VRSH 等。

5. 先进控制、过程优化等信息技术广泛应用，炼油行业日趋智能化

随着信息化技术的快速发展，以云计算、大数据、物联网、移动互联网、人工智能为代表的数字技术对传统炼油行业的影响日益明显。炼油行业对智能化技术的重视程度不断提升，运用智能化技术将新的商业模式和颠覆性创新与传统炼油行业相融合成为炼油行业转型升级的变革动力，从而运用智能化技术实现计划决策优化、生产过程优化，并且降低生产管理成本。

（二） 石油炼制技术新进展

石油炼制的技术进展主要集中在清洁燃料生产、重质/劣源质油加工与高效转化、催化新材料、炼油化工一体化、生物替代燃料、节能降耗等方面。

1. 清洁油品生产新工艺

1） 复合离子液体碳四烷基化技术

2019 年 4 月，中国石化九江石化公司 30×10^4 t/a 复合离子液体碳四烷基化工业装置投产，这是该技术的第 2 套装置投产，第 1 套装置于 2018 年 11 月在中国石油哈尔滨石化公司（以下简称哈尔滨石化）投产，设计产能为 15×10^4 t/a。由中国石油大学（北京）研发的复合离子液体碳四烷基化工艺技术突破了传统工艺的技术壁垒，烷基化油辛烷值达 96 以上，产品各项指标达到设计标准，装置运行至今状态良好。

该技术主要创新点如下：（1）原创设计合成了兼具高活性和高选择性的复合离子液体催化剂；（2）开发了离子液体活性的定量检测方法，以及分步协控补充 B 酸/L 酸活性组分的再生技术；（3）研制开发了新型离子液体烷基化专用反应器和分离设备，并集成了原料预处理—催化反应—离子液体再生—分离回收等过程，形成了具有完全自主知识产权的复合离子液体碳四烷基化工艺技术。哈尔滨石化的 15×10^4 t/a 复合离子液体碳四烷基化工业装置运行平稳，工业数据显示：研究法辛烷值（RON）为 95～97.5，氯含量为 3.17μg/g，烯烃含量为 0，能耗为 132.41kg（标准油）/t。

复合离子液体碳四烷基化技术与以浓硫酸或氢氟酸为催化剂传统碳四烷基化技术相比，具有环境友好、投资较低等特点。截至 2019 年底，应用该工艺技术企业的"三废"排放显著降低，与同规模国外浓硫酸烷基化技术相比，可节约投资 40%。

2） 无循环上流式液相加氢生产航煤技术

2019 年 2 月 21 日，中国石油庆阳石化（以下简称庆阳石化）40×10^4 t/a 航煤液相加氢装置通过国产航空（舰艇）油料鉴定委员会的鉴定。该套装置由中石油华东设计院有限公司（以下简称华东院）设计，于 2018 年 12 月 6 日投料开车一次成功，产品各项指标均达到或超过 GB 6537—2018《3 号喷气燃料》质量标准要求，装置运行平稳，质量可控，标志着中国石油拥有自主知识产权的航煤液相加氢技术工业应用取得重大进展。

庆阳石化 40×10^4 t/a 航煤液相加氢装置采用华东院自主开发的 C - NUM 液相加氢成套技术，拥有自主知识产权。该技术提出了无循环上流式多点注氢鼓泡床液相加氢技术，配套开发了成套上流式反应器内构件。与现有液相加氢工艺相比，取消了高温高压的循环泵，降低了操作风险，在工艺上有重大突破，达到国际先进水平。庆阳石化 40×10^4 t/a 航煤液相加氢装置的标定结果表明：装置标定能耗为 4.48kg（标准油）/t（原料），操作运行周期不少于 4 年，反应器径向温差不大于 1℃，产品质量优于 GB 6537—2018 要求，每年可增加效益 3366 万元。

无循环上流式液相加氢成套技术的成功应用，填补了液相加氢领域的空白，可以向新建或改造的重整生成油加氢、航煤加氢、润滑油加氢等装置推广，具有占地少、投资低、能耗小等特点，经济效益显著，具有良好的工业应用前景。

3）多产高辛烷值汽油降柴汽比的柴油催化转化工艺（DCP）技术

中国石油研发的柴油催化转化工艺（DCP）技术，开辟了一种新型柴油催化转化反应模式，可将各种类型的重质柴油通过现有的催化裂化装置转化为高辛烷值汽油和液化气，柴油转化率可达 90%（质量分数）。该技术进行工业应用时，在显著降低柴汽比的同时可以明显提高催化汽油的辛烷值。

DCP 技术可根据每家炼厂的装置现状及需求、原料油性质以及可掺炼柴油的性质，选择适宜的技术方案，主要技术方案分为 DCP - Ⅰ型和 DCP - Ⅱ型。

（1）DCP - Ⅰ型：柴油和催化原料在提升管反应器中分区反应技术，柴油组分优先进行裂化反应，有利于裂化生成汽油馏分，且促进重油大分子的催化转化反应，进一步提高汽油收率。

（2）DCP - Ⅱ型：柴油和催化原料混合反应技术，柴油的掺入降低了催化原料掺渣比，增加了原料中的氢含量，有利于生成汽油馏分。其中，DCP - Ⅰ型已在中国石油兰州石化公司 120×10^4 t/a 重油催化裂化装置、庆阳石化 185×10^4 t/a 两段提升管重油催化裂化装置成功应用。2019 年 4 月底，又在中国石油辽河石化公司 80×10^4 t/a 两段提升管催化装置成功实现工业应用。应用试验结果显示，回炼约 7% 加氢改质柴油后，汽油、液化气产率分别增加 1% 以上，柴油收率明显下降，干气、焦炭产率分别下降 1% 以上，干气中 H_2/CH_4 大幅降低，增产汽油、降柴汽比效果明显。

DCP 技术实现了将重质柴油转化增产汽油和低碳烯烃，不仅可以解决加工负荷低的问题，也可以使催化装置产品结构灵活多样。

4）满足国Ⅵ标准的催化汽油加氢成套技术

催化汽油加氢技术是汽油质量升级的关键技术。中国石油自主创新研制了催化汽油预加氢、选择性加氢脱硫、加氢后处理、辛烷值恢复等多个牌号加氢脱硫改质系列催化剂，开发了分段加氢脱硫、烯烃定向转化、$(8 \sim 200) \times 10^4$ t/a 装置工艺设计包、免活化硫化态加氢催化剂制备等核心技术，形成了选择性加氢脱硫（PHG）、加氢脱硫—改质组合（M - PHG）

两大技术系列，成功破解了深度脱硫、降烯烃和保持辛烷值这一制约汽油清洁化的世界级难题，自主技术已在中国石油9套装置实现规模化工业应用，有力支撑了国Ⅴ、国Ⅵ汽油质量升级。

该技术主要创新点如下：（1）升级加氢脱硫系列催化剂，提高深度脱硫活性和选择性，并开发级配装填技术，降低操作苛刻度，减少辛烷值损失，延长催化剂寿命；（2）开发辛烷值恢复催化剂开工钝化新技术，解决初期裂化活性高、开工温控难、液收低、开工时间长等问题；（3）开发催化剂器外预硫化新技术，缩短开工时间，减少污染，降低开工成本；（4）研究影响汽油加氢装置长周期运行因素及解决措施。其中，PHG技术是一种处理催化汽油降低硫含量、抑制烯烃饱和生产清洁汽油的关键技术；研制出高选择性催化汽油加氢脱硫系列催化剂，构建了"全馏分催化汽油预加氢—轻重汽油切割—重汽油选择性加氢脱硫—后处理"分段脱硫新工艺体系，实现了不同含硫化合物的高选择性脱除；具有原料适应性强、操作费用低、脱硫率高、辛烷值损失小、液收高、能耗低等技术特点。M–PHG技术是一种在降低催化汽油硫含量的同时，通过异构芳构化反应把烯烃部分转化为异构烷烃和芳烃，达到降烯烃弥补加氢脱硫过程中辛烷值损失生产清洁汽油的关键技术；有机结合催化汽油中含硫化合物的分段脱除和烯烃芳构化定向转化技术，构建了"全馏分催化汽油预加氢—轻重汽油切割—重汽油加氢改质—选择性加氢脱硫""全馏分催化汽油预加氢—轻重汽油切割—重汽油选择性加氢脱硫—加氢改质"新工艺，实现了在催化汽油深度脱硫、降烯烃的同时有效保持辛烷值；具有广泛的原料和产品方案适应性，烯烃降幅大，辛烷值损失小。工业试验结果表明，庆阳石化 $100 \times 10^4 t/a$ 催化汽油加氢装置采用 M–PHG 技术后，全馏分汽油烯烃平均降低 13%（体积分数），产品硫含量平均值小于 $10 \mu g/g$，芳烃平均增幅 2.3%（体积分数），RON 损失 $0.5 \sim 1.0$，节省开工时间 140h。目前，该成套技术共获授权发明专利 10 余件，制定企业标准 6 项。

未来，随着乙醇汽油政策、国ⅥB及更高汽油标准的实施，大幅降烯烃将成为催化汽油清洁化的头号需求，具有脱硫、降烯烃、保持辛烷值三重功能的催化汽油加氢成套技术将得到更大幅度的推广应用，其大规模推广应用有助于加快中国石油国Ⅵ油品质量升级步伐，将为炼化企业提质、增效、保安全、促发展做出更大贡献。

5）催化裂化烯烃转化技术

中国石油围绕汽油质量升级开展联合攻关，研发了催化裂化烯烃转化技术（CCOC），开辟了一种新型降烯烃反应模式，成功破解了降烯烃和保持辛烷值这一制约汽油清洁化的科学难题。在庆阳石化、兰州石化等企业已成功实现工业应用，油品质量满足国ⅥA和国ⅥB车用汽油标准，实现了中国石油国Ⅵ标准汽油生产成套技术的自主创新。

该技术主要创新点如下：（1）开辟了一种新型降烯烃反应模式，将烯烃与环烷烃在催化剂的作用下发生氢转移反应，生成高辛烷值的芳烃和异构烷烃，降低汽油烯烃含量；（2）开发了一种大孔酸性基质材料，与分子筛具有良好的协同作用，可显著提高催化剂的活性中心可接近性和催化剂微反活性；（3）开发了催化剂抗重金属技术，在原料重金属含量大幅增加的情况下，催化剂的剂耗降低且平衡剂上重金属含量未见明显变化，抗重金属污染能力较强；（4）开发了一种斜向下进料的工艺技术，强化了油剂混合，抑制了两相返混；（5）开发了新型喷嘴装备，显著提高了轻汽油雾化效果，加强了油剂混合接触。总体来讲，该技术可以将烯烃含量高的催化汽油在催化提升管的特定位置，与新型高活性催化剂在高温段进行大剂油比的裂解反应，实现了汽油烯烃定向转化和对重油裂化反应的调控，在降低汽油烯烃含量的同时，保持汽油辛烷值基本不变。2018 年 5 月和 7 月，先后在庆阳石化 185 × 10^4t/a 重催装置、兰州石化 120 × 10^4t/a 重催装置成功完成了工业应用，运行期间的总液收基本不变，在催化汽油烯烃含量下降 3.5 个单位以内时，可保证汽油辛烷值不损失，操作平稳率 100%。

催化裂化烯烃转化技术助力中国石油炼化企业在国Ⅵ汽油质量升级中掌握制高点，保障了中国石油国Ⅵ标准汽油合格投放市场，为中国石油提质增效、灵活应对市场变化和转型升级提供了技术支持，为国家油品质量升级工程做出了重要贡献。

2. 新型催化剂技术

1) 新型加氢处理催化剂

埃克森美孚与雅保公司在成功开发 Nebula 加氢裂化催化剂的基础上，合作开发了加氢裂化原料油加氢预处理新催化剂 Celestia，并实现了工业化生产。Celestia 是一种高金属催化剂，可进一步提高加氢处理活性，有利于加工高干点，含氮、硫的原料，提高加工能力，通过高芳烃饱和活性提高产品收率。

Celestia 催化剂在催化轻循环油加氢裂化装置中的应用：（1）能加工更多和更有难度的混合原料；（2）用在预处理反应器中，与运转过程中的前一周期相比，加氢脱硫总活性提高 30% 以上；（3）能用于操作方案不同的装置，在预处理时深度脱硫和脱氮可以降低下游反应器的转化苛刻度，提高馏分油收率；（4）馏分油产品质量改善、体积增大（API 度上升近 2°API）；（5）稳定性能与装在同一反应器中的常规担体催化剂相适应，活性稳定性能保持 3 年以上。Celestia 催化剂在重原料油加氢裂化装置中的应用：（1）在大多数运转周期内，可使焦化减压瓦斯油进料量达到最大化；（2）生成油的氮含量降低，从原先的 50 ～ 70μg/g 降低到 10 ～ 20μg/g；（3）装置的转化率提高，石脑油、柴油和喷气燃料收率都得到提高；（4）产品质量提高，除柴油十六烷值提高外，喷气燃料烟点也都提高；（5）热回收量增加，使加热炉负荷降低，大大节能；（6）Celestia 和 Nebula 催化剂的稳定性与担体催化剂匹配，运转周期满足计划寿命要求，保持高性能不变。

Celestia 催化剂已在埃克森美孚公司在世界各地的炼油厂应用。将 Celestia 与 Nebula 催化剂叠置使用，可使活性提高 2 ～ 3 倍；可用于重石脑油加氢处理、喷气燃料加氢处理、柴油中压加氢处理。柴油高压加氢处理、加氢裂化轻原料油和重原料油加氢预处理都已在欧洲、亚太和美洲埃克森美孚公司的炼油厂成功应用。

2) 柴油加氢精制—裂化组合催化剂

中国石油研发的柴油加氢精制—裂化组合催化剂（PHD – 112/PHU – 211），具有原料适用性广、脱氮活性高、芳烃择向转化选择性高、重石脑油和液体收率高等特点，不仅可以最大量生产重石脑油，还能兼产柴油作乙烯裂解原料。

该技术的主要创新突破：攻克了劣质柴油中具有空间位阻的芳烃大分子受扩散限制难以接近酸性中心发生选择性开环转化反应、芳烃过度加氢增加氢耗、原料油氮含量高且难以脱除导致裂化催化剂失活等技术难题，实现了在苛刻条件下最大量生产高芳潜重石脑油的目标。

2019 年 8 月 19 日,在中国石油抚顺石化公司 120×10^4 t/a 柴油加氢裂化装置成功实现工业应用,数据表明:加工焦化柴油与重油催化柴油的混合油,液收为 98%(质量分数)、重石脑油产率为 32%~37%(质量分数),芳潜为 46%,柴油十六烷值大于 60,柴油产率为 25%~30%(质量分数)、芳烃指数(BMCI 值)小于 8,可用作优质乙烯裂解原料。该技术将 70%(质量分数)的劣质柴油转化为优质化工原料,展现出较好的化工原料转化能力。

3)FCC 原料加氢预处理系列催化剂

中国石油石油化工研究院历经 10 余年技术攻关,自主研发了 PHF - 121 加氢脱硫容金属、PHF - 311 加氢脱氮、PHF - 321 加氢脱芳和 PHF - P 蜡油加氢处理保护剂等系列催化剂,为炼化企业提供了"量体裁衣"式的 FCC 原料加氢预处理技术。

该技术主要创新点如下:(1)研发了高浓度 Co - Mo - Ni 浸渍液制备新技术。在 Co - Mo - Ni 溶液配制过程中,通过适时引入有机螯合剂和特定助剂,可一次性得到高浓度[活性组分含量大于 20%(质量分数)]稳定浸渍液,解决了常规采用氨水需多次浸渍带来的环境污染和成本高的问题,助剂能够增加 MoS_2 堆垛层数,有效增加了 II 型 CoMoS 相的数量,进而提高了催化剂的加氢脱硫活性。(2)提出劣质蜡油加氢"反应分区管理"概念。通过催化剂形状级配、孔道结构和尺寸级配、加氢活性级配等手段,使反应器各床层保持催化剂物化性质的平稳过渡,优化了催化剂床层空隙率、使原料中杂质逐级有序脱除,成功解决了加氢催化剂的高活性与装置长周期稳定运行相互制约的技术难题,确保装置达到"安、稳、长、满、优"的运行要求。2019 年 9 月 15 日,FCC 原料加氢预处理 PHF 系列催化剂在独山子石化 100×10^4 t/a 蜡油加氢处理装置成功实现工业应用。该装置在合同规定的工况下,加氢蜡油硫含量为 300~900μg/g(不大于 2000μg/g)、氮含量为 300~800μg/g(不大于 1000μg/g)、残炭含量为 0.10%~0.25%(不大于 0.35%),大大优于技术协议指标要求,完全满足独山子石化的生产需求。工业应用数据表明,PHF 系列蜡油加氢催化剂具有加氢活性稳定性好、原料适应性强的特点,通过个性化的级配装填技术,能够满足不同炼厂的生产要求,为 FCC 装置提供优质原料。

目前,国内已投产的 FCC 蜡油原料加氢预处理装置有 20 余套,设计加工能力达 4000×10^4 t/a,FCC 原料加氢预处理催化剂(PHF 系列)的成功应用,实现了中国石油在重油加氢领域的又一项技术突破,可为有需求的炼化企业提供设计改造技术方案和基础数据包,具有良好的应用前景。

3. 异构脱蜡新技术

埃克森美孚公司开发的 MSDW 异构脱蜡技术,可用于利用炼厂加氢裂化未转化油生产的 II/III 类润滑油基础油,该技术的特点是抗污染物能力强、产品收率高且质量稳定。

MSDW 工艺分为两段,第一段装填 MSDW 选择性临氢异构化催化剂,第二段装填 MSDW 加氢后处理催化剂。该工艺可以有效脱除多环芳烃,提高基础油料的热安定性、氧化安定性和色度。此外,MSDW 技术使用专门开发的催化剂,进行正构烷烃临氢异构化和芳烃饱和反应,得到最大收率的高质量基础油料。通常情况下,加氢裂化装置在加工减压瓦斯油和焦化瓦斯油的未转化油时,容易出现氮、硫、芳烃和多环芳烃含量超标等情况,不得不降低异构脱蜡装置的加工能力，也影响基础油产品质量，并直接影响炼厂的经济效益。然而，MSDW 技术通过调节操作条件就能应对这些问题，主要是基于 MSDW 技术抗污染物能力强，即使在氮含量高达 $50\mu g/g$ 的工况下，装置也能正常运行。

工业试验表明，使用 MSDW 技术的异构脱蜡装置，在加氢裂化未转化油的含氮量远高于 $10\mu g/g$ 的情况下，已运转两年多，且满负荷运行，润滑油基础油产品收率没有变化。该工艺不需要对加氢裂化装置停工，就能解决未转化油的质量问题。埃克森美孚公司估计，由于保持异构脱蜡装置的负荷、产品收率和避免停工，节省的生产成本和创造的效益达 7500 万美元，可确保炼厂持续提供高质量基础油。

4. 生物航煤生产新技术

生物燃料一般指液体生物燃料，主要包括生物乙醇、生物丁醇、生物汽油、生物柴油和生物航煤等。预计到 2030 年，全球生物航煤使用比例将占航空煤油的 20% 以上，生物柴油的添加比例也将占到车用柴油的 10% 以上。

大连化物所研发出糠醇制备可再生 JP-10 高密度航空燃料的新工艺路线。目前，以木质纤维素为原料合成生物航煤是国际生物质催化炼制的研究热点，国内外已有的木质纤维素制取航空煤油的相关报道主要集中在合成普通航空煤油。JP-10 燃料（挂式四氢双环戊二烯）是一种经典的单组分高密度航空燃料。与普通航煤相比，JP-10 燃料在密度、冰点、热安定性等方面都具有性能优势。

该工艺以糠醇为原料制备 JP-10 航空燃料，共分为 6 个反应：反应一为糠醇溶液在碱催化剂或不添加催化剂的条件下，经重排反应制备羟基环戊烯酮；反应二为羟基环戊烯酮在加氢催化剂催化下与氢气反应制备 1，3 环戊二醇；反应三为 1，3 环戊二醇脱水制备环戊二烯；反应四为环戊二烯经 DA 反应生成双环戊二烯；反应五为双环戊二烯加氢生成桥式四氢双环戊二烯；反应六为桥式四氢双环戊二烯异构化生成挂式四氢双环戊二烯，所获得的挂式四氢双环戊二烯可以直接用作 JP-10 航空燃料。

（三）石油炼制技术展望

全球炼油行业正在面临日益增多的挑战，为了应对和适应日趋严格的油品标准和不断变化的油品结构，提高油品附加值、提高重质/劣质油资源的利用率、降低能耗、低碳环保和提高智能化水平等已成为炼油工业持续发展和提高盈利水平的主要举措，也是炼油技术发展的主要方向。

1. 全球炼油行业将进入平台期，调整油品结构技术尤为重要

在全球炼油行业将进入平台期的大背景下，各国将积极顺应需求变化，炼厂在生产过程中将根据实际情况，灵活采用调整油品结构技术。近年来，中国成品油消费增速不断放缓，预计未来几年汽油消费增速小幅增长，柴油需求持续下滑，航煤需求保持增长，增速放缓。因此，炼油产品结构调整的主要方向为：压减柴油、增产汽油、增产航煤、增产石脑油、增产乙烯原料等；主要的技术途径包括催化裂化装置增产汽油/压减柴油、直馏柴油加氢转化生产航煤或化工原料、催化柴油转化为高辛烷值汽油组分等。

2. 高品质清洁油品生产仍将是炼油工业发展着力点

在当前全球油品质量日趋严格、产品标准中硫含量等关键指标限值逐严的大形势下，世界各国均加快了油品标准升级的步伐。生产低硫/超低硫清洁燃料的现实需要，将使高品质清洁油品的生产继续成为炼油工业发展的着力点。催化裂化汽油、催化裂化柴油在汽柴油调和池中占据一定比例，用于改善催化裂化原料以及后处理的加氢技术正逐渐增多，加氢催化剂的应用成本也成为直接影响炼厂经济效益的指标之一。加氢技术的更新换代已经成为油品质量升级的关键，研发新型加氢催化剂、降低加氢催化剂成本、提高加氢催化剂性能必将为炼厂降本增效做出重要贡献。

3. 劣质渣油加工技术的突破和实现长周期运转将遇到瓶颈

总体上，加氢路线相比脱碳路线更适合劣质重油加工和渣油深度转化。固定床渣油加氢处理技术仍将是渣油加氢的主流工艺技术，固定床渣油加氢脱硫—催化裂化组合工艺也将被广泛应用，从而实现超低硫汽油质量升级。然而，突破加工劣质渣油和实现长周期运转将是渣油加氢技术的瓶颈。此外，沸腾床加氢裂化技术作为目前实现渣油最高效利用的工业化技术，在原料适应性、转化深度、催化剂寿命和消耗等方面还有待进一步提高。同时，还需开发和应用沸腾床与其他技术的集成工艺以及转化尾油的处理工艺。

4. 智能制造将引领和推动炼化产业革命

信息技术向制造业渗透、融合的进程正在加快，国际能源化工公司纷纷将信息技术作为其核心技术和核心竞争力，通过智能制造努力突破管理瓶颈，促进提质增效、转型升级和内涵发展。从智能炼厂的未来发展趋势来看，将在智能化与数字化转型配套技术、分子管理/分子炼油技术、生产管控一体化优化、自主学习与智能预测等方面加强研发与应用。建设石化智能工厂、占领分子炼油技术制高点，不仅可以实现智慧决策和智能生产，还能在重塑供应链、产业链和价值链的过程中，推动企业生产、管理和影响模式的变革，使石化产业向绿色化和高效化方向发展。

参 考 文 献

[1] 刘朝全，姜学峰. 2019 年国内外油气行业发展报告 [M]. 北京：石油工业出版社，2020：113.
[2] 刘朝全，姜学峰. 2018 年国内外油气行业发展报告 [M]. 北京：石油工业出版社，2019：101 - 102.
[3] 李雪静. 新形势下炼油工业发展新动向及新挑战 [J]. 石化技术与应用，2019，37（4）：225 - 229，236.
[4] 刘为民，袁明江，胡敏. 催化裂化在当代炼油企业作用与地位的再认识 [J]. 炼油技术与工程，2013，43（12）：1 - 6.
[5] 李雪静，乔明，魏寿祥，等. 劣质重油加工技术进展与发展趋势 [J]. 石化技术与应用，2019，37（1）：1 - 8.
[6] 龚燕，杨维军，王如强，等. 我国智能炼厂技术现状及展望 [J]. 石油科技论坛，2018（3）：1 - 5.

八、化工技术发展报告

2019 年，全球石化行业盈利水平有所下降，但整体仍在高位运行。行业动向表现为石化产能布局靠近市场，化工产品需求仍将持续增长，石化原料更加多元化、轻质化，绿色低碳技术和产品得到推广与应用，企业智能化发展力度加大。

（一）化工行业发展新动向

1. 乙烯新产能投资持续，化工产品消费稳步上升

截至 2018 年底，全球乙烯产能达 1.78×10^8 t/a，主要分布在东北亚、北美、中东、西欧和东南亚等地区。欧洲、日本由于整合乙烯产业，关停落后产能及不再新建乙烯装置，未来该地区乙烯产能将有所下降。2019 年，全球乙烯产量为 1.65×10^8 t/a。随着北美、中东、中国、印度等国家和地区新装置开车，全球乙烯产量整体呈增长趋势。2018 年，全球乙烯消费需求 1.64×10^8 t，同比增长 3.8%，东北亚、南亚和中东等为主要增长地区，但消费增速下滑。

2. 乙烯原料轻质化和多元化进程持续增进

页岩气、煤炭以及生物质能源和可再生能源的加入，对以石脑油为原料的传统乙烯产业带来极大震动。2018 年，全球乙烯裂解原料中石脑油比例从 2015 年的 43% 降至 40%，乙烷的比例则从 35% 提高到 40%。预计到 2022 年，全球作为乙烯原料的乙烷、LPG 等轻质化产品占比将接近 53%，石脑油原料占比将降低至 39%，其他原料类型合计将占 8%。

3. 甲烷制乙烯工业化进程不断加快

甲烷制乙烯的研究开创了天然气利用的新路径，雪佛龙、壳牌、埃克森美孚、中科院大连化物所等石油石化公司和研究机构都相继在该领域取得进展，甲烷直接制乙烯技术的工业化进程在不断加速。

4. 绿色低碳智能化发展

淘汰落后的石化工艺，减少石化工业生产对大气、水和土壤的污染已成为全球共识。多年的发展，石化行业在有毒有害化工原料的替代、原子反应经济等方面取得了长足进步。此外，埃克森美孚、巴斯夫等国际石化企业也在积极推行绿色低碳发展战略。信息技术在提高石化企业竞争力方面日益占据重要地位，先进的制造模式与网络技术、云计算等信息技术融入炼厂生产经营管理中的应用越来越广泛。

（二）化工技术新进展

化工行业既是原材料工业，也是能源工业。原料及所需能源来源广泛，可以是石油、天

然气、煤炭等化石燃料，也可以是生物质能、可再生能源，可生产烯烃、合成树脂等诸多产品。

1. 低成本烯烃生产技术

低成本生产烯烃的新技术可以有效缓解石油资源日益短缺的问题。目前，制取低碳烯烃的方法主要有：以天然气为原料，通过甲烷氧化偶联（OCM）法制取低碳烯烃技术以及无氧催化转化技术；采用天然气、煤或生物质能源为原料，经过费托合成，或甲醇/二甲醚由合成气制取低碳烯烃的技术；以及原油直接裂解制烯烃技术等。

1）甲烷氧化偶联法制低碳烯烃技术

以天然气为原料制取低碳烯烃可以分为直接法和间接法。间接法反应步骤多，在成本经济性等方面存在弱势。而以甲烷直接制取烯烃的方法步骤少、简单，已成为行业关注的热点。其中，OCM 制乙烯（图 1）是其中最受关注的研究方向。

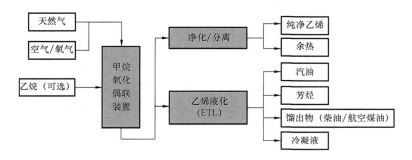

图 1　甲烷氧化偶联流程示意图

开发 OCM 制乙烯技术的代表公司是 Siluria 公司，其设计的反应器分为两部分，一部分用于将甲烷转化成乙烯和乙烷，另一部分用于将副产物乙烷裂解成乙烯，裂解反应所需的热量来自甲烷转化反应释放的热量。这种设计使反应器的给料很灵活，可以是天然气，也可以是乙烷。OCM 制乙烯的技术优势有：（1）与传统的石脑油裂解制乙烯相比，经济性好，减少温室气体排放，节约能源；（2）乙烯转化为液体燃料可以提高技术的整体经济性；（3）原料要求不苛刻，对氧源要求不高；（4）可以利用现有的装置设备，以降低改造成本。

Siluria 公司于 2015 年 4 月在美国得克萨斯州建成了世界上首座天然气直接法制取低碳烯烃的试验装置，乙烯产能为 365t/a。

2）甲烷无氧催化转化技术

由大连化物所研究的甲烷无氧催化转化技术，实现了甲烷在无氧条件下选择活化，一步高效生产乙烯、芳烃和氢气等高附加值化学品，相关成果已发表在美国《科学》杂志上。

甲烷分子具有四面体对称结构，是自然界中最稳定的有机小分子，它的选择活化和定向转化是一个世界性难题。大连化物所研究团队采用"纳米限域催化"的新概念，将具有高催化活性的单中心低价铁原子通过两个碳原子和一个硅原子镶嵌在氧化硅或碳化硅晶格中，形成高温稳定的催化活性中心；甲烷分子在配位不饱和的单铁中心上催化活化脱氢，获得表面吸附态的甲基物种，进一步从催化剂表面脱附形成高活性的甲基自由基，随后在气相中经自由基偶联反应生成乙烯及其他高碳芳烃分子，如苯和萘等。在反应温度为 1090℃和空速为 21.4L／［g（cat）·h］条件下，甲烷的单程转化率达 48.1%，乙烯的选择性为 48.4%，所有产物（乙烯、苯和萘）的选择性大于 99%。理论上讲，该甲烷无氧催化转化技术规避了合成气环节，极大地降低了能耗，简化了工艺路线，CO_2 排放接近于零，碳原子利用效率达到 100%。

这项技术实现了高选择性甲烷的转化，催化剂的稳定性高，具有示范性和创新性，在天然气转化领域具有里程碑意义。目前在开展单管试验，但单管试验结果与实验室小试有一定差距。

3）甲醇制烯烃技术

煤基甲醇制烯烃是指以煤为原料合成甲醇，再由甲醇制取乙烯、丙烯等烯烃的技术。甲醇制烯烃技术主要有甲醇制烯烃工艺（MTO）、甲醇制丙烯工艺（MTP）、大连化物所甲醇制烯烃工艺（DMTO）、中国石化甲醇制烯烃工艺（SMTO），以及中国神华集团的甲醇制烯烃工艺（SHMTO）。表 1 为甲醇制烯烃技术工艺特点比较。

表 1　甲醇制烯烃技术工艺特点比较

专利商	UOP／HYDRO	Lurgi	中国科学院	中国石化
工艺名称	MTO	MTP	DMTO	SMTO
催化剂	SAPO－34	专用沸石催化剂	SAPO－34	SAPO－34
压力（MPa）	0.2～0.4	0.13～0.16	0.10（常压）	0.10（常压）
温度（℃）	350～525	420～490	400～550	450～500
反应器类型	流化床	固定床	流化床	流化床
乙烯和丙烯的总收率（%）	78～80	68～78	≈80	≈85
工业应用情况	3 套	3	24 套	在建 1 套

（1）UOP／HYDRO 的甲醇制烯烃工艺（MTO）。

UOP／HYDRO 的 MTO 反应器和再生器均采用流化床的形式，发生蒸汽可以用来控制反应或烧焦温度（图2）。快速流化床反应器会使实际操作压力相对较高（0.25MPa）。快速流化床反应器空速、气速较高，可以极大降低投资成本和催化剂藏量，也对催化剂及内构件的强度和耐磨性有较高要求。UOP／HYDRO 研发的催化剂 SAPO－34，调整产物中乙烯和丙烯比例的条件范围较宽，反应温度以 425～500℃最适宜，低压反应压力为 0.1～0.3MPa，甲醇转化率接近 100%，乙烯和丙烯的收率可达到 80%左右，改变工艺参数可以灵活调整乙烯和丙烯的质量比。该工艺再生系统的操作苛刻度和技术风险都很低，反应器和再生器类似炼油企业中的催化裂化装置反应再生单元，之后部分类似石油烃裂解制乙烯的分离单元。

（2）德国鲁奇（Lurgi）公司的甲醇制丙烯工艺（MTP）。

Lurgi 公司开发成功的 MTP 技术采用固定床反应器，催化剂为高硅 H－ZSM－5 分子筛催化剂，其具有丙烯选择性高、结焦率低和丙烷收率低的特点，反应在 0.13～0.16MPa、380～480℃操作条件下，主要产品丙烯的收率约为 70%。该技术反应器的工业放大已有成熟案例，技术基本成熟，工业化的风险很小。MTP 技术的特点是：较高的丙烯收率，专有的沸石催化剂，低磨损的固定床反应器，低结焦催化剂可降低再生循环次数，在反应温度下可以不连续再生。

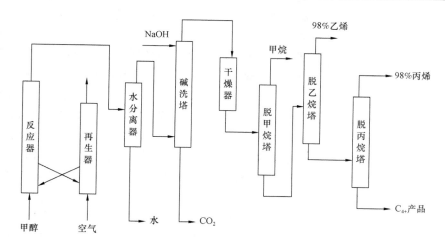

图 2　UOP/HYDRO 的 MTO 装置工艺流程图

4）原油裂解直接制烯烃技术

在原油裂解直接制烯烃领域，埃克森美孚、沙特阿美/沙特基础工业公司的技术相对成熟。

埃克森美孚的技术省略了常减压蒸馏、催化裂化等主要炼油环节，将原油直接送入乙烯裂解炉，在裂解炉对流段和辐射段之间加入一个闪蒸罐，原油在对流段预热后进入闪蒸罐，气液组分离，气态组分进入辐射段进行蒸汽裂解生产烯烃原料，而重质组分送到传统的炼油装置加工。采用新工艺的装置是迄今为止进料最灵活的裂解装置，轻质气体原料和重质液体原料均可。据 IHS Markit 估算，该工艺采用布伦特原油作原料的每吨乙烯生产成本比石脑油路线低 160 美元以上。2018 年 9 月，埃克森美孚在广东惠州建设了一套 $120 \times 10^4 t/a$ 的原油直接裂解制乙烯项目，计划 2023 年建成投产。沙特阿美/沙特基础工业公司的技术是将原油直接送到加氢裂化装置，先脱硫将较轻组分分离出来，较轻组分被送到传统的蒸汽裂解装置进行裂解，而较重的组分则被送到沙特阿美专门开发的深度催化裂化装置加工，以最大化生产烯烃。2018 年 1 月，沙特阿美与雪佛龙鲁姆斯全球有限公司签署联合开发协议，通过研发加氢裂化技术将原油直接生产化工产品的转化率提高至 70% ~80%。

原油裂解直接制烯烃工艺，省略了一部分炼油环节，流程更为简化，投资成本有所下降，减少能耗和碳排放，对于炼化转型升级将产生革命性的影响，但对原油的要求高，一般要求原油的 API 度大于 36°API。

2. 合成树脂生产技术

1）生产烯烃嵌段共聚物的创新技术

聚乙烯和聚丙烯的性质完全不同，又因熔融物互不相熔，所以要把这两种聚合物共混在一起基本是不可能的。陶氏化学公司（Dow Chemical Company，简称 Dow）开发的 Intune 烯烃嵌段共聚物（OBC）技术可以解决此难题。Dow 是在掌握了成本效益最大化的设计方法后，基于自有的链穿梭催化剂（Iufuse），把 OBC 推向市场的第一家公司。

OBC 被誉为"科学珍品"，Dow 所有的 OBC 都是基于抑制结构的均相催化剂的开发，这种催化剂能够控制聚合物的显微结构，生产新性能的材料。工程设计包括协调动力学、效率、共聚功效、在稳定的反应环境中实现可逆的链穿梭反应。反应过程中通过工艺模拟促进生产，利用聚合物反应工程原理建立精确的反应模型、关联分子结构和收率，以控制反应器系统的各种参数。Dow 利用设计的模型能够优化工艺条件，得到需要的产品性质。催化剂方面，利用与科学评价一致的高通量工艺方法来开发可靠的催化剂，并利用自动控制的聚合反应器与快速聚合表征方法评价催化剂。叠合物方面，为快速测定反应器中生成材料的分子结构，开发了快速分析技术。这种技术包括用高温液相色谱（HTLC）与其他分馏技术相结合的聚合物相互分离技术等。催化链穿梭聚合技术的开发，使在现有工业聚烯烃连续溶液反应器中合成 Intune OBC 成为可能。而且该系统在聚合物保持在溶液中甚至有结晶链节存在的条件下，催化剂消耗量极少。

Iufuse OBC 技术已成功应用在西班牙的 Dow 聚合物工厂。Intune OBC 在聚合物共混及应用方面已得到美国专利保护，除了有 25 项链穿梭催化剂专利以外，还有另外 20 项在应用方面的美国专利。

2）高性能茂金属聚丙烯催化剂及系列产品开发成功

与通用的等规聚丙烯相比，间规聚丙烯独具超高透明性、超高韧性、更低热封温度和耐辐照等特性，在高端医疗卫生材料和食品包装等领域应用潜力巨大。然而，现有 Z－N 型催化剂技术无法生产间规聚丙烯，只有特定间规选择性结构的茂金属催化剂才能制得间规聚丙烯。同时，突破茂金属催化剂的负载化技术，才能适应现有聚合工艺，实现间规聚丙烯的生产。目前，国内茂金属聚丙烯全部依靠进口，已成为我国"卡脖子"技术之一。2019 年，中国石油石油化工研究院通过对负载化催化剂核心技术和聚合工艺的攻关，开发高性能茂金属聚丙烯系列产品，实现了茂金属聚丙烯国有化技术零的突破。

本项目通过对催化剂核心技术的攻关，研发了茂金属聚丙烯催化剂 PMP 系列，开发了系列高性能茂金属聚丙烯产品。技术特点包括：（1）精确控制高间规度选择性聚丙烯催化剂的活化与制备工艺，使得聚合过程中保持了聚丙烯链段的间规序列排布；（2）催化剂对现有聚合工艺的适应性强，在不改变工业装置过程条件下，可平稳运行；（3）茂金属聚丙烯产品具有超高透明性，相比于采用成核剂作用下形成的高透明聚丙烯，透明性提高 50%以上；（4）首次成功开发了 3D 打印用聚丙烯线材，并采用熔融沉积工艺成功打印了口腔手术导板等医用材料。创新性体现在：（1）发明载体型茂金属聚丙烯催化剂活化与制备新方法，掌握了茂金属催化剂聚合反应过程动力学规律；（2）突破茂金属聚丙烯催化剂聚合工艺技术瓶颈，在不改变现有工艺过程条件下，首次实现国内茂金属聚丙烯的工业生产；（3）首次将聚丙烯应用于医用 3D 打印材料，实现茂金属聚丙烯在高端产品上的应用。茂金属聚丙烯催化剂 PMP 系列开展了两次工业应用试验，产品颗粒形态好，装置运行过程平稳。开发出熔融指数为 2～18g/10min 的 4 个茂金属聚丙烯产品，产品性能均达到国际报道的同类产品先进水平。

高性能茂金属聚丙烯催化剂及其系列产品开发是国内首次成功工业化应用的茂金属聚丙烯技术，标志着我国在茂金属聚丙烯催化剂这一重要领域实现了技术国产化，这必将大大提升我国高端聚丙烯树脂的生产技术水平，为聚丙烯行业的产品结构调整与优化提供重要支撑。

3. 绿色化工技术

1）电解海水制氢气新技术

电解方法制氢依赖于高纯度的水，生产成本很高，而且需要解决海水的腐蚀性问题。斯坦福大学开发的电解海水制氢气新技术，不但节约了原料成本，燃烧时也不会排放污染物，具有很好的经济性和环保性。

科研人员研发出了一种新的催化剂，将碳酸盐和硫酸盐分子整合到镍阳极上的铁镍涂层中。碳酸盐和硫酸盐分子具有很高的负电荷，由于相同电荷的分子相互排斥，可以防止盐中的氯离子穿透涂层，腐蚀电极，解决了海水腐蚀金属的问题。目前，该技术已经完成了实验室验证，并已使用旧金山湾的海水成功测试了原型系统。在实验过程中，即使将盐浓度提高到海水含盐量的3倍，带涂层的电解槽仍能运行40天以上。

这种利用海水电解制氢技术开创了新的氢气制取路径，带动低成本制氢产业发展。

2）绿色对二甲苯合成新技术

中国科学院大连化物所的绿色对二甲苯（PX）合成新技术的研究成果发表在《德国应用化学》上，该技术采用木质纤维素资源生物发酵产物（生物基异戊二烯）和甘油脱水产物（丙烯醛）为原料，利用碳化钨催化分子内氢转移串联反应的合成路线，产物PX总收率高达90%。

研究人员选择具有特定结构的生物质平台分子异戊二烯和丙烯醛，首先在路易斯酸离子液体催化作用下，通过狄尔斯-阿尔德反应，构建具有对位取代基的六元环中间体（4-甲基-3-环己烯甲醛）。随后，该中间体在碳化钨催化剂的作用下，通过连续气相脱氢—加氢脱氧反应生成PX，两步反应的PX总收率高达90%。此外，通过对取代基及官能团的改变，可拓展制备其他生物基芳烃，单一产物收率为80%~92%。

该研究团队以碳化钨为催化剂，通过分子内氢转移，进而实现了脱氢芳化和加氢脱氧的高度耦合反应。该过程中的碳化钨表面剪切式反应机理完全不同于传统贵金属催化过程，且碳原子在产物中可100%保留，主要副产物为水，便于PX产物的分离。该研究成果为探索从生物质资源出发制备芳香化学品提供了新思路。

3）精制对二甲苯的新技术

从烃类混合物中分离和精制对二甲苯（用于生产聚酯和塑料的一种主要原料）采用相变技术，需消耗大量热能。2016年，佐治亚理工学院与埃克森美孚的研发团队发明了用有机溶剂反渗透（OSRO）在室温下分离对二甲苯的新技术。因为不需用热，故有机溶剂反渗透方法有可能大大节省精制对二甲苯需要的能量。

反渗透技术在海水淡化工业已应用了数十年之久，但用于烃类混合物分离还是第一次。新技术在常温状态下，利用碳分子薄膜的有机溶液反渗透工艺，将对二甲苯从芳烃化合物中分离。新技术实现了在降低实验室温度、不改变有机物相的情况下，降低能耗，高效地完成分离。有机溶剂反渗透技术的关键是合成结构复杂的薄膜。新的碳分子薄膜是一种纳米过滤薄膜，类似于布满微型小孔的滤网，是目前最先进的薄膜分离技术效率的50倍。首先，中空纤维膜（HFM）要用工业上可以得到的聚合物生产，然后用交联分子改性，保护膜的力学性能。接着通过热解进行碳化，使结构转变为碳分子筛中空纤维膜。分子筛有许多大孔，且有机械完整性，不会妨碍传质。这些大孔最终指向具有极小微孔（小于1nm）的30nm膜层，进而利于极小的微孔分离二甲苯的各种异构体。研究人员在实验室成功用一根中空纤维膜使烃类原料中的对二甲苯富集到80%以上。反渗透反应中膜的碳基结构要在较高压力下才具有稳定性。碳纤维在二甲苯混合物的存在下是惰性的，能够精准调整微孔大小使之具有分子选择性。研发团队计划继续用更多的中孔纤维膜进行有机溶剂反渗透试验，并寻求分离不同纯度的烃类原料。

目前，分离芳烃提取对二甲苯的工艺能源消耗量大，全球用于分离芳烃所消耗的能源相当于20家中型发电站耗能。新技术一旦用于工业化生产，化工行业每年的 CO_2 排放量将减少 4500×10^4 t，相当于500万美国家庭年均 CO_2 排放总量。届时，全球每年生产塑料的能源消耗成本将降低20亿美元。该技术将是化工领域的又一项重大进步。

（三）化工技术展望

展望未来，石油化工技术的发展主要集中在两个方向：一是催化新材料与新技术的研发与推广应用；二是发展绿色工艺、低碳工艺，实现化工生产全过程的绿色化。

1. 催化新材料与新技术

基于催化新材料的研究和创新，催化新技术才具有进一步发展的根本支持。催化材料基本分为4类：光催化材料、稀土催化材料、新型催化材料和复合催化材料。其中光催化材料是一类半导体催化剂材料，二氧化钛作为纳米光催化剂材料，具有氧化性强、化学性稳定、无毒的特点，是应用比较广泛的光催化材料。稀土具有良好的助催化性能，可作为稀土催化剂应用在石油化工领域，催化裂化催化剂、柴油清洁添加剂以及合成橡胶稀土催化剂等使用的都是稀土催化材料。

2. 化工过程绿色化技术

化工过程绿色化首先是原料绿色化，即利用可再生资源以及低毒或无毒无害的原料替代化石能源。其次是化工溶剂绿色化，其中离子液体具有优异的反应性能，有足够低的蒸气压，可再循环，无爆炸性，热稳定且易于操作；无溶剂有机合成可以规避有机溶剂有毒、易挥发的问题。再次是催化剂绿色化，其中生物催化剂的反应过程比酶反应省去了分离纯化和辅酶再生的步骤，固体酸碱催化剂可以有效减少对环境的污染，且容易回收，可循环使用。资源再生和循环使用技术以及绿色能源的应用是近年来比较热门的绿色合成工艺。

参 考 文 献

[1] 徐海丰. 2018年世界乙烯行业发展状况与趋势 [J]. 国际石油经济，2019，27（1）：82-88.
[2] 胡徐腾. 天然气制乙烯技术进展及经济性分析 [J]. 化工进展，2016（35）：1733-1738.
[3] 陶加. 我国甲烷转化研究获重大突破——实现天然气一步高效制备乙烯、芳烃和氢气 [N]. 中国化工报，2014-05-15（5）.
[4] 杨俊林，高飞，梁文平，等. 中科院大连化物所甲烷高效转化相关研究获重大突破 [EB/OL].（2014-08-13）[2019-11-10]. http：//www.nsfc.gov.cn/publish/portal0/tab38/info42512.htm.
[5] UOP LLC. Attrition Resistant Catalyst for Light Olefin Production：WO，205952 A2 [P] . 2002-01-24.

［6］Chen JQ, Bozzano A. Recent advancements in ethylene propylene production using the UOP/Hydro MTO process ［J］. Catal Today, 2005, 106 (1): 103 – 107.

［7］Koempel H, Liebner W. Lurgi's methanol to propylene report on a successful commercialisation ［J］. Stud Surf Sci Catal, 2007 (167): 261 – 267.

［8］亚化咨询. 煤制烯烃项目发展的新趋势 ［EB/OL］. (2011 – 10 – 31) ［2019 – 11 – 05］. 中国煤化网. http://www.chinacoalchem.com.

［9］张惠明. 甲醇制低碳烯烃工艺技术新进展 ［J］. 化学反应工程与工艺, 2008, 24 (2): 178 – 179.

［10］朱明慧, 王红秋. 国内外丙烯生产技术最新进展及技术经济比较 ［J］. 国际石油经济, 2006, 14 (1): 38 – 44.

［11］吕志辉. 甲醇制烯烃（DMTO）技术与工业应用 ［EB/OL］. (2009 – 11 – 11) ［2019 – 11 – 10］. http://www.doc88.com/p – 99950855235.html.

［12］胡徐腾, 李振宇, 黄格省. 非石油原料生产烯烃技术现状分析与前景展望 ［J］. 石油化工, 2012, 41 (8): 869 – 875.

专题研究报告

一、关于构建"油气4.0＋"发展新模式的认识与启示

2019年11月，第35届阿布扎比国际石油展览暨会议（2019ADIPEC）明确提出了"油气4.0：为油气行业构建宏伟新蓝图"的主题，认为随着全球"工业4.0"时代的到来，世界"油气工业4.0"时代也初见端倪，并推动油气行业快速向数字化、智能化转型。

（一）"油气4.0＋"时代的挑战与机遇

油气行业正进入一个充满机遇和挑战的新时代，新技术、新商业模式、新能源和新地缘政治关系四重压力显著。同时，"工业4.0"时代为全球经济和能源需求达到平衡提供了思维方式的转变，推动油气行业在新技术优化研发方面迅猛发展，培养大批高端人才，强化企业间合作，为全球提供充足能源供应、应对气候变化、保持可持续增长带来新的发展机遇。

"工业4.0"时代催生了"油气4.0＋"，使数字化、大数据、人工智能和物联网等技术被广泛应用于油气行业，并产生重大影响，"动能转换"主要表现为利用数字化、智能化技术进行全产业链转型。越来越多的石油公司开始利用物联网进行自动化数据采集，利用机器人、无人机等人工智能执行巡检、检测等特殊任务，利用大数据和AI技术实现数据和报告的实时生成与解释，利用激光、核磁共振成像、基因技术等跨界应用催生颠覆性新技术。

"油气4.0"推动了以低碳为标志的新一轮能源革命开启，全球步入以绿色能源为主的"后碳"时代，能源供应多元化、清洁化，进而实现能源可持续发展。数字技术与油气产业的结合，正推动油气行业商业模式和生态系统的重构，油气公司需保持动态、灵活、高效的商业思维，肩负研发新技术、提供清洁可持续能源供应的使命。

（二）"油气4.0＋"成为油气行业发展的新模式

国际大石油公司正在按照"油气4.0＋"的发展模式推动数字化、智能化转型。

1. "油气4.0＋"上游技术融合创新，推动油气资产价值最大化

数字化技术是管理成本和提高效率的有效手段，大油公司的工作重点正在从前期的生产优化转移到整个上游行业生命周期的数字化。尽管油价持续走低，但数字化的投资没有降低。BP风投公司对贝尔蒙特技术（Belmont）500万美元A轮投资和沙特阿美能源投资公司对地球科学分析（Earth Science Analytics）300万美元投资，标志着企业风投重点正在致力于实现整个上游生命周期的数字化。

油气勘探与生产公司正在寻求将新兴的数字技术嵌入勘探和开发过程中，用于提升精准度和效率。在勘探领域，部分油气公司已将无线传感器和自主无人机等用于地球物理测量，突破了数据采集效率的界限。大数据和人工智能技术的应用正在逐步向实时数据解释方向发

展。在开发领域，油气公司越来越重视数字化技术的探索和应用。马来西亚国家石油公司针对伊拉克南部复杂岩性油藏钻进难度大、机械钻速低等挑战，利用该地区丰富的钻井数据，通过使用机器学习来优化参数、提升机械钻速。道达尔公司开发的多功能地面机器人，用于减少现场人员、降低成本、提高 HSE 绩效，并可在恶劣环境中执行任务。在数据可重复性和准确性方面，地面机器人是一个巨大的进步。

2. "油气 4.0＋"非常规油气，推动勘探开发迈上新台阶

水平井分段压裂技术的成功和规模应用助推了北美页岩革命，但是在过去的 5 年中，非常规油气领域的研究重点集中在射孔簇间距、支撑剂开发、布缝设计等进行细微调整，鲜见重大技术突破。目前，业界已经意识到数据高效处理分析、机器学习、智能钻井等"油气 4.0"技术才是未来非常规油气进一步提高效率、降低成本的重点。

数据高效处理与分析技术能够加快试验和反馈，即使失败，也能及时调整，一旦成功就大范围铺开，这种高效试错将会成为非常规油气降低成本的关键因素之一。"数字孪生技术"将是下一阶段非常规油气领域发展的重要突破口，该技术可以将物理模型和数字模型连接在一起，将从物理空间收集数据填充虚拟空间，并利用这些信息做出更好的决策。"数字孪生技术"核心在数据协作，让无论身处何方的工程师均能获取可视化数据。在所有维护、钻探、完井和生产操作期间使用虚拟现实技术。钻井和完井领域智能化，不仅意味着钻井速度更快，还在于提高钻井效率并提供更好的井眼设计，实现完全自动化的油田。

3. "油气 4.0＋"下游技术融合创新，推动炼化业务转型，成为清洁生产的关键

下游产业在数字化转型过程中，必须通过技术创新解决环境问题，实现可持续发展。随着全球经济的发展，公众对完全可循环使用的石化产品的需求正在不断增长。沙特阿美公司采取内部解决方案监测产业制造加工过程，在提高效率和生产的同时，保护环境质量；北欧化工公司实施 STOP 项目，将废弃塑料循环利用，降低环境污染。全球海洋塑料污染备受关注，奥地利 OMV 公司提出终极循环经济，将塑料废料回收成合成原油，然后再加工成塑料工业的原料或燃料，该装置每生产 1kg 塑料废料，产生 1L 合成原油。

（三）认识与启示

1. 抓住"油气 4.0＋"和"动能转换"新机遇，争做行业领导者

"油气 4.0＋"既要研发新技术，又要涉及行业、企业和组织变革，以适应新技术的应用。目前，技术发展呈现一种新旧交替的状态：一方面要继续深化现有技术，突破勘探开发瓶颈，降低成本提升价值；另一方面还要积极布局未来技术，促进生产消费业态变革。同时，数字化推动科技规划、人员配备、采购和安全，在事故发生之前预测问题，提高油气生产的整体效率，让特定运营环境智能化，为油气行业高效、安全、可持续发展提供保障，实现油气资产价值最大化。适应"油气 4.0＋"时代是油气行业转型的关键，需要有前瞻性战略和投入布局，拥抱创新思维和实施颠覆性的创新技术，并将这些技术融入油气运营的各个部分，实现低成本运营和可持续发展。

2. 高度重视数字化驱动的科技发展力量，深化传统技术研发与数字化转型的有机融合与系统构建

当前，油气技术发展趋势呈现三个特点：一是对现有技术升级，做到精度更准、效率更高、成本更低；二是智能化等颠覆性技术发展迅猛；三是新材料、新工艺等新兴技术层出不穷。新技术为油气行业注入新认识。人工智能技术让传统知识形成认知体系的速度数倍提升，能够辅助其快速做出决策。未来，决策将越来越少地依靠经验，而改为依靠数据。智能化改变的将不仅是油气生产的效率和理念，更是对油气商业模式的重塑。积极布局未来技术，强化以产业链为主导的数字化技术发展顶层设计，深化传统技术研发与数字化转型的有机融合，提升整体竞争力。

3. 稳步推进国际合作，构筑战略合作平台，通过联合攻关突破发展瓶颈

在"油气4.0＋"时代，战略合作平台是企业间分担风险、共享优势的基石。成功的战略合作伙伴关系是共担风险的稳固体系，当商业风险、材料和制造风险或国家风险等被分担时，合作伙伴间将发挥各自强项抵消风险。在合作过程中，信任和透明度是重中之重，同时合作的灵活性尤为重要，基于一个项目建立的合作协议模板应该可以在其他项目中调整改进。此外，国家石油公司和私募股权投资建立金融合作关系，是实现油气行业下一阶段经济增长的助力。因此，加强战略联盟建设，不断拓展联盟的广度和深度；加强新技术、新模式等的合作研究，通过联合攻关突破发展瓶颈；加强行业人才的交流和培养，培养数字时代的未来型人才迫在眉睫。

二、能源转型背景下的大石油公司战略选择

当今世界，正面临着百年未有之大变局，能源转型步伐不断加快，能源体系正在经历深刻变革，低碳化、清洁化、多元化已经成为普遍共识。可再生能源成本降低和数字技术进步为能源转型带来了巨大的机遇。对于油气公司来说，未来能源发展的主导权之争是业务布局和技术进步的主导权之争，也是后发公司寻求跃迁的突破点。要想迎接能源革命和产业变革，把大变局转化为大机遇，关键在于弄清替代可能发生的方向并提前进行战略布局和技术创新。

（一）当前能源转型所处阶段及主要驱动力

1. 能源转型是个渐进而漫长的过程，当前从化石能源向可再生能源的转型仍处于初级阶段

能源转型是以能源技术重大创新为基础的，社会主流能源开发和利用系统的转型。能源开发和利用的重大技术创新从发生、推广到推动"能源系统"的转型需要相当长的时间。人类从学会用火以来的漫长历史中，仅完成了两次能源转型，即植物能源时代和化石能源时代。人类发明蒸汽机后用了100多年时间才实现从植物能源向化石能源的转型。在化石能源时代，石油在能源结构中的占比从1877年的1%经历50多年才增至16%。化石能源时代迄今已经历了整整200年的时间，目前正处于通往可再生能源时代的入口，但仍属于化石能源时代的石油阶段。随着世界各国对环保的日益重视，可再生能源加速发展的趋势日趋明显，但可再生能源推动能源快速转型的愿景与当前能源系统对化石能源依赖程度仍居高不下的现状之间存在不小的差距，因此，从化石能源为主过渡到可再生能源为主的能源系统还至少需要50年以上的时间。在这样的大背景下，油气企业能源转型也是才刚刚起步，还有很长的路要走。

2. 可再生能源成本降低和数字技术进步为能源转型带来了巨大的机遇

随着新能源技术不断进步和"电气化"水平不断提升，可再生能源发电成本持续下降，已开始在发电结构中对化石能源形成存量替代。2010—2018年，陆上风电成本下降70%以上，光伏发电成本下降20%以上，已开始形成与传统火电激烈竞争的局面。据伍德麦肯兹公司预测，到2035年，电能消费将达到全球能源消费总量的27%以上，在此期间，其增速将达到化石能源消费增长的2倍。电能消费的持续增长将为太阳能和风能等可再生能源及其相关产业提供巨大的发展空间。据国际能源署（IEA）2019年11月发布的《世界能源展望》报告，在"既定政策情景"中，风能和太阳能光伏占从当前到2040年全球新增发电量的50%以上；在"可持续发展情景"中，几乎所有新增发电均来自风能和太阳能光伏。

氢能在能源转型中将扮演重要角色，将成为与电力平分秋色的二次能源。可再生能源制氢及氢能与天然气网络、电网协同应用是最佳利用途径。随着制氢技术的发展，绿色氢能可

以比预期更快地降低成本，足以与天然气发电竞争。据落基山研究所 2019 年 11 月发布的《全球能源转型之七大挑战》，2030 年以前，风能和太阳能资源丰富地区的制氢成本可从 2019 年的 2.5～2.8 美元/kg 降至 1.5 美元/kg 以下。因此，化石能源、可再生能源及氢—电二次能源网络互联互动将成为能源转型时期的长期应用场景。

数字化技术进步也是能源转型的关键驱动因素之一。由计算机"云"网络支持的传感器、超级计算、数据分析、自动化和人工智能等数字工具的使用，将为改变能源生产、供应和利用方式提供巨大潜力，对促进新一轮能源转型具有重要作用。据《BP 技术展望》(2018) 预测，在 2050 年前，数字化技术进步能将能源系统的主要能源需求和成本降低 20%～30%。向数字化和智能化转型也成为国际大油公司的普遍共识，正在加快全产业链数字化和智能化布局。BP 认为数字技术对能源的使用方式和管理方式将产生深远的影响，是全系统效率提高的最重要来源；道达尔在整个研发和创新的投资预算中，数字化方面的预算占比高达 30%。

（二）国际大油公司能源转型战略与实践

在能源转型日益加速的大背景下，国际大油公司为抢占新一轮制高点，实现从油气公司向能源公司的转型，正在纷纷调整企业发展战略，实施"动能转换"。

1. 稳定主业，加大天然气勘探开发力度，从油气公司向气油公司转型

天然气是最清洁的化石能源，能够在能源转型中发挥顶梁柱的作用，对国际大油公司而言既是新的利润增长点，也是实现高碳能源向低碳能源过渡的最现实路径。近年来，不少大油公司开始重新调整天然气业务定位，普遍增加了天然气业务占比，开始从油气公司向气油公司转型。2007—2018 年，壳牌的天然气产量比例从 42% 增至 55%，预计 2040 年天然气业务占比将提升至 75% 左右；2009—2018 年，埃克森美孚天然气产量占比从 41% 增至 65%；道达尔公司计划未来 5 年继续加大天然气全产业链的投资，2035 年将公司天然气产量占比提升至 60%；BP 和埃尼公司都计划到 2025 年天然气占其业务总量的 60% 以上。

2. 有选择性地布局新能源业务，培育新的增长点，谋划长远发展

近年来，壳牌、道达尔、BP 等欧洲国际大油公司依托天然气优势，以合作研发、风险投资、并购新能源公司、成立新能源相关业务板块等多种方式有选择性地参与新能源产业，积极发展"天然气＋新能源"的分布式能源，谋划长远发展。BP 是油气巨头中新能源领域的领跑者，早在 2000 年便涉足光伏领域，后又退出，转而将风电和生物质燃料作为发展重点。壳牌是探索能源转型领域最多元化的公司，参与了储能、光伏发电、陆上风电、海上风电和生物质能等各类可再生能源投资，2019 年又收购了新能源充电桩和管理软件开发商 Greenlots 公司，为进军新能源汽车产业提前布局。道达尔公司先后于 2011 年、2016 年试水太阳能面板制造和电池制造业，2016—2018 年，其可再生能源资产增长了近 10 倍，目前运营光伏装机量高达 3GW，并提出到 2025 年达到 25GW 的光伏装机量。

3. 积极推进低碳化战略和化石能源的清洁利用，塑造企业负责任和绿色发展形象

随着气候变化压力在全球范围内不断上升，很多传统化石能源企业开始采取多种措施实现公司业务的低碳化，包括加强碳捕集与封存相关领域技术研发和投资支出，很多国际油气企业将他们资本支出的5%~10%投入低碳产业。埃克森美孚在持续剥离油砂等"高碳"资产的同时，在2019年投资6000万美元加强储电领域的碳捕集技术研发，重点集中在整体流程集成以及碳捕集的大规模部署等。沙特阿美公司正在打造全新一代碳捕集汽车，有望将汽车排放CO_2的1/4捕集起来。道达尔、壳牌和挪威国家石油公司在2017年签协议，致力于联合推进商业化碳封存设施项目研究。一旦化石能源能够实现清洁利用，石油行业将重获新生。

（三）启示与建议

1. 从战略高度研究新能源业务中长期发展规划，并制定与之配套科技发展规划

2020年是"十三五"规划的收官之年，也是制定"十四五"规划的关键一年。现阶段国际大油公司虽然都在向能源公司转型，但在能源转型的道路上才刚刚起步，并不能看清或定义未来的"能源企业"究竟应该是什么样，还需要进行一些更为深入的、前瞻性的探索。建议尽早确定新能源发展战略和中长期发展规划，着眼长远、提前谋划，并制定与之配套的科技发展规划，立足应用牵引研发，积极推进数字化能源转型，向全面建成世界一流综合性国际能源公司迈出坚实的步伐。

2. 尽快开展或加盟能源转型路径研究，明确能源转型和替代的顺序

能源转型是一个复杂的过程，不同的技术进步情景、不同的政策环境和不同的战略选择都会产生不同的能源转型路径，因此，需要定性与定量相结合，利用综合模型分析不同情景下的能源选择路径及其对应的结果。目前，业界尚未形成广泛适用的能源转型路径分析工具，国际能源署油气技术委员会（IEA GOT）正在组织一个关于能源选择评估的行业联合研究项目，埃克森美孚、道达尔、壳牌等国际大油公司已经陆续加盟该项目，每年每家公司出资50万美元联合资助由美国麻省理工（MIT）牵头知名大学组成的联合研究团队开展能源系统分析模型开发和能源转型路径研究。该研究旨在通过对影响能源转型的各种要素和模块进行组合来开展情景分析，从而为各国政策制定者和大油公司能源发展路径选择提供决策参考。目前，该研究正处于第一阶段，希望有更多的大油公司加入。建议尽早开展能源转型路径研究，或者尽快参与到国际上有关能源转型路径的联合研究项目中去，共享最前沿的能源转型研究结果和分析工具，明确未来能源转型的顺序，有选择性地拓展新能源业务，培育新的业务增长点。

三、国际大石油公司启动数字化转型战略的借鉴

近年来，随着数字化、智能化技术在油气行业的广泛应用，国际大石油公司纷纷启动"数字化转型"（Digital Transformation，DT）战略，这意味着信息化已跨过了单纯技术应用和系统建设阶段，而是在数字化、智能化技术应用情景下，对公司发展战略、商业模式、运营管理、业务流程等做出一系列战略变革和调整，是石油公司为应对未来技术变革，在战略层面做出的顶层设计、总体安排和布局。鉴于数字化、智能化技术发展迅速，必将引领能源行业未来，对中国石油创建世界一流示范企业和推进高质量发展意义重大，建议在研究编制"十四五"发展规划时，明确数字化转型战略，制订实施计划，落实相关策略措施。

（一）油气行业数字化转型呈现加速趋势

随着信息技术的飞速发展，以"云大物移智"（云计算、大数据、物联网、移动互联网、人工智能）为代表的新一波数字技术浪潮席卷全球，油气行业也处在了数字化转型的重要时期，正在迈向以数字化、智能化为主要特征的第五次技术革命。多年来，国际大石油公司在拥抱数字化、智能化技术方面，一直处于领先地位。目前，无论是上游还是中下游公司，都已开始采用越来越多的数字化解决方案，通过创新和采用新技术来寻求削减成本、提高效率之策。如埃克森、BP和道达尔等，已广泛使用数据分析、云计算、数字孪生、机器人、全自动化、设备故障预警、机器学习和人工智能等技术，在生产全过程中打造数字油田。

人工智能技术正在成为数字化转型的重要驱动力量。基于人工智能的数字化转型将从自动化（Automatic）向自主化（Autonomous）发展。"自主化"意味着设备和操作系统可以像人类那样具有学习和适应能力，无须人工干预就可以对事先没有设定的环境变化做出安全的反应和处理。随着自动化向自主化的不断迈进，油气行业不但可显著减少现场操作人员的数量，还可大大减轻现场操作人员的劳动强度，全面实现现场少人化或无人化，提升作业的安全性。

据统计，2018年全球3000多家上游公司的运营费用及油井、设施、水下等资本支出达到了1万亿美元。在常规、非常规油气田勘探开发预算中，借助应用数字化和智能化手段，降低了钻井成本10%~20%，设备和水下成本10%~30%。

（二）国际大石油公司的数字化转型战略

1. 制订数字化转型战略与实施计划

许多国际大石油公司都将数字化转型提升到了公司战略层面，积极开展数字化转型战略的顶层设计，研究制定数字化发展规划。数字化转型已成为石油公司业务的一个重要组成

部分。

沙特阿美公司制订了数字化转型计划，到 2022 年打造成世界领先的数字化能源公司，成为全球能源领域数字化技术创新的引领者。该计划包括 12 个业务领域及十大主体技术。业务领域包括油气经营、计划销售和贸易、HSE、供应链、动力设施、知识管理、人力资源管理、科技管理、财务管理、陆海空操作支持、投资项目、社区空间；主体技术根据职能分为三大类，包括生产技术（机器人和无人机、3D 打印、建模）、通信联通技术（智能传感器、云计算、移动通信）及计算技术（人工智能、先进分析、虚拟现实和增强现实、区块链）。

俄罗斯天然气工业股份公司致力于建设成数字化石油公司，制订了翔实的数字化转型 10 年计划和各阶段的实施计划。数字化转型主要集中在组织管理、实物资产、合作伙伴与客户、支持系统 4 个领域；优先实施地质勘探、大型项目、生产、油藏开发、中游业务生产、中游业务可靠性管理、HSE、设施设备、公司模型、人力资源、法规等数字化转型项目。

壳牌 2000 年开始实施智慧油田（Smart Field）建设规划，包含测量、建模、决策/执行 3 个领域。雪佛龙 2002 年确立了数字油田（iField）规划，从监测、分析、优化和再造 4 个层次勾画了技术愿景。BP2006 年启动未来油田（FotF）技术专项，应用实时信息系统优化决策和生产运营，2011 年基本完成在主要油气田的实施并进入集成和系统化阶段，2015 年将全球 6000 多口井数据开放给 GE "智能平台" 进行分析优化。道达尔设立了集团数字化指导委员会、集团首席数字官，于 2020 年在巴黎开设数字工厂，聚集 300 名数据科学家、油气等领域专家，开发数字化解决方案，加速集团数字化转型。挪威国家石油公司，2017 年发布数字化路线图，并建立数字卓越中心和数字学院；北海特大型油田项目 Johan Sverdrup 依靠数字化解决方案（主要是数字孪生）最终节省了 30% 以上的投资。

2. 打造一体化协同工作平台

国际主要大油服公司，致力于构建多学科、多专业交互融合的勘探开发一体化协同工作环境，打破专业壁垒，实现地质、物探、测井、钻井、修井、储运等各业务领域的数据信息共享；从根本上改变传统工作方式，提高勘探开发的所有参与者协作水平，共同提高作业效率；帮助不同专业领域技术人员打破学科界限，实现交流融合。

斯伦贝谢公司构建了行业通用型的数字化平台系统——DELFI 勘探开发认知环境，整合并支持各类软件应用程序，存储全部历史数据，实现全部业务的数字化转换，为各专业提供数字化技术支持。哈里伯顿公司打造了 "Decision Space" 技术平台，实现油田现场各种数据流的实时捕捉、处理和传输的无缝对接。贝克休斯公司以 Predix 工业互联网操作平台为基础，打破各技术单元和业务板块之间的信息壁垒，实现设备互联、信息互通，将从资产到油藏、到作业和维修之间数据进行关联，实现油气生产的完全整合和全面控制。

3. 采取开放式创新

在数字化转型过程中，很多国际石油公司和油服公司加大了开放式创新，主要表现在：建立的技术联盟和合作研究项目越来越多，风险投资显著加大。埃克森与 MIT 合作研发具有自学能力的海洋勘探潜水机器人。壳牌与卡内基梅隆共同研发在最具挑战性的环境下监测油气田设备的机器人。BP 与 GE 合作开发提高恶劣环境下设备可靠性的数字化解决方案。道达尔与谷歌合作将人工智能技术引入油气行业。挪威国家石油公司与挪威科技大学合作推进用于海底油气设备检查和维修的海底机器人研发。日本油气金属公司 JOGMEC，通过与国际大石油公司及 IT 企业合作，全面引入数字化、智能化技术等。

油服公司也纷纷和科技巨头战略协作。斯伦贝谢在云计算基础设施架构、计算能力和存储空间方面，与谷歌和微软合作；在自动化控制方面，与罗克韦尔自动化公司（Rockwell Automation）合作，并合资组建 Sensia 公司；在无人机、机器人、可穿戴装备等硬件设备方面，与斯坦福和硅谷的高科技公司合作，并于 2014 年在硅谷建立了软件技术创新中心；2014—2019 年，该中心接触和评估了超过 400 家高科技公司，选择其中 70 余家作为合作伙伴。哈里伯顿与微软组建了"数字化石油和天然气工业联盟"，在储层描述的深度学习、建模及模拟等方面开展合作。威德福联手英特尔研究云计算、物联网技术的应用。

4. 无缝对接传统服务组织

国际大型油服公司普遍将自己定位为客户数字化转型之旅的推动者，并意识到在其 IT 部门和传统服务交付部门之间建立无缝对接才能有效提升数字化实力。以钻井为例，为了开发最先进的实时钻井优化解决方案，开发团队需要与现场专业技术人员沟通，以充分理解当前工作流程中的难点，然后将数字化技术与现有的工具和技术进行集成。为了更好地实现集成，油服公司已陆续将软件开发团队分散式地嵌入整个业务组织体系之中，实现数字化技术、硬件设备制造、软件开发与油气专业领域的内部研发和技术系统服务一体化组织。

（三）启示与建议

1. 加强数字化转型顶层设计，明确战略实施计划，避免出现新的"数字化孤岛"

借鉴国外做法，启动中国石油数字化转型战略及其实施计划。在现有信息化建设的基础上，顺应数字化、智能化技术发展大势，从公司总体战略、产业链发展、竞争格局、商业模式等多视角，进行数字化转型顶层设计、技术选择、路径优化，避免"一窝蜂"盲目上线系统、尝试新技术，防止出现新的"数字化孤岛"。

2. 引入多专业融合组织模式，重视培养复合型数字化人才

在数字化转型过程中，采用多专业融合的组织模式，即将人工智能专家、数学家、软件工程师等与油气专业工程师密切组合，建立多专业协同工作组，使数字化技术与油田业务无缝对接。同时，广泛组织数字化技术培训，打造既精通油气业务又懂数字化技术的复合型人才队伍。

3. 推进开放式创新，支持和鼓励跨界合作

面对迅速发展的数字化、智能化技术，中国石油既要重视自身技术研发能力建设，更要大力推进开放式创新，加强与外部研究机构合作，积极参加数字化、智能化技术创新联盟，建立创投基金等；支持和鼓励在人工智能、机器人、物联网、区块链等领域的跨界合作，培育充满生机和活力的创新生态系统。

四、对墨西哥油气改革及投资合作潜力的调研

2013 年以来的墨西哥能源（特别是油气）市场化改革，涉及修订法规、矿权拍卖及大幅度机构调整等，一度成为全球关注的热点。几年下来，改革成效并不理想。新一届政府又提出新的改革思路，强调要发挥好国家石油公司的主导作用，多次指出应学习中国的能源体制模式，借鉴中国石油的公司制改革经验。同时，墨西哥作为全球主要油气资源国之一，投资合作潜力较大，包括中国石化、中国海油在内的世界主要大石油公司，几乎都在当地有投资合作项目。加强与墨西哥政府和国家石油公司接触联系，可以在老油田提高采收率和工程技术服务方面拓展合作机会。

（一）墨西哥的油气市场化改革步履艰难

墨西哥地大物博、能源矿产资源丰富、历史文化源远流长，被视为"美国的后花园"，也被称为"浮在油海上的国家"。迄今为止，在墨西哥已发现的油气田中，探明储量达 640×10^8 bbl 油当量，与挪威、巴西和英国等全球储量大国规模相似。墨西哥的原油年产量曾达到近 2×10^8 t，是世界主要石油出口国，也是美国的主要原油进口来源国。但是，十几年来，其国内石油产量持续下降，目前仅有年产 1×10^8 t 的水平。与此同时，由于墨西哥的下游炼油能力严重不足，又不得不从美国大量进口成品油，再加上后来大量进口美国的天然气，形成了对美国油品和天然气进口的严重依赖。

从 2013 年开始，墨西哥革命制度党政府启动能源市场化改革，主要借鉴挪威、巴西和哥伦比亚等国家的模式，致力于从油气全产业链入手，根据上下游不同业务环节特点，提出与之相适应的改革方案，包括市场准入、许可证发放、取消补贴、破除垄断、开放销售市场、面向国内外的区块招标、合同模式等。为此，国家还修订了宪法，完善了相关法律法规（改革法案分为九大领域，共涉及 21 项法律，其中新立法 8 项，原有相关法律修正案 13 项），一度成为国际能源市场关注的热点和焦点。墨西哥政府寄希望于依靠市场化改革和对外开放，将国内的原油和天然气产量从 2013 年的每天 250×10^4 bbl 和 57×10^8 ft^3 提高至 2018 年的 350×10^4 bbl 和 80×10^8 ft^3，借此扩大出口、增加收益、稳定就业，为墨西哥全面恢复经济增添活力。

几年下来，墨西哥的能源改革效果并不尽如人意。截至 2018 年，政府共拍卖出 107 个油气矿权、吸引了 73 家公司，但普遍未能按照合同约定进行投资开发，国内原油总产量连续 14 年大幅度下滑，从 2004 年的 340×10^4 bbl/d 的峰值产量降到 170×10^4 bbl/d。特别是墨西哥国家石油公司（PEMEX）经营管理不善，陷入严重债务危机。新当选的左翼总统明确表达了对上届政府能源改革思路、成效的不满，提出要重振国家石油工业，计划到 2025 年将原油产量恢复到每天 240×10^4 bbl 的水平。特别要进一步发挥好国家石油公司的主导作用，并多次强调要学习中国的能源体制模式，借鉴中国石油的公司制改革经验。

经研院专家组在与墨西哥国家油气委员会两位副主席，以及曾任美国驻墨西哥、乌克兰大使、总统特别助理的 IHS Markit 集团高级副总裁的交流过程中，对方也普遍表示，墨西哥油气产业目前严重缺乏资本和技术，对中国的"一带一路"倡议充满兴趣和期待，同时迫切希望借鉴中国的"三桶油"改革经验和中国石油在陆上老油田挖潜及提高采收率方面的技术专长。

（二）墨西哥老油田开发潜力大，投资合作和技术服务机会多

1. 墨西哥老油田数量众多，是未来产量增长的重要来源

墨西哥老油田数量众多，自然递减快，稳产难度大，加上油价下跌、技术落后、投资效率低等因素的影响，导致石油产量连续 14 年大幅度下跌。据 2019 年 3 月的 IHS Markit 统计数据，墨西哥有 265 个累计产量不小于原始 2P 储量 50% 的老油田，这些老油田储量占墨西哥 3P 储量的 60% 以上，其中 109 个已经废弃掉，还有 156 个正常生产。在产老油田的平均综合递减率超过 12%。如果不采取措施控制老油田递减，墨西哥石油产量还会继续下跌，2020 年产量降至 $150 \times 10^4 \mathrm{bbl/d}$。

2. 墨西哥老油田平均采收率明显低于全球平均水平，IOR/EOR 潜力巨大

全球范围内的平均原油采收率约为 35%，而墨西哥的老油田平均采收率仅为 18% 左右。要达到国际平均水平的采收率，意味着还需要提高 17%。墨西哥老油田采收率差别较大，比如 Sureste 盆地的平均采收率约为 40%，而 Tampico 盆地的平均采收率仅有 16%。据评估，墨西哥老油田中有 76 个适合 IOR/EOR 技术的候选油田，其中适合水驱的油田 30 个，适合进行压裂或酸化压裂的 6 个，适合气驱的油田 26 个（9 个天然气驱，5 个氮气驱，12 个二氧化碳驱），还有 12 个油田适合蒸汽驱，1 个油田适合化学驱。目前只有 13 个油田开展了 IOR 或 EOR，其他油田在 IOR/EOR 方面尚属空白。此外，有些已经被废弃的油田也并未被充分开发，仍然具有二次开发的潜力。新一届政府上台后，提出到 2025 年产量增至 $240 \times 10^4 \mathrm{bbl/d}$ 的目标，其中 30% 以上的产量增长，预计需要依靠老油田降低递减率和提高采收率实现。

3. 目前已开放或待开放的老油田具有较多合作机会

在过去几年里，为适应矿权开放的新形势，PEMEX 积极与必和必拓、雪佛龙、壳牌、中国海油、中国石化以及德国的 DEA Deutsche Erdoel 等公司建立合作关系。新一届政府上台后，目前公布的待开放区块有 7 个，正在招募合作伙伴（Farmout），其中 6 个区块在 Sureste 盆地，一个区块在 Veracruz 盆地，共计 28 个油田。这些油田都属于老油田，大部分已采出了 2P 储量的 80%，但是平均采收率却只有 22%。PEMEX 的老油田，除了正在招募合作伙伴的之外，其余的很可能要通过签订技术服务合同的模式来开发。这些老油田主要的技术需求就是水驱、水力压裂、三次采油等 IOR/EOR 技术。

（三）思考与建议

1. 墨西哥的油气投资合作机会值得重视

近些年，拉丁美洲多个国家左翼执政党失势，拉丁美洲政治版图进入"左右拉锯"的格局，某种程度上左翼政治力量处于相对弱势地位。在这种背景下，墨西哥作为拉丁美洲第二大经济体，左翼的国家复兴运动党执掌政权，将会对整个地区政治生态产生重要影响。新一届政府上台以来，致力于打击腐败、消除社会不平等现象、刺激经济发展。对油气工业，一方面承诺保持改革政策有效性、延续性，并要求中标获得矿权的公司，必须按合同投资开发生产；另一方面强调发挥国家石油公司的主导作用，尽快改变其生产经营管理状况。

墨西哥油气资源丰富，地缘政治十分重要，世界主要大石油公司大多在当地有投资合作项目。2013 年前后，中国石油曾经密切跟踪过墨西哥的油气合作机会，后因各种原因，油气投资、工程技术服务都没有获取合适的项目。在此期间，中国石化拿到了陆上老油田提高采收率合作项目，中国海油拿到了海上合作项目。目前，墨西哥刚刚完成政府更迭，新一届政府青睐中国模式，可以加强与墨西哥政府和国家石油公司的接触联系，以分享中国经验为突破口，积极拓展在墨西哥的油气投资、技术服务、工程建设等合作空间。

2. 发挥在 IOR/EOR 方面的专长，重点寻找墨西哥老油田挖潜方面的合作机会

墨西哥老油田多、采收率低、基础设施较完善，是未来几年增储上产的重要领域。可以与 PEMEX 签订战略合作协议，发挥在 IOR/EOR 方面的技术专长，结合墨西哥老油田资源特征和面临的挑战，加强研究成果、数据、最佳实践等方面的交流，在相互了解的基础上，寻找目标油田和老油田合作机会，帮助 PEMEX 解决老油田生产难题。可以在即将开展国际合作的区块中寻找投资合作或技术服务机会，也可以在 PEMEX 目前自营的优质资源中寻求技术服务机会，尤其是水驱、压裂酸化、三次采油等技术服务，还可以在 PEMEX 现有的合作伙伴中寻找提供技术服务的机会，如德国的 DEA 公司，正合作开发 Ogarrio 油田。

3. 与墨西哥本土中小型油公司合作，拓展工程技术服务市场

墨西哥在过去几年的油气市场化改革，特别是矿权招投标过程中，崛起了一批本土化的中小型油公司，不少类似于中国的民营油企。与 PEMEX 相比，这些中小型公司虽然规模不大，但拥有一定的资金实力，经营状况良好，且充满动力和活力。他们通过政府油气招标获得了矿权，特别希望与 PEMEX 之外的国外大公司合作，获得技术和管理支持，成功实现中标油气田的增产目标。可以通过签订技术服务合同的方式与这些中小型油公司合作，为他们提供物探、IOR/EOR 等技术服务，以此为突破口，逐渐拓展在墨西哥的工程技术服务市场。

五、低成本钻井技术组合是商业开采海域水合物的必然选择

海域天然气水合物埋深浅、地层压力低，决定了单井产量不会太高，生产周期不会太长。沿用传统的深水钻井技术组合根本不可能实现经济开采，必须颠覆传统的深水钻井技术组合，应用安全高效低成本的钻井技术组合，千方百计提高作业效率，降低作业成本，实施低成本开采。

综合美国能源部研究项目提出的深水油气低成本钻井技术方案（图1）和日本研究机构提出的天然气水合物低成本开发方案，以及其他调研分析，推荐如下低成本钻井技术组合。

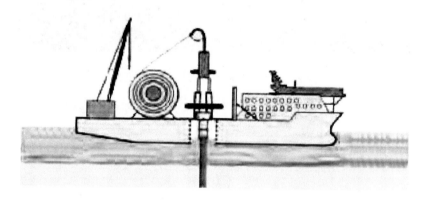

图1 深水油气低成本钻井技术方案：中型钻井船＋复合型连续管钻机

（一）不用大型钻井船或大型半潜式钻井平台，改用中型深水钻井船

常规深水钻井需要在海底以下钻进几千米，需要使用几千米的钻柱和下入几千米的套管柱，所以必须使用大型半潜式钻井平台或大型钻井船，并配备双作业超深井钻机。国际市场上，近几年大型半潜式钻井平台、大型钻井船的平均日费虽比2014年有大幅度下降，但仍在20万美元/日以上。

开采海域天然气水合物一般只需在海底以下钻进几百米，如使用大型半潜式钻井平台或钻井船，则纯属大材小用，必须采用低成本的浮式钻井装置。

全球现有数十艘配备钻（修）井机的多功能浮式作业装置在役，它们多数是作业船，少数是半潜式作业平台，主要用于完井、射孔、试井、洗井、打捞、修井、增产处理、地质勘查、海底施工、油气井弃置等作业。它们大部分适合深水作业，比如Helix能源解决方案公司的"Well Enhancer号"多功能深水作业船配备多功能钻（修）井机，最大作业水深达3000m（图2），其长度、宽度分别为132m、22m，只有当今深水钻井船的一半左右。中海

油服的"海洋石油708"（图3）是一艘多功能的海洋工程勘察船，配备工程钻机，可钻取天然气水合物岩心，最大作业水深3000m，最大钻探能力3600m，该船舶的长度、宽度分别为105m、23.4m。

图2 "Well Enhancer号"深水作业船

图3 "海洋石油708"海洋工程勘察船

多功能浮式作业装置的规模应用，说明应用中型浮式钻井装置开发海域天然气水合物是完全可行的。优先选择中型钻井船，因为它们具有自航能力。

中型钻井船可以是定制的，也可以由现有的多功能浮式作业船改造而成。受国际油价持续低迷的冲击，国际市场上有多功能深水作业船处于闲置或出售中。购买二手的多功能深水作业船加以改造，不失为一种明智的选择。中型深水钻井船的建造费大大低于当代深水钻井船和半潜式钻井平台，改造费更低，钻井日费也低得多。

中国具备多种浮式钻采装置的研发、设计、建造能力，设计、建造一艘中型深水钻井船仅需2~4年时间。

（二）不用高精尖的双作业钻机，改用复合型连续管钻机进行连续管钻井

当代半潜式钻井平台或钻井船均配备钻深能力超过 6000m 甚至超过 10000m 的大型双作业钻机。开采海域天然气水合物只需在海底以下钻进几百米，根本用不着大型双作业钻机。2017 年 8 月，美国曾用一座配备钻（修）井机的半潜式修井平台（图 4）在美国墨西哥湾深水区完成天然气水合物的钻探取样，作业水深 2033m，最深的取心井在海床以下钻进了大约 450m，说明中型钻机完全能够胜任天然气水合物钻完井作业。

图 4 用装在半潜式修井平台上的钻（修）井机钻取天然气水合物样品

在中型钻井船上配备复合型连续管钻机是一种最佳方案。复合型连续管钻机重量轻、承风面小、占地面积小，可以置于中型钻井船上，既能实施连续管钻井，操作各类管材，比如连接底部钻具组合、隔水管、完井管柱等，又能完成下套管等作业。复合型连续管钻机的钻深能力一般在 3000m 以上，完全能够胜任海域天然气水合物钻完井作业。在中型钻井船上实施连续管钻井，还可避免在陆上可能存在的连续管运输问题。

（三）不用尖端的钢质隔水管，改用复合材料隔水管，或进行无隔水管钻井

常规海上钻井需要使用尖端的钢质隔水管，其直径大、体积大、重量大、成本高，安装和拆卸非常费时。

未来商业开采海域天然气水合物只需在海底以下钻进几百米，几天就可建成一口开发井，加之连续管不旋转，对隔水管的要求不高。因此，在中型钻井船上实施连续管钻井，不

必使用尖端的钢质隔水管，只需使用重量轻、成本低、装卸方便的复合材料隔水管（图5）。国外研究复合材料隔水管已有二三十年了，并试用过。在未来的天然气水合物商业开采中，复合材料隔水管将有用武之地。

图5　复合材料隔水管

在水深不超过1000m的海域，可以考虑实施无隔水管钻井，即用海底泵将返至海底井口的钻井液通过专用管线输送到中型钻井船上进行处理。也可以考虑研制碳纤维复合材料双壁连续管（连续管中管），双管合一，既充当钻杆，又充当隔水管。

（四）不用高精尖的深水海底防喷器组，改用适合连续管钻井的低成本防喷器组

滩浅海钻井主要使用水上防喷器组，而深水钻井几乎全部使用高精尖的海底防喷器组（图6）。因天然气水合物埋深较浅，地层压力相对较低，建井周期极短，无须使用高精尖的深水海底防喷器组，优先考虑使用适合连续管钻井的水上防喷器组或低成本海底防喷器组。

图6　深水钻井中使用的高精尖海底防喷器组

六、光纤测井技术发展现状及展望

地球物理测井是通过定量测量井下地层的电、声、光、核、热、力等物理信息，用以判断地层的岩性及流体的性质，确定油、气、水层的位置，定量解释油气层的厚度、含水饱和度和储层的物性等参数，了解井下状况的一整套技术，但传统的电子基传感器无法在井下恶劣的环境（诸如高温、高压、腐蚀、地磁地电干扰）下工作。另外，随着智能完井技术、油藏实时解决方案、数字化油田等新技术的出现，使得 21 世纪的油气田开发和开采进入一个全新的时期，这些都对测井技术提出了新的要求。目前，光纤技术已在石油行业广泛应用，包括物探、开发、测井等领域，其中光纤测井技术经过近 30 年发展已逐渐走向成熟。

（一）光纤测井技术优势

相对于传统电子测井设备，光纤测井具有以下优势：（1）使用光为传播信号，避免了电磁场对采集信号的影响，长期漂移小，可长期持续对井下进行检测，避免了电子仪器故障检测、停井测试等影响，具有对油气藏进行永久监测的潜力；（2）光纤测井作业机理不同于传统电子设备，不需要井下仪器，只需将光纤布置于井内即可，有效解决了高温高压环境对测量设备的影响；（3）光纤测量精度高，接近纳米级别的分辨率精确反映了温度、压力等随深度变化而变化等情况，测量精度远高于常规仪器；（4）光纤质量小、体积小，即使是铠装光纤，其体积也远小于电缆等设备，便于井下布置；（5）随着光纤技术的不断发展，光纤的制作成本越来越低，有效提高了其相对于电子测井设备作业的性价比；（6）光纤测井效率高，可在很短的时间内完成井内测量；（7）便于于计算机等设备连接，有利于实现智能化和远距离监控；（8）光纤的柔韧性好，更适合于在复杂环境下进行测量。

目前，光纤测井的应用范围涵盖了温度检测、压力检测、持水率测量、多相流检测、流量测量等，可有效解决传统井下监测技术不能保证测量时间点为诊断生产问题和油藏变化的最佳时机、无法准确描述油藏的动态变化特征等问题，在油气生产与监测中起到了重要的作用。

（二）光纤测井技术发展历程

在 20 世纪 80 年代中期与 90 年代初期，12 家单位联合发起了有关光纤传感器技术在油藏永久监测方面的应用研究；1992 年，Hurtig 等第一次将基于散射机理的分布式光纤温度传感器（Distributed Temperature Sensor，DTS）应用于井下，用一根光纤在井中测量了温度曲线。1994 年，瑞士 NAGRA 的 Grimsel 岩石实验室，则将 DTS 用来研究在井中注入热或冷的流体对井温造成的影响。由于 DTS 系统能够测量整个光纤上温度变化，因而被广泛应用于井温剖面的测量。在同时期，雪佛龙公司基于干涉原理的相位调制的测量原理，开发出的光纤干涉仪压力计在使用过程中表现出较高的稳定性。1997 年，CiDRA 公司开始开发能够进行分布式测量，高性能、高可靠性的光纤 Bragg 光栅温度压力传感器。1999 年，CiDRA 公司成功地在加利福尼亚的 Bakerfield 安装了第一套光纤 Bragg 光栅温度压力计。2002 年，该公司又开发出基于 Bragg 光栅原理的多相流计，并在墨西哥湾安装了第一套光纤多相流计。后来经过近 15 年发展，光纤测井技术目前已广泛应用在测井的多个领域，如油藏动态监测等，可提供温度、压力、流量、自然伽马等多种重要油藏数据。2018 年，Well – Sense 公司推出 FIL 可溶光纤，这种光纤测井技术可以大大降低作业成本，提高作业效率，具有很大的发展潜力。2019 年，该产品在得克萨斯州成功进行了首次陆上油井商业勘测，取得了较好效果。

（三）光纤测井技术应用现状

1. 降低作业成本

Well – Sense 公司于 2017 年推出的可溶光纤（图 1）可有效降低生产测井作业成本。这种可溶光纤利用光纤溶于钻井液的特性，通过设置光纤外覆铝层的厚度，控制光纤消失的时间，通常为几天或几周。

图 1　新型光纤试井仪 FiberLine

在进行作业时，无须电缆或连续油管等设备即可完成光纤的布置，大大提高了作业效率，降低了非生产时间；在完成测井作业后，无须将光纤取出井外，直接在井口隔断光纤即可，落入井中的光纤会在很短的时间内溶解消失，这既减少了作业时间，又避免了取出井内仪器时造成的卡井等事故，可有效降低约 90% 的作业成本。除此以外，可溶光纤还有重量更轻的优点，总长为 15000ft 光纤，加上用于将其安全下入油井的硬件，其总重不超过 33lb。在完成作业后，采集的数据可通过光纤测井数据解释软件进行处理。2019 年，该技术在得克萨斯州进行了首次陆上油井商业勘测，井底温度数据与之前的测井结果相差在 17℃ 以内，井底压力读数误差在 4% 以内，成功展示了这种技术的优越性能。

2. 井下温度检测

目前，电子仪器的耐高温高压性能刚刚达到 200℃ 水平，对于高温高压井下环境难以适应。常规的井温测量方法存在以下不足：（1）温度传感器的热平衡时间长；（2）传感器的移动会影响井下原始温度场的分布；（3）无法在高温高压环境下，对井下的温度场分布进行长期的监测。光纤温度传感器耐温可达到 400℃，能够适应井下高温高压环境。按其工作原理，可分为功能型和传输型两种：功能型光纤温度传感器是利用光纤的各种特性（相位、偏振、强度等）随温度变换的特点，进行温度测定。这类传感器尽管具有"传""感"合一的特点，但也增加了增敏和去敏的困难。传输型光纤温度传感器的光纤只是起到光信号传输的作用，测量功能由其他元件实现。

3. 井下压力测量

传统的井下压力监测采用的传感器主要有应变压力计和石英晶体压力计，但应变式压力计受温度影响和滞后影响，而石英压力计会受到温度和压力急剧变化的影响。在进行压力监测时，这些传感器还涉及安装困难、长期稳定性差等问题。井下光纤传感器没有井下电子线路，具有易于安装、体积小、抗干扰能力强等优点，可有效解决电子压力传感器应用时遇到的困难。

4. 测量自然伽马

自然伽马测井是以地层自然放射性为基础，随着油田开发的进行，放射性物质不断被搬运、堆积，使油井水淹层、注水井的注水层位、套管外窜槽等处呈现放射性异常。自然伽马测井曲线在油气田勘探和开发中，主要用来划分岩性、确定储层的泥质含量、地层对比、对射孔进行跟踪定位、评价油层水淹、判断油水井套管外窜槽、判定注水井的吸水情况等。激光光纤核传感器是在光纤传输和光纤传感器的基础上产生的，它利用了光纤光致损耗和光致发光等物理效应，可以针对核探测的能级范围研制敏感探头。另外，由于应用了光致发光效应，可使探头位于千米的井下，光电倍增管由传输光缆相连，可置于地面，能有效延长光电倍增管的使用寿命。

5. 井下数据高速传输

光纤具有高速率、大容量传输能力，还能搭载其他井下仪器信号，是井下数据传输的重要途径。目前，井下光纤数据传输速率可达 10Mbit/s，并具有抗电磁干扰能力强、适用于高温高压等恶劣井下环境的优点，在随钻测井、油藏远程监控等领域具有较大的应用潜力。近几年，光纤传输在随钻测井领域取得了较大进展，有效解决了循环压力导致的光纤磨损和破损问题，并降低了开发成本，在随钻地层评价、随钻地质导向等方面取得了较好的应用效果。

6. 流体含水率（或含气率）及密度测量

生产井中，不同层位产液性质不同，了解流体性质（密度、含水率）才能评价产层特性，求解各相流量，含水率为水的流量占总流量的百分比，而求含水率的条件就是要测出持水率，持水率为单位长度的管内液体流动时悬持的水体积占流体总体积之比。流体密度可区分油水界面、气液界面。含水率及流体密度对找准产水层位、卡水堵漏采取措施，提高油气产量至关重要。光纤持率/密度传感器从本质上解决了现有持率仪器存在的高含水无分辨率和放射性物质的应用，对于多相流体油、水、气的折射率各不相同，因而混合流体的折射率会随着油、水、气比例的改变而改变，光纤传感器的传感机理是基于 U 形弯曲光纤的传输功率随外界介质折射率变化而变化这一特性，光波是信息载体，与混合流体电阻率、流型及水质无关。油、水、气三相的折射率不同，且相差较大，对于水中含油、油中含水、水中含气或油中含气的测定非常灵敏，可达到全量程（0～100%）。因此，这种折射率调制型光纤传感器不仅能测流体持率，同时可测流体密度，精度较高。

7. 流量测量

光纤流量计的工作原理是当光在光纤中传输时，光的特性（如强度、相位、频率、波长等）会受流量的调制，利用相应的光检测方法把调制量转换成电信号，求出流体流速。与传统的流量传感器相比，光纤流量计具有如下优点：（1）准确度、灵敏度高；（2）井下仪器只有传感探测器没有电子线路，耐高温高压、抗电磁干扰，在易燃、易爆环境下安全可靠；（3）频带宽、动态范围广，不受流型、流体流量及流体黏度的影响；（4）体积小、质量轻。光纤流量计种类很多，井下多相流光纤流量计能实时测量压力、温度、流量及相百分含量（滞留量），测量流体速度及通过流体混合物声速，根据流体温度、压力、密度及声速得出流体各相流量；光纤涡轮流量计是在传统涡轮流量测量原理的基础上，用多模光纤代替了内磁式传感器，构成反射型光纤涡轮流量计，线性、重复性好，抗电磁干扰，测量动态范围大；光纤涡街流量计是以光纤作为非线性旋涡产生涡流，通过检测在涡街作用下光强度（光相位）的变化来确定涡街产生的频率，旋涡的释放频率与流速成正比；光纤多普勒流速计基于光的多普勒效应测频差确定流体的流动速度，可实现物体运动速度的非接触高精度测量；小流量光纤流量计基于菲涅耳拖曳效应，可以检测 $0.02 m^3/d$ 以下的小流量。

（四）技术发展展望

光纤测井的优势目前已经得到广泛认可，并获得一定推广应用，未来光纤测井将重点解决以下几方面问题：（1）光纤和光纤接头在井中易损坏，光纤传感器与流体接触很短时间就改变了特性，传感器性能的稳定性有待于进一步提高。研究表明，当光纤系统置于高温高压含水的环境中时，水分子扩散在硅结构内部产生了很大的应力作用，引起传感器性能的不稳定；另外，原油中含有大量的具有腐蚀作用的化学物质，也会对光纤系统性能的稳定性造成影响。（2）光纤系统从井引出到地面时，需要穿过导管悬挂器，需要设计相应的光纤接头。对于陆上油田使用的光纤系统来说，该问题比较简单，可以悬挂在井架上；但对于海底，特别是水平井来讲，该部分的设计是一个难点，需要进一步研究。（3）光信号在光纤中传输时信号强度会不断衰减，因此允许的最大光纤长度有一定限制。此外，光纤系统之间存在很多接头和接触点等，这些都可能引起光信号能量的衰减。为了最大限度地组成多井网络，实现在主控机房对多井共用一个检测控制设备，因此设计时尽量减少接头个数，或者每个井都配有自己的检测装置，数据再通过有线或无线方式传送回主控机房，从而导致开发成本增加，无法大量应用。因此，如何降低光纤系统能量的损耗，增加网络中光纤的个数，是一个需要解决的问题。（4）光纤传感器具有易碎的特点，很大一部分光纤传感器在安装过程中就被损坏，还有一大部分光纤在井下安装不久就不能正常工作。尽管可以通过制定细致的安装工序、培训操作员工等方式来降低安装风险，但是光纤传感器和光纤的坚固和耐用性能，仍然有待于进一步提高。

随着光纤测井技术的不断发展完善，其精度高、频带宽、响应速度快、动态范围大、不受电磁干扰、耐高温高压、能在恶劣环境下工作、集传感与传输于一体等优势将得到充分发挥，应用范围也将不断扩大。未来，光纤测井将在油气藏永久性动态监测，水平井和多侧向井方向的分布式压力、温度、流量监测，井下高速数据传输，油藏远程监控等领域发挥重大作用，并为油田开发带来可观的经济效益。

参 考 文 献

[1] 付建伟，肖立志，张元中. 油气井永久性光纤传感器的应用及其进展［J］. 地球物理学进展，2004（3）：515 – 523.

[2] Well – SENSE's FLI technology marks its first round of offshore deployments ［N/OL］. http：// www. worldoil. com/news/2019/10/29/well – sense – s – fli – technology – marks – its – first – round – of – offshore – deployments.

[3] 邵洪峰，张春熹，刘建胜. 耐高温光纤光缆在测井领域的应用［J］. 国外测井技术，2008（1）：33 – 36.

[4] 杨英男. 光纤传感器在石油测井中的应用分析［J］. 化学工程与装备，2015（9）：193 – 194.

[5] 陈凯. 光纤测井的特性及发展［J］. 中国高新技术企业，2008（20）：68 – 69.

[6] 张向林，陶果，刘新茹. 光纤传感器在油田开发测井中的应用［J］. 测井技术，2006（3）：267 – 269.

七、管道周向导波检测技术新进展

管道作为输送液体、气体和浆液等的传输工具，广泛应用于石化、核电、火电等领域。然而，这些管道在正常应用过程中，由于工况恶劣等因素极易发生腐蚀和疲劳破坏，使得管道使用寿命缩短甚至引起泄漏，造成巨大的资源浪费和经济损失，甚至给人们的生命安全造成巨大损失。因此，对管道进行快速有效的无损检测显得十分重要。

超声导波技术作为新型无损检测和结构健康监测方法之一，具有检测范围大、检测效率高、检测全面、缺陷辨识能力强等优点，正受到越来越多的关注。Lowe 等、Alleyne 等将超声导波技术运用于工业管道检测研究中，王秀彦等、何存富等也对管道中的导波传播进行了理论和实验研究，并讨论了导波与缺陷的相互作用。

周向导波是沿管道周向传播的导波。周向导波检测技术是一种简单可靠、行之有效的无损检测方法，不仅能检测薄壁管和小口径管，而且由于其在管道周向上的固定周长检测范围内传播，导波模态衰减的影响相对较小，因此特别适用于目前研究较少的厚壁管道和大口径管道检测。同时，通过沿着管道的轴向进行扫查，即可实现整个管道的全面检测。

（一） 周向导波的传感技术

为了能够充分利用周向导波的传播特性，实现对管道的全面检测，需要选用合适的传感器对周向导波模态进行激励和接收。常见的周向导波激励和接收方式有压电式、电磁式以及激光式。

1. 压电式

压电式传感器基于压电材料的压电效应和逆压电效应，实现周向导波的激励和接收。其典型结构如图 1 所示，主要由匹配层、压电单元（压电陶瓷、高分子压电材料等）、背衬以及外壳等组成。其中，匹配层一方面是保护压电单元不受外部应力及环境影响，另一方面是起到阻抗匹配的作用，最大限度提高声波的透射率。背衬则起到阻尼块的功效，能够削减接收信号的多次反射。当通过电压引线向压电单元输入电压信号时，由于压电材料的压电效应，会在压电单元本身产生与外加电压信号同频率的机械振动，进而通过耦合剂将压电单元产生的振动传递到被测试件中。根据所选取的压电单元类型，优化设计其极化方向、加载方向、尺寸形状等参数，即能激发出所需要的周向导波。

根据 Snell 定律，通过控制超声波波

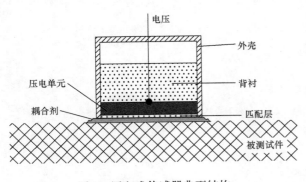

图 1 压电式传感器典型结构

束入射到被测管道中的角度，能够实现单一模态的周向导波的激励和接收。因此，常用压电式传感器与斜探头优化组合激励所需要的周向导波模态。压电传感器激发周向导波的实质是通过耦合剂将压电单元的振动传递到被测试件中，因此，传感器与被测试件间的耦合状况直接影响着传感器的激励特性。空耦传感器以空气为耦合介质，避免了耦合状况不好带来的影响。Nishino 等充分利用空耦传感器非接触性的特点，并结合 Snell 定律，通过调节空耦传感器的入射角度，使得恰好能在铝管中激励出单一的 $CLamb_0$ 模态。

此外，Nishino 等还将横波直探头直接按压在管道外表面实现周向导波的激励。其中，横波直探头与管道之间采用干耦合方式，即不需要任何耦合介质，通过控制横波直探头的极化方向分别实现在钢管和铝管中激励出周向 Lamb 波和周向 SH 波。当横波直探头的极化方向与管道轴向垂直时，则激励出振动方向垂直于管道轴向的周向 Lamb 波；当横波直探头的极化方向与管道轴向平行时，则激励出振动方向平行于管道轴向的周向 SH 波。

2. 电磁式

电磁声传感器（electromagnetic acoustictransducer，EMAT）基于电磁耦合方式直接在被测试件内部形成超声波，具有非接触、无须耦合介质、高效灵活等特点，可应用于高温、有隔离层等特殊场合，不仅能激励周向 Lamb 波，也能激励周向 SH 波。

提供偏置静磁场的 EMAT 主要由 3 部分构成：提供偏置静磁场的磁铁、载有高频信号的线圈以及在其内部激发和传播周向导波的被测试件。根据超声波产生机理的不同，EMAT 可划分为基于洛伦兹力机理的 EMAT 和基于磁致伸缩机理的 EMAT 两种，其工作机理如图 2 所示。图 2（a）为基于洛伦兹力机理的 EMAT，将载流线圈中通入高频电流 J，将会在被测试件表面感生出相同频率的感应涡流 J_e，该感应涡流与线圈中通入的高频电流方向相反，且在外加磁体产生的偏置静磁场 B_S 作用下会进一步产生洛伦兹力 F_L，在洛伦兹力作用下，试件产生周期性的振动，这种振动在试件中以波的形式进行传播，便实现了 EMAT 的激励过程。在 EMAT 接收过程中，被测试件中质点的振动在外加静磁场的作用下，在高频载流线圈中产生感应电压，通过测量该感应电压值便可得到由激励处传播过来的超声波所携带的信息。图 2（b）为基于磁致伸缩机理的 EMAT，载流线圈中通入的高频电流 J，会在被测试件中产生一个与其频率一致的交变磁场 B_D，这一交变磁场与外加磁体产生的偏置静磁场 B_S 共同作用于被测试件，使得被测试件由于磁致伸缩效应，产生周期性变形，从而使材料内部产生振动，并以波的形式进行传播。EMAT 接收过程则根据被测试件的逆磁致伸缩效应，处于变化的磁场中的高频线圈会感生出感应电压，对该电压进行分析可获得接收信号所包含的信息。前者多适用于非铁磁性材料的检测，后者则既适合铁磁性材料，又适合非铁磁性非金属材料的检测，但由于是利用材料的磁致伸缩效应及逆效应，因此，在非铁磁性非金属材料中检测时，需要在表面粘贴一层高磁致伸缩材料。

3. 激光式

激光超声是利用脉冲激光照射固体表面，通过热弹机理或烧蚀机理在试件中激励产生超声波。当入射光的功率密度较低时，被测试件表层由于吸收光能而导致局部温度升高，从而引起局部热膨胀，导致在试件表面产生切向压力，并激发出声波的现象称为热弹机理；随着入射光的功率密度逐步升高，被测试件表层的温度也逐步升高，并将导致材料性能发生变

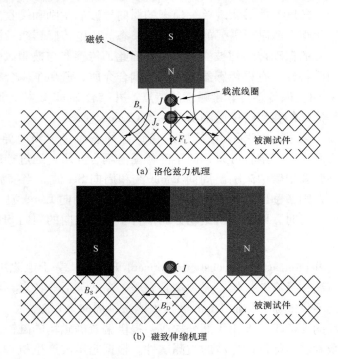

（a）洛伦兹力机理

（b）磁致伸缩机理

图2　EMAT工作机理

化，这时试件表面将有一小部分物质被喷射出来，从而反作用于试件表面，形成一个非常高的反作用力，并产生声波的现象称为烧蚀机理。由于热弹机理产生的升温没有对试件的表面造成任何损伤，且能够产生各种类型的波，因此在激光检测中应用最多。

在激光超声检测中，激光激励往往采用线聚焦的方式，以产生沿管道周向传播的声波。由于激光的宽频特性，所激励的周向导波模态并不单一，需要通过时频分析来识别波形中所包含的导波模态。Kawald 等基于激光热弹效应，应用线聚焦 Nd：Yag 脉冲激光器在管道表面激励出周向导波，并采用干涉仪进行接收，对周向导波的频散特性进行研究。Gao 等采用Kawald 同样的方法在铝管中激励周向导波，保持接收端固定不动，以最初的线聚焦位置为中心，0.1mm 为步长，在 8mm 范围内移动脉冲激光器，通过对比分析接收到的时域信号得出，$CLamb_0$ 模态是激励的周向导波中的主要模态，并进一步通过二维傅里叶变换，得出所激励的周向导波模态还包含 $CLamb_1$ 模态、$CLamb_2$ 模态和 $CLamb_3$ 模态。

虽然激光超声与压电式传感器或电磁式传感器相比，设备成本较高，激励形式相对较少，且激励与接收过程不可逆，但是由于激光的聚焦性，它能够检测很小区域内的接收波形，具有高精度的优点，因此对分析接收信号中的波形信息十分有利。

（二）周向导波检测技术与应用

随着对周向导波的理论、仿真和实验研究不断深入，目前，周向导波已广泛应用于管道的缺陷检测识别中，相对于柱面导波，由于其在管道周向的定长检测范围内传播，不存在较大的衰减，因此特别适用于厚壁管道（根据 GB/T 5777—2008《无缝钢管超声波探伤检验方法》，定义管道外径和壁厚之比小于 20 为厚壁管道）或大口径管道的检测。通过优化选取周向导波检测模态和激励频率，更能够提高对管道轴向及径向裂纹和缺陷的识别及定位能力。除此之外，周向导波也开始逐步在其他领域中得到应用研究。

1. 周向导波在管道缺陷检测中的应用

周向导波对管道缺陷进行检测包括定位识别以及定量分析。针对特定频率下非频散的周向导波模态，常用时间飞行法（time of flight，TOF）进行缺陷的位置识别。Satyarnarayan 等研究了沿厚壁空心管道（内径 74.5mm，外径 84.5mm）周向传播的非频散的高阶模态与管中缺陷的相互作用。采用时间飞行法确定缺陷的周向位置，通过接收信号的幅值定量评估缺陷尺寸，结果表明周向导波的高阶模态能够检测直径为 1.5mm 的孔状缺陷。

对于大部分传感器接收到的包含大量非平稳成分的回波信号，常常通过时频分析的方法辅助以对接收信号进行分析研究，从而确定缺陷位置等相关信息。Valle 等对管道中的径向缺陷进行检测，分析管道中周向导波与缺陷的相互作用，通过对散射信号进行时频分析确定缺陷位置，并用修正的 Auld 公式评估缺陷长度。Liu 等对含有径向裂纹的圆环结构进行缺陷检测，通过连续小波变换实现对接收回波信号的信息提取和分析研究，采用 Gabor 小波提取适用于圆环内表面径向裂纹检测的频率分量，并发现遇裂纹后的反射信号幅值随裂纹深度增加而增大。

目前，已有学者对基于周向导波的管道缺陷检测系统进行整体开发和研究。Clough 等设计了一套管道扫查系统，该系统采用 EMAT 作为探头，实现周向 SH 波的激励与接收，通过沿管道轴向移动扫查装置，实现管道的全面检测以及缺陷的识别与定位成像。由于 EMAT 具有不需要耦合剂，能够在管道外部非接触扫查的优点，该系统甚至对于带有外包覆层（厚度小于 1.0mm）的管道均能进行检测。Urabe 等开发了一套激光扫查系统，该系统能够直接通过肉眼观测到超声波在物体中的动态传播过程，并能快速直观地识别缺陷。通过将该系统应用于铝管中的周向导波的传播特性研究，发现不仅能够直观地观测到向相反方向传播的周向导波，而且能够成功检测管道内壁缺陷。

以上所述对管道中缺陷的检测往往采用传统的线性超声进行，受检测原理所限，传统的线性超声检测技术对于微缺陷、疲劳损伤等不敏感或不可检。近年来，非线性超声检测技术作为一种解决该问题的途径，逐步应用于板中 Lamb 波和管道中轴向导波的疲劳损伤检测。基于此，Gao 和 Deng 等在二阶微扰近似条件下，采用导波模式展开法对管道中周向导波的非线性效应进行了理论研究，结果表明，当构成二次谐波声场的某二倍频周向导波模式与基频周向导波的相速度匹配时，该二倍频周向导波模式的位移振幅表现出随传播周向角积累增长的性质，并分别通过数值仿真与实验对理论结果进行验证。根据该结论，Deng 等选取了频散曲线上基频和二倍频下相速度相等处对应的 0.88MHz 为激励频率，对管道的疲劳累积损伤进行评估，通过实验得出，周向导波传播的声学非线性参数可作为管道损伤程度的评价指标。

2. 周向导波在管道壁厚测量中的应用

周向导波除了对管道中缺陷进行检测识别外，还能够对管道进行壁厚测量。常用的管道壁厚测量方法是基于时间飞行法计算出周向导波的群速度，根据群速度与管道壁厚之间的理论关系推算出管道壁厚值。但是该方法需要对管道周长以及波包的抵达时间进行精确测量，否则会造成较大的计算误差，只适用于壁厚的粗略估算。Nishino 等利用壁厚变化时周向导波的角波数会相应地发生变化，来反映壁厚的减薄程度。通过激励沿管道圆周方向传播的长周期信号，得到波形叠加的接收信号，根据不同激励频率下接收信号的幅值，反演管道壁厚的减薄程度，实现管道壁厚的精确测量。实验中采用一对中心频率为 340kHz 的空耦传感器激励与接收 $CLamb_0$ 模态，激励频率以 0.1kHz 为步长，从 325kHz 逐步增加到 350kHz，选用 130 周期的 Tone burst 信号进行壁厚减薄测量。实验发现，角波数随壁厚减薄变化灵敏，能够精确测量壁厚减薄程度，其最大测量误差小于 $10\mu m$。为了提高空耦传感器的转换效率，该团队采用一对线聚焦式空耦传感器代替传统的空耦传感器，相比之下，线聚焦式空耦传感器中的纵波入射角度都相等，其检测效率能够提高 20 倍。同时，Nishino 等通过研究进一步发现，当使用沿管道周向均匀布置的压电环形传感器激励扭转模态的导波时，会伴随产生周向 Lamb 波，若管道周长正好是所激励周向 Lamb 波模态波长的整数倍，则周向 Lamb 波会发生共振现象。通过观察共振现象出现时间，得到所对应的共振频率，根据频率与角波数的关系推算出管道壁厚。在实验中对壁厚分别为 3.9mm 和 5.5mm 的管道进行测量，发现所测量壁厚的实验值与理论值之间的误差在 0.9% 以内。

3. 周向导波在其他领域的应用

随着对周向导波传播特性的研究越来越深入，周向导波还广泛应用于医学、材料等领域研究中。Nauleau 等将周向导波用于股骨折、颈骨折风险预测研究中。Li 等通过周向导波测量动脉局部僵硬度，实现对心血管疾病进行提前预测评估。Wu 等对软电材料圆管中的周向导波进行了研究，为其缺陷检测打下基础。

（三） 认识与启示

周向导波沿管道周向传播，在确定的封闭周长范围内，具有衰减较小等优点，再加上通过沿管道轴向扫查，即可获取管道完整的损伤信息，具有广阔的应用潜力。周向导波虽然具有广阔的工程应用潜力，然而在理论、仿真、实验以及应用上仍然存在一些亟待解决的问题：

（1） 在周向导波的基本理论研究方面，严格意义来讲，周向导波的理论发展来自沿曲面结构表面传播的波，虽然本书中讨论的周向导波指沿管道周向方向传播的导波，但对于一些曲率不是恒定常数的曲面结构，在其表面传播的导波仍可以近似看作周向导波，对这种跟空间位置有关的周向导波进行理论及实验分析是未来需要解决的难题。

（2） 在管道中周向导波与板中导波的相似性方面，薄壁管道中周向导波的频散曲线与波结构，与相同厚度的板中导波模态的频散曲线与波结构存在相似性，是否同样存在厚壁管道中各周向导波模态与厚板中导波模态的近似对应关系，在何种假设条件下这一结论会有成立的可能，还需要继续探索。

（3） 在多层管道的周向导波研究方面，虽然已有关于多层管道中周向导波传播的理论研究，但是关于周向导波在多层管道中传播的实验研究却鲜见报道。由于多层结构的复杂性、层间界面边界条件的多样性，多层管道中周向导波传播的理论和实验研究是未来面对的巨大挑战。

（4）在对管道中缺陷检测识别方面，目前基于周向导波对管道缺陷检测进行了大量研究，其基本上都是针对单个缺陷或典型形状缺陷进行的研究，对于周向存在多个缺陷或形貌复杂的缺陷的情况，不同的数量、形貌的缺陷与周向导波相互作用，产生的回波包含不同的接收信息，如何将周向导波技术与其他的检测技术（如相控阵技术）和信号分析与处理方法（如时间反转技术、神经网络等）相结合，结合周向导波的传播特性以及与缺陷的相互作用机理，从接收回波中全面、有效地提取出所包含的缺陷特征参数，建立多模态的周向导波综合评价机制对复杂缺陷进行检测识别及分析是未来需要深入研究的问题。

（5）在管道微缺陷和疲劳损伤检测方面，现有的周向导波非线性检测技术还处于起步阶段，如何建立合适的物理或数学模型，获取周向导波声学非线性参数与微缺陷尺寸、形貌，以及损伤程度等因素之间的定量关系还需要继续进行探索。

（6）在厚壁管道检测中的应用研究方面，周向导波虽然更适用于厚壁管道和大直径管道检测，然而考虑到壁厚增加会导致周向导波模态数量增加，以及厚壁管道中导波衰减相对较大等因素，因此如何优化实验方案，使得同时兼顾易激励、易传播与易检测的能力，在厚壁管道的应用中还存在很大挑战。

（7）在周向导波检测设备研制方面，周向导波的研究已经开始从工业领域扩展到医学、智能材料等领域，因此对周向导波检测设备提出越来越高的要求，集成化、便携化、智能化、无线化无疑是未来传感器的发展方向，如何保证其可靠性、准确性、稳定性等是需要克服的技术难点。

参 考 文 献

［1］ Lowe M J S, Alleyne D N, Cawley P. Defect detection in pipes using guided waves ［J］. Ultrasonics, 1998, 36（1－5）: 147－154.

［2］ Alleyne D N, Pavlakovic B N, Cawley P, et al. Rapid, long range inspection of chemical plant pipework using guided waves ［J］. Key Engineering Materials, 2004, 270－273: 434－441.

［3］ 王秀彦, 王智, 焦敬品, 等. 超声导波在管中传播的理论分析与试验研究 ［J］. 机械工程学报, 2004, 40（1）: 11－16.

［4］ 何存富, 李伟, 吴斌. 扭转模态导波检测管道纵向缺陷的数值模拟 ［J］. 北京工业大学学报, 2007, 33（10）: 1009－1013.

［5］ Nishino H, Asano T, Taniguchi Y, et al. Precise measurement of pipe wall thickness in noncontact manner using a circumferential Lamb wave generated and detected by a pair of air－coupled transducers ［J］. Japanese Journal of Applied Physics, 2011, 50（7）: 07HC10.

［6］ Nishino H, Yokoyama R, Kondo H, et al. Generation of circumferential guided waves using a bulk shear wave sensor and their mode identification ［J］. Japanese Journal of Applied Physics, 2007, 46（7B）: 4568－4576.

［7］ Kawald U, Desmet C, Lauriks W, et al. Investigation of the dispersion relations of surface acoustic waves propagating on a layered cylinder ［J］. Journal of the Acoustical Society of America, 1996, 99（2）: 926－930.

［8］ Satyarnarayan L, Chandrasekaran J, Maxfield B, et al. Circumferential higher order guided wave modes for the detection and sizing of cracks and pinholes in pipe support regions [J]. NDT&E International, 2008, 41 (1): 32 – 43.

[9] Valle C, Niethammer M, Qu J, et al. Crackcharacterization using guided circumferential waves [J]. Journal of the Acoustical Society of America, 2001, 110 (3): 1282 – 1290.

[10] Liu Y, Li Z, Gong K Z. Detection of a radial crack inannular structures using guided circumferential waves andcontinuous wavelet transform [J]. Mechanical Systems and Signal Processing, 2012, 30: 157 – 167.

[11] Clough M, Dixon S, Fleming M, et al. Evaluating an SH wave EMAT system for pipeline screening andextending into quantitative defect measurements [C]. New York: 42nd Annual Review of Progress in Quantitative Nondestructive Evaluation, 2016.

[12] Urabe K, Takatsubo J, Toyama N, et al. Flawinspection of aluminum pipes by noncontact visualization of circumferential guided waves using laser ultrasound generation and an air – coupled sensor [J]. Journal of Physics: Conference Series, 2014, 520 (1): 012009.

[13] 高广健，邓明晰，李明亮. 圆管结构中周向导波非线性效应的模式展开分析 [J]. 物理学报，2015, 64 (18): 184303.

[14] Deng M X, Gao G J, Xiang Y X, et al. Assessment of accumulated damage in circular tubes using nonlinear circumferential guided wave approach: a feasibility study [J]. Ultrasonics, 2017, 75: 209 – 215.

[15] Nishino H, Iwata K, Ishikawa M. Wall thickness measurement using resonant phenomena of circumferential Lamb waves generated by plural transducer elementslocated evenly on girth [J]. Japanese Journal of Applied Physics, 2016, 55 (7S1): 07KC07.

[16] Nauleau P, Minonzio J G, Chekroun M, et al. A method for the measurement of dispersion curves ofcircumferential guided waves radiating from curved shells: experimental validation and application to a femoral neck mimicking phantom [J]. Physics in Medicine & Biology, 2016, 61 (13): 4746 – 4762.

[17] Li G Y, He Q, Xu G Q, et al. An ultrasound elastography method to determine the local stiffness of arteries with guided circumferential waves [J]. Journal of Biomechanics, 2017, 51: 97 – 104.

[18] Wu B, Su Y P, Chen W Q, et al. On guided circumferential waves in soft electroactive tubes under radially inhomogeneous biasing fields [J]. Journal of the Mechanics and Physics of Solids, 2017, 99: 116 – 145.

八、氢能在电力领域的应用技术调研

氢是一种来源多样、便于储运、能量密度大、用途广泛、直接利用过程不产生污染物的二次能源，可供发电、供热、储能及交通利用。氢能是实现电力、热力、交通液体燃料三种能源形式之间转化的媒介，是在可预见的未来实现跨能源网络协同优化的途径之一。氢当前在全球的应用集中于炼油（33%）、合成氨（27%）、甲醇（11%）、钢铁（3%）行业。未来，在应对气候变化和实现碳深度减排的发展要求下，氢能在电力领域的应用也具有独特的发展前景。本报告基于近年来对氢能利用技术的全面跟踪，从发电和储能两个方面综述氢能在电力领域的应用技术和发展前景。

（一）氢能在电力领域的应用技术分类

近年来，随着制氢、储运等氢能供给端技术的逐步成熟和完善，氢能及燃料电池在固定电源、分布式发电、储能、热电联产等领域的应用正在逐步具备良好的发展基础和条件。

氢能在电力领域的应用技术分为发电（包括热电联产）和储能两个分支。氢气用于发电，既可以和天然气一样作为大型燃气轮机的气体燃料，也可以作为热电联产装置的燃料；氢气作为储能手段，可以承担长周期、跨季节、远距离调节能源系统的角色，从而促进可再生能源大规模应用并优化电网的运行。

（二）氢能在发电中的应用

氢能用于发电，可直接作为燃料，也可以通过燃料电池技术实现热电联产。

1. 氢气用作燃气轮机的气体燃料

燃气轮机自 20 世纪 50 年代开始应用于发电领域，后来又广泛应用于石化、冶金、交通等领域。目前，世界上以天然气为原料发电普遍采用燃气轮机机组。这类机组燃料适应性好、综合效率高、运行灵活、启动成功率高、便于调峰，可接近负荷中心，通常可在25%~100% 出力下可靠运行，利于提高电网的运行质量。世界上有 20 多个国家的 100 多个公司可生产上千种规格型号的燃气轮机。中国主要引进通用、西门子和三菱公司的技术。图 1 所示的多种混合气体均可作为燃气轮机的燃料。氢气或富氢气体均可作为燃气轮机的燃料。

氢气应用于燃气轮机，是燃气轮机燃料灵活性的最大技术难点之一。含氢量高的气体对设备具有腐蚀性，而且氢气火焰燃烧速度快，难以控制。以前，富氢气体（特别是一些工业用户"废气"中氢含量极高）大多被作为废气直接烧掉。近年来，资源高效利用及全球氢能利用的热潮，使得富氢燃料在燃气轮机中的应用需求逐步得到重视。

当今，已投入使用的燃气轮机绝大多数可以处理混氢3%~5% 的气体燃料，部分可以处

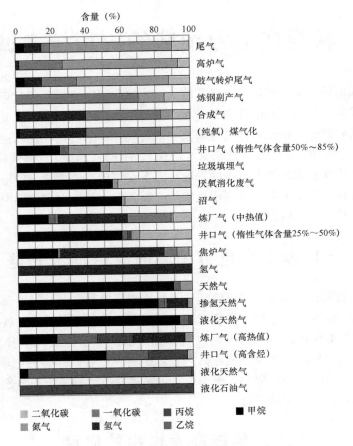

图1　燃气轮机可接受的气体燃料结构

理含氢更多的气体。各大燃气轮机生产商已经开始研发氢燃气轮机技术，目标是能燃烧100%的氢气，有些已经取得初步成果。例如，西门子已开发了多种氢燃气轮机。近年来，西门子SGT－600燃气轮机在巴西的一家大型石化厂投入使用，燃料是含氢60%的气体（与天然气混合）。2019年底，西门子的纯氢燃气轮机已通过测试。

　　世界上已有一些稳定运行的氢气发电项目，如意大利有一个12MW的氢联合循环燃气轮机以石化企业副产氢气为原料来发电；日本神户有一台氢燃气轮机向当地社区发电供热；韩国一家炼油厂的40MW燃气轮机使用95%纯度的氢气发电，项目已运行20年。近年来，更多的国家开始尝试氢气发电项目，如荷兰正在将一座现有的440MW联合循环燃气轮机电厂的燃料从天然气转换为氢气；澳大利亚正在建设林肯港绿色氢气项目，项目包含一台30MW的电解装置、一套氨生产装置、一台10MW氢燃气轮机和一组5MW的氢燃料电池，将共同为电网和氨生产装置提供平衡服务。

　　2. 氢能应用于燃料电池热电联供系统

　　1）固定式燃料电池热电联供装置的技术特征

　　氢气可通过燃料电池技术进行发电、供热。当前主要的应用载体是微型固定式燃料电池热电联供装置（Fuel cell micro–CHP，FC mCHP）。装置可直接利用氢气，也可以将城市燃气、液化石油气等气体燃料重整为氢气，再利用燃料电池技术发电，并将工作过程副产的热量结合利用，供给热水。在输出功率较小的情况下，发电效率和热利用效率可以分别达到40%～45%和50%～55%，综合能源利用效率可以达到95%以上（图2）。

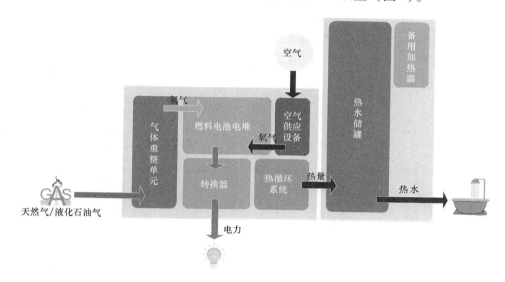

图2　FC mCHP 技术原理示意图

FC mCHP 输出功率通常不超过5kW，适用于独立住宅、小型集中住宅区、便利店等。虽然与目前领先的供热锅炉相比，整体能效优势不大，但是它将能源供应从集中式转变为分布式，在满足热水及供暖需求的同时承担部分电力供应，可以与风电、光伏发电等波动性发电系统互补，在晨间和夜间用电高峰时段补足电力，又能在日间用电低谷时段上网售电，生产的电力可自用或上网销售。

FC mCHP 的规模化应用还可以增加电网弹性，提高整体的能源利用效率。另外，这一装置依托现有的城市燃气网络布置，在氢能基础设施缺乏的初期，是一个可以快速开展的燃料电池应用途径，实现燃气网络和电网的互联互动。同时，依靠燃料电池技术，在利用城市燃气的过程中大幅减少温室气体和氮氧化物的排放。

2）固定式燃料电池热电联供装置的发展现状

固定式燃料电池热电联供装置在全球的发展分布很不均衡。截至2019年，全球的装机总量达到1.6GW，装置数量达到37万套，主要发展区域仅有日本和欧洲。日本的住宅能源需求量很大，并且一直保持增长态势。日本政府从1999年开始将燃料电池技术作为节能减排重点技术，经过10年的研发和试验，从2009年，开始推广家用燃料电池热电联供装置Ene–farm。到2019年，累计安装数量达到35万套，零售价格从2009年的303万日元（19万元人民币）降到2019年的84万日元（5万元人民币），如图3所示。

日本Ene–farm项目是政府和企业长期合作推动新技术商业化的范例。装置大多安装在公寓及普通住宅，一般由当地能源公司主导销售，并作为房屋供能方案的选项之一打包在房屋贷款中进行销售，政府提供补贴。由于购置及安装成本显著高于现有的分布式供能方案，

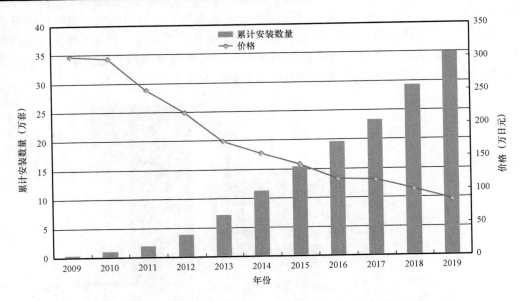

图3　2009—2019年日本Ene-farm的累计安装数量和价格变化

即便依靠政府补贴，其推广难度依然超出预期。

在欧洲，由于铺设电网的成本较高，FC mCHP属于未来低碳供热的技术方案之一。欧洲截至2019年共推广了1万多套FC mCHP，推广规模远小于日本，其核心技术也大多来自日本。欧洲燃料电池和氢能联合会（Fuel Cells and Hydrogen Joint Undertaking，FCH JU）在2012—2017年主导实施了Ene-field示范项目，在11个国家支持推广了1046套300～500W的装置，共花费资金5200万欧元。2017年，FCH JU又启动了新的5年计划——PACE项目，预算9000万欧元，继续在更多的国家推广FC mCHP。

3. 氢气用于发电的发展前景

虽然越来越多的国家开始意识到氢能在发电领域的发展潜力，但目前仅有日本、韩国对氢能在发电领域的应用做出明确的规划。其中，日本计划到2030年，氢能发电的装机容量达到1GW，对应的氢气消费量为30×10^4t/a；如果装机容量达到15～30GW，对应的氢气消费量将达到（1500～3000）$\times 10^4$t。韩国计划到2022年氢能发电装机容量达到1.5GW，2040年达到15GW。

（三）　氢能在大规模储能中的应用

氢能是化学储能技术的主要选择之一，可作为大容量、跨季节的储能技术，而锂电池、铅电池等电化学储能技术及压缩空气、抽水蓄能等物理储能技术通常只可在较小的容量和时间尺度上承担储能角色（图4）。氢气用于储能，可在地下盐穴、枯竭的油气田或专用的地下储气库中长期储存；可以满足平衡电力的需求，实现可再生能源发电的跨区域、跨季节调度使用。

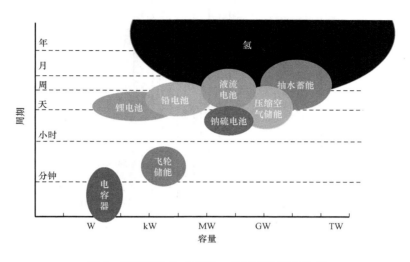

图4　氢能可作为大容量、长周期的储能选择

1. 大规模储氢技术的特征

大规模储氢需要储存在地层中，主要通过盐穴、含水层枯竭的废弃天然气田等实现。盐穴广泛分布于世界各地，欧洲、美国、北非的资源尤其丰富。可用于储存氢气的盐穴容积通常在（10～100）×10^4m³数量级。其储存压力通常为6～20MPa，工作气体与垫层气体的比例通常为2：1左右。在开发盐穴储氢库时，首先钻井、完井，再注入淡水溶解盐，形成洞穴空间，将盐水抽走，使用惰性气体（例如氮气）作为覆盖层来控制和限制溶解，并定期监测剩余盐水密度，同时使用声呐测量、监测洞穴的发展。在长期储氢用氢过程中，除了氢气的注入和提取外，还需持续监测氢气的泄漏速率和地层的物理化学特征。

2. 地下储氢应用案例

目前，全球已投入运营的地下储氢项目共有6个，其中美国3个、英国3个。美国康菲石油公司于20世纪80年代在得克萨斯州的里奥格兰德和东得克萨斯盆地建成了Clemens地下储氢库，这是当今运行时间最长的地下储氢库。

Clemens盐丘内的盐体是一个1609m宽、3218m高的圆柱体，上半部分略微向西北方向弯曲，盐体显示出与墨西哥湾沿岸盐丘相似的形态。盐穴的顶部深度约为840m，底部深度约为1500m。储氢库造腔完成后，形成的最大盐穴半径约为75m，最大注入速率为153400m³/h，最大注入压力为15MPa，长期储存氢气的泄漏速率约为每年0.01％。Clemens储氢库的井身结构如图5所示，与一般的油井、天然气井相比，其套管层数更多。Clemens储氢库的典型运行工况见表1。

除了在地层中储存纯氢气外，欧洲还有长期运行的煤气地下储存项目，煤气由煤炭气化产生，其中氢气占40％～60％的比例。例如，德国有一个城市煤气储库，是一个体积为32000m³的盐穴，氢气含量为60％，储存压力为8～10MPa；捷克有一个氢气含量约为54％

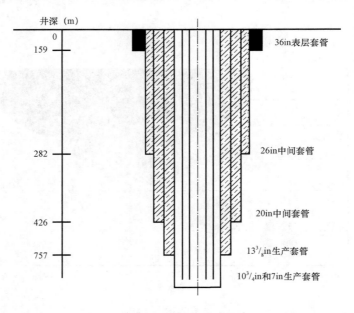

图 5　Clemens 储氢库井身结构示意图

的城市煤气储库，建在深度为 400～500m 的含盐含水层中；法国有一个建在地下含水层中的含氢 50% 的煤气储库。

表 1　Clemens 储氢库运行工况

指标	数值
压力（MPa）	13.79
盐腔体积（m³）	580000
气体温度（℃）	37.9
井深（m）	1158.24
工作气体［t（氢气）］	6238
垫层气体［t（氢气）］	1871
注射速率（kg/h）	2960
提取速率（kg/h）	4920
泄漏速率（%/a）	0.01
压缩机功率（kW·h/kg）	2.2
压缩机排量（kg/h）	3700

3. 氢储能技术的成本

由于氢气的物理特性，储氢成本无论如何都比储存天然气高。当储存同等能量的氢气和天然气时，氢气需要的体积是天然气的 3～4 倍，而储存液氢所需的能量则更大。

各种氢储能技术的储存规模、周期和成本对比如图 6 所示。废弃天然气田、盐穴、岩洞三种技术可实现大规模跨年储存，其中盐穴的储存成本最低，为 0.23～0.97 美元/kg。欧洲、北美、中东、俄罗斯和澳大利亚拥有较好的储氢地质条件，盐岩沉积范围大、厚度大，有利于用盐穴储存氢气，储氢成本相对较低。其他大规模的储氢技术成本更高。氢气的短时间储存目前仍以压力容器为主流技术，这一技术在各国都有成熟的应用，成本为 0.19 ~ 1.19 美元/kg。

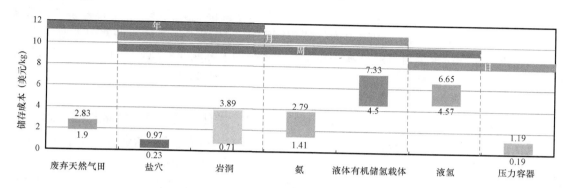

图 6　多种氢气储能技术的成本和储存周期比较（数据来源：彭博新能源财经）

如果氢气的制取是来自天然气或煤炭（搭配 CCS 技术）等稳定来源，则储氢规模需要达到年需求量的 10% 左右。如果氢气是由不同类型的可再生能源制取，则储氢规模需达到年需求量的 20%。

4. 地下储氢可能面临的问题

氢在地下储存可能会影响岩石和地表环境，也会造成氢气的损失，目前世界各国对氢气在地下的行为研究还不够充分。相关的问题主要包括储层和盖层的地质完整性、地下化学反应、井筒完整性、氢气采出纯度以及材料耐久性问题。

关于储层和盖层的地质完整性，特别是在多孔岩层中，氢气低密度和低黏度的特点导致它在注入期间会导致不稳定运移。枯竭气田或含水层地下储氢还面临储层和盖层的封闭能力问题。关于地下化学反应，氢是几种微生物（包括古生菌和细菌）的普遍电子供体，氢气在高压、高温的地层中可能与矿物发生反应，这些生物、化学反应可能影响储层的渗透率和孔隙度。关于井筒完整性，由于氢的分子量和黏度较低，它比甲烷、二氧化碳或空气的扩散能力强得多，因此更容易沿水泥环、套管间隙和完井设备发生泄漏。另外，由于地下盐水会占据孔隙，储存的氢气总是湿润的，这将加重氢气对材料的腐蚀性。

5. 地下储氢的发展前景

当前，欧洲对大规模地下储氢最为关注。欧洲的 HyUnder 项目已为德国、英国、法国、荷兰、罗马尼亚和西班牙等国的地下储氢潜力进行了评估。奥地利的 SUN. STORAGE 项目调查和分析了储氢对于天然气储库的影响。波兰已评估了盐类矿床对氢气储存的适应性。德国能源署有一项开展了十余年的研究项目，详细调研分析了大规模利用氢气充当储能介质，从而实现全国高比例可再生能源应用的潜力，随着可再生能源的技术进步和成本下降，这一研究即将开始部署应用。

（四）思考与建议

近年来，全球氢能产业迎来商业化前期的高速发展。中国相关产业政策密集出台，各地氢能规划陆续发布，资本大量涌入产业链各环节，众多氢能企业挂牌上市。国家能源投资集团有限责任公司、中国石化、中国电力投资集团公司、中国国际海运集装箱（集团）股份有限公司等国企纷纷根据自身业务基础和发展目标布局了氢能业务规划。面对中国能源转型和碳达峰、碳中和的发展要求，中国石油提出建设综合性能源公司的计划。为此，提出以下两点建议：

1. 多角度考虑氢能在公司业务转型发展中的角色，关注氢能与风光气储多能融合发展

氢能产业链中的制氢、储运、终端消费三大环节与中国石油的主营业务和技术布局均有高度关联。建议公司跳出国内"氢能热"侧重于交通领域的局限性，面向转型发展长期目标，从二次能源（包含交通、工业、电力等多个利用领域）和储能介质（作为新能源调度技术）两个角度综合考量氢能的角色和作用，密切跟踪研究氢能与风光气储等产业融合发展的关键技术，并开展示范性实践。

2. 利用公司地质资料，开展中长期地质氢储能潜力相关研究

世界上投入使用的地质储氢项目大多由石油公司和工业气体公司建设运营。建议公司组织科研力量，利用已有地质资料并结合公司在油气储运方面的技术和业务基础，开展中长期地质储氢潜力研究，为综合能源业务发展制定科学合理的发展规划，助力公司低碳发展。

九、库存井成为美国油气行业一种新型运营方式

近年来，在美国页岩油气革命浪潮中，出现了不少对传统管理方式的改革创新，特别是引入的工厂化、流水线作业方式，有效实现了钻井、压裂等业务的规模化、标准化，大幅度提高了速度，降低了成本。同时，引入的库存管理理念，创立了库存井或井库存运营方式，使非常规油气资源开采更加灵活、多样、高效。过去，一般习惯于根据动用钻机数据分析预判油气产量，现在的情况发生了很大变化。比如，2019 年底美国的在用钻机数为 813 部，比 2018 年的 1080 部减少了近 25%，但油气产量却在持续增加。其中一个重要的影响因素就是库存井，而且井库存数据已成为预断美国油气产量和行业景气程度的重要指标。对此，应引起国内油气行业的高度关注，中国石油也有必要借鉴其中一些有益做法，积极推进上游业务运营模式改革创新。

（一）库存井的定义及来源

1. 库存井的定义

库存井（Drilled - but - uncompleted wells，DUCs），是指已经钻至目标深度但尚未进行完井或投产的井。库存井主要由两类井构成：一类是在"自然滞后期"范围内（通常为 2~6 个月）已完成钻井但尚未完井投产的井；二是"延期完井"导致的库存井，即超过正常的"自然滞后期"尚未进行完井投产的井。后者才是可以用于调控资本和产量的净库存井。一旦出现大量的库存井，就又形成了井库存（Wells Inventory）。在进行油气行业数据分析时，井库存概念使用得越来越频繁。

2. 库存井的来源

2014 年下半年，国际油价骤然暴跌，上游投资随之大幅缩减，但由于受美国矿权管理规定和钻探设备租赁条款的限制，石油公司采取了"钻井但不完井"的应对策略，被业内称为库存井。后来，库存井演变为一种提高资本效率的手段，部分投资者为了等待更高的油价，而有意推迟投产时间。这些库存井投产的时机主要取决于油价。

据美国能源信息署（EIA）最新评估，截至 2019 年 11 月底，美国七大非常规油气主产区有库存井约 7574 口，其中石油主产区 6885 口，50% 以上在二叠盆地（图 1）。这些库存井主要集中在少数运营商手中，以二叠盆地为例，60% 以上的库存井在前 15 家运营商手中，其中 39% 的 I 类井掌握在伊欧格（EOG）、必和必拓（BHP）和先锋公司（Pioneer）3 家公司手中，因此这些运营商对库存井的变化具有决定权和主导权。

3. 库存井数与完井投产井数之比

库存井数与完井投产井数的比值称为 D/C，显然 D/C 越高，代表净库存井越多。2014 年油价暴跌之前，石油主产区的 D/C 约为 2：1，这个比值可以作为基准线，代表了正常的

库存井水平。之后，D/C 开始快速攀升，2016 年达到 10∶1 的峰值，后来逐渐稳定在了 6∶1 的高水平。比如 2019 年 11 月，石油主产区的 D/C 约为 6.5∶1（图 2）。

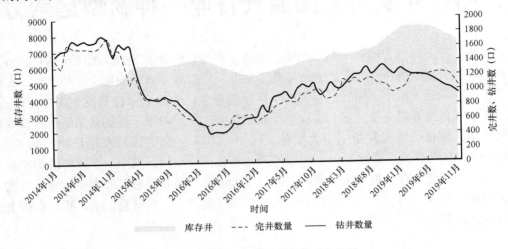

图 1　美国石油主产区库存井变化情况

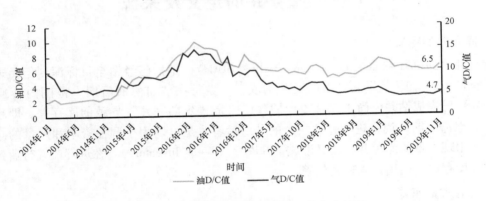

图 2　美国非常规油气主产区 D/C 值变化情况

（二）库存井成为判断美国油气行业景气程度的风向标

长期以来，贝克休斯的动用钻机数一直是判断美国油气行业景气程度的重要指标。但是，随着库存井的大幅增加，仅仅依靠动用钻机数变化已经无法做出准确判断，库存井数逐步成为判断油气行业景气程度的一项重要新指标。

1. 库存井用于调控油气生产，成为影响产量的重要指标

自 2014 年以来，库存井数量的变化，与美国油气产量、行业景气程度高度吻合。以美国的石油主产区为例，2014 年的库存井数开始大幅度增加，2015 年下半年到 2016 年初，曾出现短暂的库存井数下降，然后又恢复增长，直至 2019 年 2 月达到峰值后又开始下降。

促进库存井投产或出库存的动因主要有两方面：一是油价和油服成本趋于平稳，降低了

"延期完井"的必要性；二是市场基本面改善刺激了生产商将库存井投产。其中，钻井下降、完井增加，带来的库存井消耗值得重视。像大陆资源、EOG等主要运营商的资本预算大幅削减，而对产量增长目标仍雄心勃勃，就是通过投产部分库存井，实现了在投资下降的情况下继续保持产量增长。

少数运营商选择继续增加库存井以应对未来价格和成本的进一步变化。2019年2月以来的库存井数下降与2015年那次如出一辙，但主要是受外输管道影响。以二叠盆地为例，2018年钻井活动非常活跃，然而由于油气外输管道限制，导致库存井数持续增加。2019年，随着外输管道输送能力不断增加，主要运营商逐步将大量库存井完井投产，产量持续增加，库存井对二叠盆地2019年的产量增长贡献达到1/3以上。

2. 库存井用于调控资本效率指标，使资本效率最大化

在油价大幅度波动的情况下，掌握大量优质库存井作为战略储备十分重要。库存井相当于"看涨期权"（Call options）及效率助推器。低油价时，开发商或运营商通过在核心区大量钻井将资本集中到库存井上，以等待更好的价格和（或）更低的成本，从而延伸资本（Stretching capital），提升资本运营效率，最终增加全生命周期的收益。

库存井可以使资本生产效率最大化。钻井成本占单井投资的30%~35%，在储备库存井时这部分投资已经完成。将来库存井完井投产时，用65%的投资可以获得100%+的收益，而且相对于钻新井而言投产期较短，可以对市场变化迅速做出反应。以二叠盆地为例，2019年核心区库存井投产的盈亏平衡价为21美元/bbl（WTI），而新钻井投产的盈亏平衡价为34美元/bbl。因此，拥有库存井的运营商可以依靠库存井投产获得较高的经济收益。

3. 库存井投产类似于去库存，对油气产量的调节只有短期影响

库存井投产类似于宏观经济中的去库存，对油气产量调节也只有短期影响。据美国能源信息署评估，库存井产量最多可以占美国油气总产量的15%~20%，持续不断的新钻井仍然是美国油气产量长期增长的重要引擎。根据最近几个月库存井的下降情况，预计现有的库存井可能在2020年投产完毕，D/C再次降到2:1的基准线水平。动用钻机数将会再次和油气产量变化情况呈正相关关系。

近年来，为了抵御市场环境变化带来的风险，美国的页岩油气钻探主要聚焦在单井产能较高、经济性较好的"核心区"。但是核心区面积仅占总面积的12%~20%，经过十几年的钻探，核心区井的饱和度越来越高，有些公司不得不开始减少钻井活动，这也是近期钻机活动下降的原因之一。这对于页岩油气开发商来说，前景不容乐观。

（三）启示与建议

（1）打破油气开采业具有"特殊性"的思维定式，创新引入现代工业、先进制造、现代化管理理念与方法。

北美地区的非常规油气开发，突破了传统的勘探开发运营方式，引入大工业生产的工厂化、流水线作业模式，应用系统工程的思想和方法，科学合理地组织油气钻井、压裂、采油采气等施工和生产作业，有力地促进了页岩油气革命，大幅度提升了生产效率，降低了开采成本。在这种新型作业模式下，开发商采用先批量钻井，再批量完井的模式，既提高了整体开采效率，又增加了单个环节的灵活性。在此基础上形成的库存井或井库存理念及其管理方法，进一步实现了调控产量和提升资本运营效率的目标，最终增加了非常规油气井全生命周期的收益。

（2）在预判美国的油气产量时，应注意库存井数据变化，同时也可以考虑引入井库存的管理理念。

美国是世界最大的油气生产国，正在向石油净出口国转变，在全球油气市场上有着举足轻重的地位，需要密切跟踪和分析美国的油气生产、消费、库存等状况，其中库存井指标变得越来越重要，应当增加这方面的数据跟踪和分析。目前，国内上游业务正面临着增加投入、扩大开放、推进矿权流转以及更加严格的环保要求等一系列严峻挑战，中国石油既需要依靠技术创新，也要强调管理创新，可以在成功应用工厂化作业之后，再考虑引入库存井理念，结合国内油气田勘探开发实际，先小范围试点，再改进完善，探索形成一套行之有效的新型作业模式。

十、对推进海外投资与服务业务一体化模式创新发展的建议

长期以来，中国石油在海外业务发展中，充分发挥综合一体化的体制优势，油气投资与工程技术服务业务携手共进，取得了令人瞩目的成效。像在中亚的土库曼斯坦，在中东的哈法亚、艾哈代布以及在非洲的乍得、尼日尔等优秀项目，都得益于一体化的体制优势，受到了资源国及合作方的一致好评。这些项目基本属于"投资项目带动服务业务"的一体化模式，即油气投资项目先行，工程技术服务业务跟进，再建立项目或区域一体化协调机制。近年来，海外油气投资环境日益复杂，国际市场竞争持续加剧，对技术创新的依赖程度越来越高，过去行之有效的做法和经验正面临着严峻的挑战，有必要调整传统的一体化发展模式。

（一）目前一体化协同发展取得的成绩及经验

目前，中国石油海外油气投资业务已形成亚太、俄罗斯—中亚、中东、非洲、美洲五大油气合作区。在投资业务的带动下，工程技术服务业务也分别在五大油气合作区布局，成为保障中国石油海外投资业务、参与市场竞争的重要力量，并培育了 16 个超亿美元服务市场，国际化经营稳步发展。一体化协同发展已成功推动了中亚土库曼斯坦阿姆河右岸，中东哈法亚，非洲尼日尔、乍得等合作项目顺利运营，特别是在国际油气市场仍在调整、资源国政府政策不确定、承包商竞争激烈、安全形势严峻等诸多因素中能够高质量完成一系列项目，在项目前期市场开发、项目运营管理、项目风险管控、技术创新创效等多方面积累了大量的协作经验。

1. 工程技术业务提前介入投资业务项目前期工作推动协同发展

在哈萨克斯坦和伊拉克的一些项目中，在项目前期工程技术业务就介入了投资业务的前期研究，开展包括开发计划、安保、地质条件、工程重点设计等多领域的技术交流，并在招标之前就做了大量基础工作，为工程技术项目中标奠定了基础，实现了协同发展。特别是在甲方组织开展的资质预审工作中，可以在管理体系、人员能力、技术装备、HSE、施工现场等各方面给工程技术服务业务做精心的指导，使工程技术服务业务更好地应对甲方作业标准高、HSE 管理标准高、体系建设标准高、人员能力要求高等各类要求，较好地起到了引领和带动工程技术服务业务的作用。

2. 信息共享是稳固已有市场份额、高质量项目完工的重要保障

信息共享能够实现安保情报共享和安保统一管理，技术资源共享、区域市场内部队伍统一协调应对外部竞争压力，及时把握区域局势发展，实现利益最大化。特别是在竞争激烈的市场中，协同发展效果更为明显。如在广泛被认为风险高、竞争大、施工难的伊拉克鲁迈拉项目发展中，地区公司在安保建设和情报收集、技术情报分析、投标信息等方面提供了大量

信息和资料，并通过常态化及时的沟通交流，使工程技术服务队伍能够快速适应甲方要求，全程高质量完成工程。

3. 共同把控市场、安全、政治变化风险，实现利益最大是推进长期协同发展的关键因素

应对市场变化时，甲乙方共同把控风险，发挥协同发展作用，着重母公司最大利益和长远利益，能够提升业务的抗风险能力。鲁迈拉项目中甲乙方协同发展也经历了众多波折，正是地区公司和工程技术服务企业共同努力，舍小利顾大局，才能实现后期业务的高质量、高收益。也正是在海外投资业务的大力支持下，工程技术服务国际业务逐步增长，外部市场所占比例由 2008 年的 45% 增长到 2017 年的 75%。

（二）当前国际形势对一体化协同发展的新要求

在过去的 20 多年时间里，海外业务以投资项目为平台，积极创造条件带动工程技术、工程建设、装备制造等业务走出去，促进了服务业务国际竞争力的提升。近年来，国际油气市场竞争越来越激烈，油气合作项目运作方式不断发展，目前先由油气投资业务确定项目，即单方做"蛋糕"，然后服务业务再跟进提供服务，即参与分"蛋糕"的一体化模式，已不能完全适应国际市场竞争的需要，并在一定程度上制约了工程技术服务业务的市场拓展，需要转变观念、调整思路、创新模式。

首先，在激烈的国际市场竞争中，可供油公司直接参与投资的优质油气开发项目越来越少，不得不参与更多风险勘探、多方合作类项目，即所谓"小大非"项目（小股东、大项目、非作业者），服务业务很难后期跟进，但可以在前期勘探市场上协助提供技术支持和资料信息。一些国际大型油服公司采取的多用户服务模式，实际上就属于这种类型的业务。

其次，油服公司经营方式日益灵活，采取多种渠道进入市场，在部分地区已有服务业务带动投资业务的成功案例。比如，国内的一些民营油服企业，早期主要是通过服务业务进入国际市场，后期遇到好的油气开发生产项目，转而开始进行油气投资业务。例如，在墨西哥的一些老油田项目，最初一些服务公司进入，掌握了许多地质资料之后，把油公司引了进去。这就是典型的服务公司在前，带动油气投资业务发展。

再者，海外老油田提高采收率类项目越来越多，能否拿下这类项目，工程技术服务业务发挥着极其重要的作用。特别是在国际油价持续处于中低水平、海外油气合作项目陆续进入微利状态的情况下，面对国际大公司和国内民营企业强有力的竞争与挑战，作业者和服务方的成本压力都在增大，需要借助一体化优势，携手增强竞争力，协同实现降本增效。

另外，随着海外油气资源勘探开发逐步向深水、深层及非常规领域延伸，对技术服务、技术装备的要求越来越高。2019 年，中国石油的海外油气权益产量首破亿吨大关，今后要稳定规模并寻求进一步的上升，必须进入这些具有更大技术挑战的领域，迫切需要发挥一体化体制优势，进一步加强技术创新协同，有效破解技术难题。

面对新的形势，现有的海外业务发展模式，特别是一体化体制优势，必须加快向实实在在的国际市场竞争优势转变，构建新的协同发展模式。即工程技术服务业务在拓展海外油气服务市场时，同时捕捉油气投资机会，将海外一体化结合向项目前端推进，与油气投资业务一起做"蛋糕"。同时，进一步完善地区共享与协调机制，加强技术协同创新，携手降本增效，增强竞争力，形成海外一体化的利益共同体。

（三）启示与建议

经过调查研究，多次深入海外油气项目所在地了解情况，听取油气合作项目、工程技术服务单位等多方意见，综合形成以下关于推进海外油气投资与服务业务一体化模式创新的几点建议。

1. 将一体化结合向项目前端推进，协同增强海外油气投资的竞争力和盈利能力

改变工程技术服务业务事后跟进的做法，鼓励服务单位同步介入投资项目的前期工作，提供必要的技术数据和资料，协同项目审查、风险评估、方案编制等。在项目开发前期，项目论证阶段或者是更早阶段，加强投资与服务业务的结合，组织两方面的技术专家，共同分析技术门槛、商务储备或商业方案，联合制定项目技术目标、实现路径、配套措施、事故预案等，最大限度地提高服务保障能力，协同推进项目高质量发展，实现综合利益最大化。

2. 鼓励服务业务先行，为油气投资业务捕捉项目机会

工程技术服务单位在海外积累了大量地质、地面及技术服务数据资料。通过分析这些历史性、连续性的数据资料，可以有效提高区域内油气项目的风险评估、投资决策的质量水平。特别是对一些老油田提高采收率项目，意义十分重大。鼓励工程技术服务单位在开拓海外服务市场的同时，注意挖掘和深入研究技术资料，帮助油气投资业务寻找可行的项目机会。如果工程技术单位发现新的投资机会，积极主动作为，及时与海外油气投资部门沟通，并为获得投资项目提供技术支撑和服务保障。比如，斯伦贝谢在阿根廷、尼日利亚分别获得的增产合同或油田股份，就是一种从直接技术服务到油气投资的尝试。

3. 组织海外技术联合攻关，推动技术协同创新

油公司、服务公司协同技术创新，有助于前沿技术攻关和快速解决生产中的难题。很多先进技术都是由油公司与服务公司共同研发，并快速得到商业化推广应用。虽然有的技术研发最初是由服务公司根据油公司需求组织创新，但最终还是要通过与油公司的项目合作，得到推广应用和改进。通常情况下，在高油价时，油公司和服务公司对现场新技术应用的意愿更为强烈；而在低油价时，油公司和服务公司更倾向于优化设计、控制成本的最优方案，将部分前沿领域开拓性创新项目延迟。可以借助一体化优势，加强海外技术协同创新，实现技术研发的有效衔接，提升可持续的技术服务能力和市场竞争力。在布局海外技术中心时，优先选择在海外业务和技术服务集中区域，建设能够同时支撑油田勘探开发和技术服务的靠前技术中心。

4. 完善海外地区协调机制，建立区域共享中心平台

在现有海外地区协调机制的基础上，加强对市场、项目、资源的协调运作，同时建立海外区域共享中心，统筹物资采购、进出口、税收法律事务、政府关系、物流配送、技术研发、基地建设、大型通用装备租赁等，避免多头对外，减少重复设置和资源浪费。比如，在物资共享方面，对于区域内项目需要的长线物资和装备，可以一方采购、多方共享，以减少库存，提高项目施工效率；在信息共享方面，将各方了解掌握的区域内有关市场、项目、安保、政策等方面的信息，及时提供到共享中心，做到信息情报统一管理、共同研判；在技术、队伍资源共享方面，可将区域内的技术、队伍资源进行统一协调，以应对外部竞争压力，及时把握区域局势发展。以区域共享中心为平台，通过统一组织、指挥、协调，提升整体项目运行质量和效率，实现"作业规模化、服务一体化、管理国际化、效益最大化"。

5. 加强总部对海外业务的一体化谋划，实施战略上的统筹和协同

在集团总部层面上，强化一体化统筹，搭建对海外业务一体化发展的战略规划、运营指挥、业务协调平台，推进海外各方深度融合发展。让工程技术服务板块从源头介入海外油气投资项目的战略决策，参与设计一揽子技术解决方案，配合投资项目改进竞标方案，增强综合竞争实力。对于已投产的油气项目，充分发挥工程技术服务企业的主动性，协助提高油气项目的管理水平和运行效益，也有助于提升服务业务自身的竞争力和盈利能力。特别是在开展与资源国的沟通协调工作时，应充分发挥这种一体化统筹的优势。

6. 改进海外业务考核政策，发挥好"指挥棒"对新一体化机制的激励作用

目前的分业务板块管理、分企业考核政策不利于海外油气投资与服务业务的一体化协同发展。在强调树立整体意识和一盘棋思想、突出一体化优势的同时，要创新一体化的考核办法和政策，使考核的"指挥棒"既促进油气投资项目带动技术服务、工程建设、装备出口、国际贸易等业务，也鼓励工程技术服务企业独闯市场，努力为油气投资业务创造机会，真正形成海外油气投资与服务业务两翼齐飞、相互带动的良好局面。建议：油气投资项目中设定内部工程技术服务市场占有率考核指标；对于工程技术服务单位帮助开辟油气投资机会、油气投资项目单位协调解决工程技术服务市场和拖欠款，建立综合一体化业绩考核指标或利益分享机制。

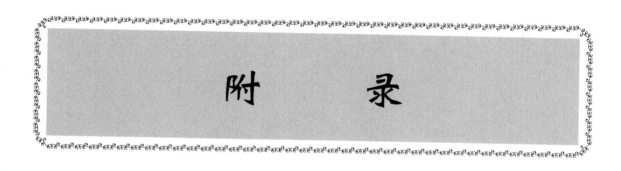

附　　　　录

附录一　石油科技十大进展

一、2019 年中国石油科技十大进展

（一）油气成因识别与储层表征创新技术助推深层勘探重大进展

中国石油研发高成熟油气来源精准确定与油气相态快速判识技术、复杂碳酸盐岩储层表征与预测技术，解决了制约深层油气分布预测与勘探的技术瓶颈，推动深层成为近期勘探突破与规模增储的重点。

取得 4 项创新性成果：（1）发明了痕量化合物靶向分离与富集技术，实现了痕量单体化合物的同位素测试，建立了油气来源判识的精准手段。（2）发明了选择性化学转化＋高分辨率质谱联用技术，发现了系列新型化合物，指示了油气次生作用，建立了油气相态快速确定方法，揭示了油气富集分布规律。（3）创建了受台内裂陷控制的台缘礁滩和缓坡颗粒滩规模储层发育新模式，推动勘探领域由台缘礁滩向台内颗粒滩拓展。（4）研发了以激光原位 U－Pb 同位素定年、团簇同位素、微区在线监测为核心的碳酸盐岩成岩演化实验分析技术体系，解决了储层成岩的定温、定年、定流体属性技术难题；创建了以温压场、流体场恢复为核心的岩溶储层模拟分析与储层表征技术，明确了"溶蚀窗口"控制因素，揭示了深层储层仍具相控性。

创新发展的 4 项关键技术，实现了快速确定油气成因来源与油气藏相态、强非均质性碳酸盐岩有效储层的准确预测，在四川、塔里木和准噶尔等盆地深层/超深层油气勘探实践中得到验证，助推深层油气勘探取得重大突破和规模增储。

（二）柴达木咸化湖盆油气勘探理论技术创新获柴西探区重大突破

中国石油立足柴达木盆地古近系，持续深化理论创新和技术攻关，建立了高原咸化湖盆油气地质理论和"双复杂"地震勘探配套技术，在以往认识的不利区获得勘探重大突破。

取得 5 项科技创新：（1）首次创建了咸化湖盆"多成因多峰式"生烃模式，揭示咸化环境低丰度有机质有效保存和高效转化的机理，奠定了寻找大油田的资源基础；（2）创建了干旱蒸发环境下灰云岩晶间孔和滨浅湖相藻灰岩溶蚀孔为主导的多重孔隙介质储层成因机制，热化学硫酸盐还原反应（TSR）极大改善了生烃中心碳酸盐岩储集性能，咸化湖相富烃凹陷碳酸盐岩勘探潜力大；（3）创建了大型咸化湖盆三角洲体系砂体成因新模式，明确咸化湖盆扩张期广覆式分布有利储集砂体，碎屑岩有利勘探面积扩大 8000km²，勘探深度拓展至 5000m 以下；（4）创建了"低熟早排、源储一体、多层共聚、晚期调整"的复合成藏模式，为咸化湖盆广泛发育微—纳米级孔喉系统油气高效富集创造了条件；（5）创建了高原"双复杂"地区地震关键勘探技术，首创了高原强风化山地"三位一体"综合压噪采集技术，攻克了地表巨厚低降速带、地下高陡地层与盐岩成像的技术瓶颈，为地震勘探禁区的油气重大突破发挥了决定性作用。

创新成果指导发现了英西、风西、英中和切克里克凹陷 4 个亿吨级规模油田，新增油气探明＋控制地质储量 $1.9 \times 10^8 t$、预测储量 $2.1 \times 10^8 t$，建成产能 $70 \times 10^4 t/a$。

（三）减氧空气驱提高采收率技术取得重大突破

减氧空气获取成本较低，是一种高效、低成本、绿色的驱油介质。减氧空气驱技术是一项富有创造性的提高采收率新技术，既能够用于中高渗透油藏或潜山油藏开发中后期的战略接替，也能够用于特/超低渗透和致密油藏的有效动用。

主要创新包括：（1）研制配套了系列注空气室内实验装置，明确了减氧空气驱提高采收率的主要机理为溶解膨胀、增压驱替和低温氧化生热降黏；（2）建立了空气防爆模拟实验方法及装备，确定了油藏不同压力与温度条件下发生爆炸的最低氧含量界限，实现了注减氧空气的本质安全，制定了驱油用减氧空气气质企业标准；（3）研制了标准化、智能化、系列化的减氧空气一体化装备，生产了系列产品，比传统注减氧空气装备节能 30% 以上；（4）初步形成了注采井管柱防腐、泡沫调剖等配套技术。

长庆油田五里湾一区、吐哈油田鲁克沁三叠系油藏减氧空气驱工业化效果显著，预计比水驱提高采收率 10 个百分点以上。该技术适宜储量 $10 \times 10^8 t$ 以上，可增加可采储量超过 $1 \times 10^8 t$，具有广阔的应用前景。到 2025 年，减氧空气驱年产量将突破 $50 \times 10^4 t$，成为最具应用潜力的战略性接替技术。

（四）准噶尔盆地非常规油藏长水平井小井距立体开发取得重大进展

针对准噶尔盆地玛湖砾岩致密油藏岩性复杂、含油饱和度低、天然裂缝不发育和吉木萨尔陆相页岩油"甜点"分散、非均质性强、油层动用率低的特点，聚焦提高储量动用率和提高单井累计产量，创新形成了小井距长水平段立体开发技术。

主要创新点：（1）创新开展不同水平井距对比试验，建成玛 131 "大井丛、小井距、长井段、立体式、密切割、工厂化"示范区，预计采收率达 25%，较原方案提高一倍以上；（2）形成集微地震、示踪剂、微压裂等技术于一体的人工缝网描述技术，开创了从压裂缝网优化到立体开发井网部署的新模式；（3）建立综合录井辅助水平井轨迹精细控制技术，水平井薄层"甜点"钻遇率提高至 90% 以上；（4）形成超长水平井钻完井技术，吉木萨尔页岩油水平段长突破 3500m；（5）形成大井丛立体井网集群压裂等技术，"压、注、驱、采"多技术融合实现非常规油藏效益开发。

小井距水平井立体开发试验属国内首创，将对未来同类油藏高效开发带来深远而积极的影响。玛湖油田计划 2025 年产油 $500 \times 10^4 t$，成为近几年原油上产最主要的地区。吉木萨尔上"甜点"规模建产，下"甜点"试验获高产，未来将形成 $200 \times 10^4 t/a$ 生产能力。2019年，成功申报国家级陆相页岩油示范区，将带动中国陆相页岩油产业整体规模化发展。

（五）uDAS 井中地球物理光纤采集系统研发成功

井中光纤分布式声波传感（DAS）系统利用光纤本身作为传感器采集地震数据，突破了常规检波器观测井段受限的瓶颈，能够大幅提高目标地层的分辨能力。中国石油经过多年持续攻关，成功研发 uDAS 井中光纤采集系统，填补国内空白，增强了国际市场竞争力。

该系统主要取得以下 4 方面技术突破：（1）开发了 uDAS 分布式光纤井中地震采集系统，具有高效、高密度、高适用性的采集作业能力，系统灵敏度高，时间采样间隔可达

0.1ms，空间采样密度可达0.1m，耐高温250℃，耐高压180MPa，有效采集长度达40km，总体性能达到国际领先水平；（2）研发井中地球物理特种光纤技术及成缆工艺，其中高灵敏度特种传感光纤和耐高压超细不锈钢护管成缆技术达到国际领先水平；（3）开发了光缆井中布设新方法和新装置，大幅提升光缆布设效率和安全性，有效解决了井中光纤的耦合问题；（4）开发了套管外固井光纤布设方法，填补国内外技术空白。

uDAS系统在长庆、新疆和西南等6个油田完成了34井次生产试验，实现了7500m超深井和250℃高温井下作业，大幅提高了全井段观测及成像能力，施工成本较常规井中地震检波器减少30%。该系统是中国石油2019年在国际发布的标志产品，开启了高精度井地联合立体勘探和油藏开发地震新时代，将为复杂构造油气勘探"增储上产"提供技术支持，提高油气田勘探开发效益，应用前景广阔。

（六）陆相页岩油测井评价关键技术获得重大突破

中国页岩油主要为陆相沉积，已有的海相地质理论适用性差，陆相页岩油勘探开发急需解决关键地质参数精细刻画面临的难题。中国石油以准噶尔盆地吉木萨尔凹陷芦草沟组页岩油为主要研究目标，以配套的岩石地化、物性、含油性为基础，在页岩油润湿性、赋存状态、脆性及地应力等关键地质参数的测井表征方法研究方面取得了重要突破。

主要技术创新包括：（1）创建了陆相页岩油核磁共振测井评价理论与方法，发明了吸附油、游离油及相对润湿性指数等关键地质参数的定量表征技术；（2）发明了氯仿沥青"A"及生、排烃量测井计算方法，实现了生、排烃及滞留油含量的连续定量表征，填补了技术空白；（3）发明了基于应力环境和矿物含量的脆性指数及地应力连续评价方法，有效解决了脆性表征的世界性难题；（4）发明了静态泊松比、刚性系数矩阵的计算方法，实现了各向异性地层应力剖面的测井连续计算。

目前，获授权发明专利11项（含1项美国专利），发表论文17篇，其中SCI检索9篇。该成果在准噶尔盆地工业化应用，使吉木萨尔芦草沟组试油成功率由35%提高至100%，"甜点"预测符合率由70%提高到100%。并在其他非常规领域推广应用，经济效益和社会效益显著。

（七）一体化精细控压钻完井技术助力复杂地层安全优质钻完井

精细控压钻井技术是解决窄安全密度窗口地层安全钻井难题的有效技术措施。针对起钻完井作业过程中窄安全密度窗口引起的井控风险大、难以钻达设计地质目标等世界性难题，中国石油在精细控压钻井的基础上通过持续攻关，形成了拥有自主知识产权的"钻—测—固—完"一体化精细控压技术与装备，成为复杂深井钻完井的必备技术，并实现规模应用。

主要技术创新包括：（1）突破液体凝胶泵送、破胶难题，研发了固体凝胶段塞起下钻成套工艺技术，起下钻时完全隔断井下压力系统，防止溢流上窜，保障井控安全；（2）研发了精细控压固井设计和实时动态监控软件，实现固井各阶段井筒压力的精细控制，误差小于5%，尾管固井质量提高20%；（3）形成了测井适应性评价方法和钻柱传输测井动态压力控制技术；（4）基于井筒压力预测控制算法开发了自动控制软件，形成了"钻—测—固—完"成套工艺技术，实现全过程压力精细控制。

近3年在川渝深磨溪—高石梯、川西双探和九龙山、塔里木库车山前及土库曼斯坦阿姆河右岸，"钻—测—固—完"一体化精细控压技术试验应用 56 井次，为四川安岳气田 $110 \times 10^8 \mathrm{m}^3/\mathrm{a}$ 建产和土库曼斯坦阿姆河右岸 "9.20" 节点工程顺利完工提供了强有力的技术支撑，相较于单纯使用精细控压钻井技术，平均单井漏失量下降 80%，复杂时间降低 90% 以上，将成为助推引领川渝 $300 \times 10^8 \mathrm{m}^3/\mathrm{a}$ 天然气大气区建设和塔里木库车山前勘探开发高质量发展的技术利器。

（八）复杂地质条件气藏型储气库关键技术及产业化获重大突破

地下储气库在调峰和保障供气安全方面具有不可替代的作用和明显的优势，是保障国家能源安全的重大基础设施，能有效应对极寒天气、进口气减供、管道灾害中断等突发事件。随着中国天然气消费量的快速增长，调峰保供面临严峻挑战。

经过多年持续攻关，中国石油创建了复杂地质条件气藏型储气库建库关键技术和标准体系：（1）首创了储气库断层和盖层动态密封理论，揭示了注采交变应力盖层和断层密封性弱化机理，构建了动态密封 6 项定量评价指标，筛选出 58 个复杂断块库址目标，潜力储气规模超千亿立方米。（2）创建了储气库高速注采渗流理论和分区设计方法，揭示了短期高速注采气水交互渗流机理，首创了库容分区预测方法，工作气利用率提高 20% 以上。（3）创新了储气库工程建设关键技术，研发以晶须纳米韧性水泥浆固井、复合凝胶堵漏为核心的储气库钻完井技术；研制出中国首台 6000kW 高压高转速往复式注气压缩机组，摆脱了进口依赖。（4）创新了长期运行风险预警与管控技术，实现了地质体—井筒—地面三位一体风险实时管控。

该成果指导中国石油快速建成 22 座储气库年 $110 \times 10^8 \mathrm{m}^3$ 供气能力，高峰日采气量超 $1 \times 10^8 \mathrm{m}^3$，在冬季调峰保供中发挥了不可替代的关键作用。形成的成套技术和标准体系将为中国未来大规模储气库建设、保障国家能源安全做出重要贡献。

（九）柴油加氢精制—裂化组合催化剂成功实现工业应用

中国石油自主研发的柴油加氢精制—裂化组合催化剂（PHD－112/PHU－211），具有原料适用性广、脱氮活性高、芳烃择向转化选择性高、重石脑油和液体收率高等特点，不仅可以最大量生产重石脑油，还能兼产柴油作乙烯裂解原料。

该技术的主要创新突破：攻克了劣质柴油中具有空间位阻的芳烃大分子受扩散限制难以接近酸性中心发生选择性开环转化反应，芳烃过度加氢增加氢耗，原料油氮含量高且难以脱除导致裂化催化剂失活等技术难题，实现了在苛刻条件下最大量生产高芳潜重石脑油的目标。在抚顺石化 $120 \times 10^4 \mathrm{t/a}$ 柴油加氢裂化装置应用表明：加工焦化柴油与重油催化柴油的混合油，液收 98%（质量分数），重石脑油产率大于 35%（质量分数），芳潜在 48% 以上；柴油十六烷值大于 60，柴油产率为 25%~30%（质量分数），BMCI 值小于 10，可作优质乙烯裂解原料。该技术将 70%（质量分数）的劣质柴油转化为优质化工原料，展现出优异的化工原料转化能力，有力推动了抚顺石化炼化一体化发展，预计年增效两亿多元。

该技术的成功应用，对中国石油"控油增化、高质量发展"起到了重要的示范和推动作用，是中国石油炼化转型升级核心技术的一项重大突破，填补了中国石油在该领域的技术空白，可以向独山子石化、兰州石化、锦西石化等企业的柴油加氢裂化装置推广，应用前景十分广阔。

（十）茂金属聚丙烯催化剂及高端聚丙烯产品开发成功

目前，中国茂金属聚丙烯全部依靠进口，而茂金属催化剂负载化技术则是在现有聚合工艺条件下生产间规聚丙烯急需突破的难题。为此，中国石油对茂金属催化剂负载化核心技术和聚合工艺开展了技术攻关，并开发了茂金属聚丙烯高端产品，成功实现了茂金属聚丙烯自主技术零的突破。

该项目开发出系列茂金属聚丙烯催化剂（PMP），开发生产出高端茂金属聚丙烯产品。项目的创新性包括：（1）发明了负载型茂金属聚丙烯催化剂活化与制备新方法，掌握了茂金属催化剂聚合反应过程动力学规律；（2）突破了茂金属催化剂聚合工艺技术瓶颈，在不改变现有工艺流程的条件下，首次实现了国内茂金属聚丙烯工业生产；（3）首次将聚丙烯应用于医用 3D 打印材料，实现了茂金属聚丙烯在高端领域应用。技术特点包括：（1）精确控制高间规度选择性聚丙烯催化剂的活化与制备工艺，使得聚合过程中保持了聚丙烯链段的间规序列排布；（2）催化剂对现有聚合工艺的适应性强；（3）茂金属聚丙烯产品具有超高透明性，相比于采用成核剂作用下形成的高透明聚丙烯，其透明性提高 50% 以上。

该项目开发的茂金属聚丙烯催化剂在国内首次成功工业应用，并生产出了系列化的高端聚丙烯产品，将为聚丙烯行业产品结构调整和质量升级提供重要支撑。

二、2019 年国际石油科技十大进展

（一）机器学习大幅优化河流沉积模式综合解释

在不同环境和气候变化条件下，河流体系的形态可能会进一步分化。如果从整个地质历史时期的角度考虑，其形态变化则更大，会导致河流沉积具有多种沉积模式，其沉积模式决定了沉积物的岩石物理特性、沉积体的个性化特征等重要属性。

利用机器学习技术对沉积物岩心数据进行了分类，岩心取自世界上最大的河流之一——阿根廷巴拉那河。将自组织图应用于岩心沉积构造的无监督聚类。该方法适用于分析不同类型的数据，包括岩心、井眼地球物理以及不同规模和品质的露头等。通过机器学习技术初步实现：（1）自动区分沉积环境；（2）量化沉积物沉积的垂向和横向变化趋势；（3）改善引起河流沉积的一般和独特动力学特征的解释。结果表明，机器学习技术可以通过岩心识别重要的沉积模式，揭示需要进一步系统研究的区域沉积模式。

这种半自动—自动化的方式对沉积物信息进行分类，为分析地质体超大数据域开辟了新的途径，节省了大量人力和时间，有效解决了大数据域的解释需要专业人员消耗大量时间的问题。机器学习还为传统沉积学研究提供了一条严谨的途径，即将不确定性信息整合到数据驱动的预测模型中，从数据中自动检测沉积学特征和量化数据域内的不确定性程度。

（二）火箭推进剂无水压裂技术实现航天和油气行业跨界融合

将航天科技中的固体火箭推进剂跨界引入油气压裂中，研发出 PSI‐Clone 推进剂无水压裂技术，不需要使用任何压裂液和支撑剂，节约了水资源，环保效果显著，减少了作业人员的数量和作业时间。

技术创新点包括：（1）压裂过程可控。可以控制适合每个地层和油气井的最佳压力和

时间，在 0.1~0.5s 可以产生 30000psi 的高压，释放大量高压气体压开地层，改善裂缝的形成和生长。（2）产生多条径向裂缝。推进剂爆燃产生巨大压力，形成含 4~8 条径向裂缝的椭圆形压裂带，有效裂缝面积更大，平均裂缝半长是常规水力压裂的 2 倍。（3）"自支撑"机制。产生的裂缝通过应力波扩散，从岩石边界反弹并将裂缝与目标层隔离，岩石破碎之后"自支撑"。（4）实现压裂层段有效隔离。可以实现最佳压力分布，还可将目标区域单独隔离出来，防止高压气体沿井筒逸散，能更好地穿透储层，延长裂缝。

与 LPG 压裂和水力压裂技术相比，推进剂压裂更经济、更环保、适应性更强，具有明显的创新性、突破性和颠覆性，压裂级数不受限制，压裂装备少，占地小。目前，传统水力压裂的施工成本相对便宜，但如果加上后期处理费用，火箭推进剂则更具有成本、环保优势。该新技术已经成功应用于 1000 多口直井，增产幅度在一倍以上。

（三）基于物联网和云计算的油气生产平台实现数字化转型

油服公司和互联网公司合作，将业内领先的 ForeSite 技术和 CygNet 物联网平台强强联合，成功研发出 ForeSite Edge 系统，成为全球首个将人工举升、生产优化与物联网基础设施相结合的技术系统。

ForeSite 平台通过参照历史数据、实时监测数据和物理模型，形成直观可视化界面，借助数据分析提高生产效率。其主要功能包括：（1）实时监控数据，在监测到关键参数变化时发出智能预警，通过移动设备传输；（2）通过将客户油井示功图特征与示功图库数据对比，进而诊断每口油井的性能问题；（3）采用任何频率收集数据，满足数据分析需要，诊断分析油井性能随时间的变化情况；（4）借助物理模型有效预测油井生产面临的故障，模型以油井大数据为支撑，通过实时数据自动调整优化，提供智能优化方案；（5）通过整合优化 Everitt - Jennings 算法与 Gibbs 方法，提供抽油杆负载情况分析，估算抽油杆受力情况，识别井下故障情况。

利用 ForeSite 平台已经完成了 15 万口井的人工举升优化，大大提高了油井生产效率，降低开采成本。可以通过实时数据和建模，调整举升参数，自主管理机械采油系统，同时运用预测技术防范风险，减少故障停机时间，实现持续的自主生产优化。用户可以通过该平台快速评估每口油气井的生产状况、跟踪历史趋势，预判发生故障的可能性。

（四）海洋可控震源样机研制成功

随着环保要求越来越严格，海洋地震勘探对气枪震源的限制也越来越多，海洋可控震源由于能够控制信号输出脉冲，降低对海洋生物的影响，成为推动海洋地震勘探绿色化发展的重要途径。

相比常规的气枪震源，海洋可控震源具有以下优势：一是减少峰值脉冲，对海洋生态环境影响小；二是能够精确控制输出声波波形，有效进行震源信号分离，保证数据品质；三是用分布式震源组合和展布频谱扫描技术方案，提高海洋数据采集的作业效率。近年来，多家公司成功开发了积木式及模块化的海洋可控震源系统样机，并在美国 Seneca 湖完成水下测试，取得良好的效果。测试结果表明，海洋可控震源系统能够输出 10~100Hz 信号，具有较高水平的振幅和相位控制能力，信号稳定性好，倍频和带宽完全满足环保要求，具有潜在推广价值。

海洋可控震源具有的环保优势，以及数据质量和采集效率方面的优势，将成为海洋地震勘探的一种重要手段和有效途径。尽管海洋可控震源在生产应用中无法全面替代气枪震源，但它已成为未来海洋油气勘探装备的重要发展方向，推动海洋地震勘探向环保化和绿色化发展。

（五）智能电缆地层测试技术大幅提高测试效率与效益

2019 年，斯伦贝谢公司推出 Ora 智能电缆地层测试技术，采用新型数字化架构有效实现软件与硬件结合，能够在多种复杂条件下获得高质量的油藏描述结果。

仪器额定温度为 200℃，额定压力为 240MPa，可在井下实现实验室级测量，并配有同类仪器中排量最高的泵。利用人工智能技术，仪器可以自动完成复杂的工作流程，将作业时间减少 50% 以上，并提供高精度的流体分析和零污染样品。在作业过程中，可根据用户需求调整数据的采集，并及时提供具有可操作性的决策意见。

该技术目前已在北海、墨西哥湾、西非、中东、北非和中美洲成功完成了 30 多次现场试验。在墨西哥，Ora 平台在具有挑战性的碳酸盐岩地层中（压力为 138MPa，温度为 182℃，渗透率低于 0.03mD 获得高质量凝析气样品，帮助墨西哥国家石油公司将 25 年前发现的该国陆上最大油气藏的预估储量增加了 3 倍。Talos 能源公司利用 Ora 平台在墨西哥湾深水区的不规则井眼中获取了井下流体分析数据，实现了油藏模型的及时更新，大幅缩短了完井决策时间。

（六）自主学习的智能定向钻井系统有效提速降本

具有自主学习能力的智能定向钻井系统，利用历史钻井数据模拟钻井作业，应用自主学习算法生成钻井指令，实现高效定向钻进。该智能系统能够增强工具面控制能力，提高实钻井眼轨迹与预设值的吻合度，减少后期纠正井眼轨迹工作量，同时降低钻井成本。

为了保证该智能系统控制工具面的准确性和高效性，须收集定向钻井作业的相关历史数据，并对这些参数进行筛选、过滤、归一化，选择适当的参数用于构建和训练人工神经网络。人工神经网络通过自主学习模拟施工人员日常操作，经训练后可以最大限度地减少井眼轨迹偏差，减小井眼弯曲度，提高机械钻速。成熟的神经网络可以媲美一个定向钻井专家的决策能力，并控制决策失误率在 3% 以内。

先导实验中，利用美国东部二叠盆地的 14 口水平井定向钻井中包括钻头、大钩载荷、工具面、井斜、钻压与转速、立管压力、机械钻速在内的数据，让人工神经网络进行自主学习，通过基于当前工具面的钻压、排量、机械钻速、压差、旋转扭矩预测未来的压差和旋转扭矩，经过 180 万步的训练后，将预测数据与实钻数据对比，压差预测误差为 0.21%，旋转扭矩预测误差为 2.72%，有力证明了该系统的预测能力，证实该系统作为定向钻井辅助系统，可以集成到钻井系统中，最终实现全自动定向钻井。

（七）全球最大浮式液化天然气装置投产

浮式液化天然气（FLNG）项目相比于常见的岸基液化天然气（LNG）项目，具有建设难度大、技术要求高、占用陆域资源少、建设周期短等特点，适合于深海边际气田和小气田的开发，在调峰灵活性和投资成本方面有较大优势。

澳大利亚 Prelude 项目是世界上最大的 FLNG 生产项目，配备有史以来最大的 FLNG 装置，它于 2012 年开工建造，其外形类似一艘特大型轮船，总长 490m，宽度为 74m，满载吨位达 $60 \times 10^4 t$，设计年产能：LNG $360 \times 10^4 t$、凝析油 $130 \times 10^4 t$ 和液化石油气 $40 \times 10^4 t$。Prelude FLNG 装置的液化气体储存能力达 $32.6 \times 10^4 m^3$，设有 10 个储存舱，其中 6 个用于 LNG，4 个用于液化石油气（LPG）。Prelude FLNG 装置能够通过并排式系泊和输油臂输出 LNG/LPG，通过串联系泊和浮式软管系统输出凝析油。Prelude FLNG 装置通过 16 根锚桩系泊在海床上，通过柔性立管经由转塔直接连接至气井。2019 年 6 月，Prelude 项目的第一船液化天然气已从 Prelude FLNG 装置发运，首批货物由 Valencia Knutsen 号 LNG 船运往亚洲。

Prelude FLNG 装置的投产标志着澳大利亚成为 FLNG 技术的全球领先者。

（八）复合离子液体碳四烷基化工艺技术成功实现工业应用

中国石油大学（北京）自主研发的复合离子液体碳四烷基化工艺技术突破了传统工艺技术壁垒，在中国石油哈尔滨石化公司 $15 \times 10^4 t/a$ 和中国石化九江石化公司 $30 \times 10^4 t/a$ 的复合离子液体碳四烷基化装置成功实现工业应用，产品各项指标达到设计标准，装置运行状态良好，整体工艺技术达到国际领先水平。

该技术的主要创新包括：原创设计合成了兼具高活性和高选择性的复合离子液体催化剂；开发了离子液体活性的定量检测方法，以及分步协控补充 B 酸/L 酸活性组分的再生技术；研制开发了新型离子液体烷基化专用反应器和分离设备，并集成了原料预处理—催化反应—离子液体再生—分离回收等过程，形成了具有完全自主知识产权的复合离子液体碳四烷基化工艺技术。中国石油哈尔滨石化公司 $15 \times 10^4 t/a$ 的复合离子液体碳四烷基化工业装置数据显示：RON 辛烷值为 $95 \sim 97.5$，氯含量为 $3.17 \mu g/g$，烯烃含量为 0，能耗为 132.41kg（标准油）/t。

环境友好的碳四烷基化工艺技术一直是世界炼油工业烷基化技术开发的目标。目前，应用该工艺技术的企业"三废"排放显著降低，与国外浓硫酸烷基化技术相比，可节约投资 40%。中国石化工程建设有限公司和中国寰球工程有限公司已签署了该工艺技术的合作推广协议，具有良好的工业应用前景。

（九）离子液体催化乙烯合成气制甲基丙烯酸甲酯技术取得突破

中国科学院研发了"离子液体催化乙烯合成气制甲基丙烯酸甲酯（MMA）成套技术"，并于 2019 年 3 月通过了中国石油和化学工业联合会组织的科技成果鉴定。该技术开辟了煤基原料合成 MMA 的新路线，形成了具有自主知识产权的成套技术。

该技术采用煤化工下游产品为原料，突破了氢甲酰化、羟醛缩合、醛氧化、酯化四步反应的催化剂及工艺开发中存在的难题。技术创新点为：（1）开发了离子液体络合铑的新型催化体系和新型管式反应器，解决了乙烯氢甲酰化合成丙醛工艺中铑催化剂聚集和夹带难题，提高了催化剂活性和稳定性，降低了催化剂消耗；（2）开发出离子液体温和催化的丙醛和甲醛合成甲基丙烯醛（MAL）清洁工艺，离子液体催化剂稳定，选择性和转化率高；（3）开发出多级结构杂多酸 MAL 氧化催化剂，提高了反应转化率和选择性，提出了催化剂梯级装填方法，解决了氧化反应强放热温升的难题；（4）开发了甲基丙烯酸（MAA）新型酯化反应—精馏耦合强化新技术，具有能耗低、经济性好的特点。

该技术的成功为中国现代煤化工产业实现高端化、差异化、绿色化发展提供了科技支撑。离子液体在该技术中的成功应用，将进一步推动离子液体绿色技术的产业化进程。

（十）区块链成为油气行业发展的创新增长点

区块链是一种由多方共同维护，使用密码学保证传输和访问安全，能够实现数据一致存储、难以篡改、防止抵赖的分布式记账技术；具有去中心、去信任等核心优点，能解决互联网中的信息不对称、交易成本高、陌生人信任等难题，被认为是继大型计算机、个人计算机、互联网之后的颠覆式创新。

国内外石油公司对于区块链技术的应用目前主要体现在油气生产核算、能源交易、数字提单、数字货币及行业联盟等方面。多家石油公司开展尝试并建立了相关的能源交易平台，如 BP、壳牌等大型石油公司与大型银行和贸易公司联合推出的油气大宗商品商贸 Vakt 平台，以及 Interbit 平台、PONTON P2P 平台、美国原油贸易金融平台等。埃克森美孚、雪佛龙等多家大型油气公司在美国成立第一个行业区块链财团——海上运营商协会油气区块链联盟，旨在通过搭建业内的合作网络、建设区块链应用生态，推动该技术在油气勘探、生产、财务、IT、矿权管理及供应链等领域的应用，为整个行业发挥示范作用。

未来，区块链在油气行业有着广阔的应用前景。在勘探开发领域可以通过私有链进行油气勘探开发招投标管理，增强合同双方的互信。通过与数字油田结合，对井场的生产信息进行实时采集，为决策层提供第一手的真实有效信息；在炼油化工领域可以结合物联网，将数据和设备上网上链，实现数据共享，提高各环节之间协作效率；在装备制造及工程技术领域，可以实现放射源追踪，大型设备的核心部件运输、安装、维修等环节的追溯。

三、2009—2018 年中国与国际石油科技十大进展汇总

（一）2009 年中国石油与国际石油科技十大进展

1. 中国石油科技十大进展

（1）歧口富油气凹陷整体勘探配套技术取得重要进展。

（2）邦戈尔盆地石油地质研究获乍得两个亿吨级油田新发现。

（3）三元复合驱技术助力大庆油田持续稳产 $4000 \times 10^4 t$。

（4）松辽盆地和准噶尔盆地火山岩气藏勘探开发技术取得重大突破。

（5）中国首个超万道级地震数据采集记录系统研制成功。

（6）分支井和鱼骨井钻完井技术应用大幅度提高单井产量。

（7）多极子阵列声波测井仪研制成功。

（8）输油管道减阻剂及多项减阻增输核心技术达国际先进水平。

（9）高性能碳纤维及原丝工业化成套技术开发成功。

（10）加氢异构脱蜡生产高档润滑油基础油成套技术应用成功。

2. 国际石油科技十大进展

（1）复杂地质环境油气勘探分析技术解决多种储层钻探难题。

（2）页岩气开采技术取得突破性进展。

（3）油藏数值模拟能力达到 10 亿网格。

（4）双程逆时偏移技术取得新进展。

（5）融合四维地震技术的高密度宽方位地震勘探能力得到有效提高。

（6）有缆钻杆技术突破钻井自动化信息传输瓶颈。

（7）井间电磁测井仪器研发取得新进展。

（8）过钻头测井系统投入商业应用。

（9）有效进行管道完整性检测的非接触式磁力断层摄影术。

（10）多产丙烯/联产1–己烯的组合技术工业应用效果显著。

（二）2010年中国石油与国际石油科技十大进展

1. 中国石油科技十大进展

（1）变质基岩油气成藏理论及关键技术指导渤海湾盆地发现亿吨级储量区带。

（2）高煤阶煤层气勘探开发理论和技术突破推动沁水盆地实现煤层气规模化开发。

（3）"二三结合"水驱挖潜及二类油层聚合物驱油技术突破支撑大庆油田保持稳产。

（4）超稠油热采基础研究及新技术开发取得重大突破。

（5）逆时偏移成像技术突破大幅提高成像精度。

（6）水平井钻完井和多段压裂技术突破大大改善低渗透油田开采效果。

（7）新一代一体化网络测井处理解释软件平台开发成功。

（8）多品种原油同管道高效安全输送技术有效解决长距离混输难题。

（9）满足国Ⅳ标准的催化裂化汽油加氢改质技术开发成功。

（10）1–己烯工业化试验及万吨级成套技术开发成功助力提升聚乙烯产品性能。

2. 国际石油科技十大进展

（1）浅水超深层勘探技术不断创新与应用推动墨西哥湾成熟探区特大型气藏新发现。

（2）有望探测剩余油分布的油藏纳米机器人首次成功通过现场测试。

（3）宽频地震勘探技术加大频谱采集范围有效解决复杂构造成像难题。

（4）微地震监测成为油气勘探开发研究应用热点技术。

（5）先进技术集成推动超大位移井不断突破钻井极限。

（6）导向套管尾管钻井技术实现钻井新突破。

（7）元素测井技术获得突破性进展。

（8）高精度数字式第三代地震监测系统在阿拉斯加管道投入运行。

（9）纤维素乙醇生物燃料开发取得重要进展。

（10）世界最大的煤制烯烃装置建成投产。

（三）2011年中国石油与国际石油科技十大进展

1. 中国石油科技十大进展

（1）勘探理论和技术创新指导发现牛东超深潜山油气田。

（2）陆上大油气区成藏理论技术突破支撑储量高峰期工程。

（3）油田开发实验研究系列新技术、新方法获重大进展。

（4）复杂油气藏开发关键技术突破支撑"海外大庆"建设。

（5）中国石油首套综合裂缝预测软件系统研发成功。

（6）精细控压钻井系统研制成功解决安全钻井难题。

（7）随钻测井关键技术与装备研发取得重大突破。

（8）输气管道关键设备和 LNG 接收站成套技术国产化。

（9）委内瑞拉超重油轻质化关键技术完成首次工业化试验。

（10）单线产能最大丁腈橡胶技术实现长周期工业应用。

2. 国际石油科技十大进展

（1）储层物性纳米级实验分析技术投入应用。

（2）致密油开发关键技术突破实现工业化生产应用。

（3）近 3000m 超深水油气藏开发技术取得重大突破。

（4）综合地球物理方案提高非常规油气勘探开发效益。

（5）水平井钻井技术创新推动页岩气大规模开发。

（6）介电测井技术取得重大进展改善储层评价效果。

（7）管道激光视觉自动焊机提高焊接效率和质量。

（8）微通道技术成功用于天然气制合成油。

（9）石脑油催化裂解万吨级示范装置建成投产。

（10）新型车用碳纤维增强塑料取得重大突破。

（四）2012 年中国石油与国际石油科技十大进展

1. 中国石油科技十大进展

（1）复杂油气成藏分子地球化学示踪技术获重要突破。

（2）海相碳酸盐岩油气勘探理论技术突破助推高石梯—磨溪气区重大发现。

（3）低压超低渗透油气藏勘探开发技术突破强力支撑"西部大庆"建设。

（4）超深层超高压凝析气藏开发技术突破开辟油气开发新领域。

（5）复杂山地高密度宽方位地震技术突破支撑柴达木盆地亿吨级油田发现。

（6）超深井钻井技术装备研发取得重大进展和突破。

（7）自主研发的成像测井装备形成系列实现规模应用。

（8）高钢级高压大口径长输管道技术和装备国产化支撑西气东输二线工程全线贯通。

（9）自主研发的加氢裂化催化剂取得成功并实现工业应用。

（10）中国首套自主研发的国产化大型乙烯工业装置一次开车成功。

2. 国际石油科技十大进展

（1）非常规油气资源空间分布预测技术有效规避勘探风险。

（2）深层油气"补给"论研究获得重要进展。

（3）注气提高采收率技术取得新进展。

（4）新型压裂工艺取得重要进展。

（5）无缆、节点地震数据采集装备与技术快速发展。

（6）工厂化钻完井作业推动非常规资源开发降本增效。

（7）无化学源多功能随钻核测井仪器问世。

（8）管道三维超声断层扫描技术取得新突破。

（9）无稀土与低稀土催化裂化催化剂实现规模应用。

（10）甲苯甲醇烷基化制对二甲苯联产低碳烯烃流化床技术取得重大进展。

（五）2013 年中国石油与国际石油科技十大进展

1. 中国石油科技十大进展

（1）深层天然气理论与技术创新支撑克拉苏大气区的高效勘探开发。

（2）被动裂谷等理论技术创新指导乍得、尼日尔等海外风险探区重大发现。

（3）自主研发大规模精细油藏数值模拟技术与软件取得重大突破。

（4）浅层超稠油开发关键技术突破强力支撑风城数亿吨难采储量规模有效开发。

（5）自主知识产权的"两宽一高"地震勘探配套技术投入商业化应用。

（6）工厂化钻井与储层改造技术助推非常规油气规模有效开发。

（7）地层元素测井仪器研制获重大突破。

（8）大型天然气液化工艺技术及装备实现国产化。

（9）催化汽油加氢脱硫生产清洁汽油成套技术全面推广应用支撑公司国Ⅳ汽油质量升级。

（10）中国石油首个高效球形聚丙烯催化剂成功实现工业应用。

2. 国际石油科技十大进展

（1）海域深水沉积体系识别描述及有利储层预测技术有效规避勘探风险。

（2）地震沉积学分析技术大幅提高储层预测精度和探井成功率。

（3）天然气水合物开采试验取得重大进展。

（4）深水油气开采海底工厂系统取得重大进展。

（5）百万道地震数据采集系统样机问世。

（6）钻井远程作业指挥系统开启钻井技术决策支持新模式。

（7）三维流体采样和压力测试技术问世。

（8）大型浮式液化天然气关键技术取得重大进展。

（9）世界首创中低温煤焦油全馏分加氢技术开发成功。

（10）天然气一步法制乙烯新技术取得突破性进展。

（六）2014 年中国石油与国际石油科技十大进展

1. 中国石油科技十大进展

（1）古老海相碳酸盐岩天然气成藏地质理论技术创新指导安岳特大气田战略发现和快速探明。

（2）非常规油气地质理论技术创新有效指导致密油勘探效果显著。

（3）三元复合驱大幅度提高采收率技术配套实现工业化应用。

（4）三相相对渗透率实验平台及测试技术取得重大突破。

（5）LFV3 低频可控震源实现规模化应用。

（6）多频核磁共振测井仪器研制成功。

（7）四单根立柱 9000m 钻机现场试验取得重大突破。

（8）油气管道重大装备及监控与数据采集系统软件实现国产化。

（9）超低硫柴油加氢精制系列催化剂和工艺成套技术支撑国Ⅴ车用柴油质量升级。

（10）合成橡胶环保技术工业化取得重大突破。

2.国际石油科技十大进展

（1）细粒沉积岩形成机理研究有效指导油气勘探。

（2）CO_2压裂技术取得重大突破。

（3）低矿化度水驱技术取得重大进展。

（4）声波全波形反演技术走向实际应用。

（5）地震导向钻井技术有效降低钻探风险。

（6）岩性扫描成像测井仪器提高复杂岩性储层评价精度。

（7）多项钻头技术创新大幅度提升破岩效率。

（8）干线管道监测系统成功应用于东西伯利亚—太平洋输油管道。

（9）炼油厂进入分子管理技术时代。

（10）甲烷无氧一步法生产乙烯、芳烃和氢气的新技术取得重大突破。

（七）2015 年中国石油与国际石油科技十大进展

1.中国石油科技十大进展

（1）致密油地质理论及配套技术创新支撑鄂尔多斯盆地致密油取得重大突破。

（2）含油气盆地成盆—成烃—成藏全过程物理模拟再现技术有效指导油气勘探。

（3）大型碳酸盐岩油藏高效开发关键技术取得重大突破，支撑海外碳酸盐岩油藏高效开发。

（4）直井火驱提高稠油采收率技术成为稠油开发新一代战略接替技术。

（5）开发地震技术创新为中国石油精细调整挖潜提供有效技术支撑。

（6）随钻电阻率成像测井仪器研制成功。

（7）高性能水基钻井液技术取得重大进展，成为页岩气开发油基钻井液的有效替代技术。

（8）直径 1016mm 大口径管道高清晰 X80 钢级 1422mm 大口径管道建设技术为中俄东线管道建设提供了强有力技术保障。

（9）千万吨级大型炼厂成套技术开发应用取得重大突破。

（10）稀土顺丁橡胶工业化成套技术开发试验成功。

2.国际石油科技十大进展

（1）多场耦合模拟技术大幅提升地层环境模拟真实性。

（2）重复压裂和无限级压裂技术大幅改善非常规油气开发经济效益。

（3）全电动智能井系统取得重大进展。

（4）低频可控震源推动"两宽一高"地震采集快速发展。

（5）高分辨率油基钻井液微电阻率成像测井仪器提高成像质量。

（6）钻井井下工具耐高温水平突破 200℃ 大关。

（7）经济高效的玻璃纤维管生产技术将推动管道行业发生革命性变化。

（8）全球首套煤油共炼工业化技术取得重大进展。

（9）加热炉减排新技术大幅降低氮氧化物排放。

（10）人工光合制氢技术取得进展。

（八）2016 年中国石油与国际石油科技十大进展

1. 中国石油科技十大进展

（1）古老油气系统源灶多途径成烃理论突破有效指导深层勘探。

（2）深层碳酸盐岩气藏开发技术突破有力支撑安岳大气田规模开发。

（3）全可溶桥塞水平井分段压裂技术工业试验取得重大突破。

（4）PHR 系列渣油加氢催化剂工业应用试验获得成功。

（5）满足国 V 标准汽油生产系列成套技术有效支撑汽油质量升级。

（6）医用聚烯烃树脂产业化技术开发及安全性评价取得重大突破。

（7）微地震监测技术规模化应用取得重大进展。

（8）三品质测井评价技术突破有力支撑非常规油气勘探开发。

（9）膨胀管裸眼封堵技术治理恶性井漏取得重大进展。

（10）天然气管道全尺寸爆破试验技术取得重大突破。

2. 国际石油科技十大进展

（1）"源—渠—汇"系统研究有效指导多类沉积盆地油气勘探。

（2）非常规"甜点"预测技术有望大幅提高勘探效率。

（3）内源微生物采油技术研发与试验取得突破。

（4）太阳能稠油热采技术实现商业化规模应用。

（5）新型烷基化技术取得重要进展。

（6）低成本天然气制氢新工艺取得突破。

（7）逆时偏移成像技术研发与应用取得新进展。

（8）随钻前探电阻率测井技术取得突破。

（9）"一趟钻"技术助低油价下页岩油气效益开发。

（10）天然气水合物储气技术取得突破。

（九）2017 年中国石油与国际石油科技十大进展

1. 中国石油科技十大进展

（1）砾岩油区成藏理论和勘探技术创新助推玛湖凹陷大油气区发现。

（2）特低渗透—致密砂岩气藏开发动态物理模拟系统研发取得重大进展。

（3）中国石油创新勘探开发工程技术实现页岩气规模有效开发。

（4）国 VI 标准汽油生产技术工业化试验取得成功。

（5）丁苯橡胶无磷（环保）聚合技术成功实现工业应用。

（6）基于起伏地表的速度建模软件成功研发并实现商业化应用。

（7）方位远探测声波反射波成像测井系统提高井旁储层判识能力。

（8）固井密封性控制技术强力支撑深层及非常规天然气资源安全高效勘探开发。

（9）中国第三代大输量天然气管道工程关键技术取得重大突破。

（10）工程技术突破助力南海水合物试采创造世界指标。

2. 国际石油科技十大进展

（1）地质云数据助推地质综合研究提高勘探成功率。

（2）大型复杂油气藏数值模拟技术取得新进展。

（3）大数据分析技术指导油气田开发成效显著。

（4）STRONG 沸腾床渣油加氢技术工业试验取得成功。

（5）二氧化碳加氢制低碳烯烃取得突破。

（6）压缩感知地震勘探技术降本增效成果显著。

（7）多功能脉冲中子测井仪实现高质量套管井储层监测。

（8）钻井参数优化助力实现油气井整体价值最大化。

（9）示踪剂及监测系统有效提高储运设备泄漏防治水平。

（10）工业互联网环境平台创造油气行业新纪元。

（十）2018 年中国石油与国际石油科技十大进展

1. 中国石油科技十大进展

（1）陆相页岩油勘探关键技术研究取得重要进展。

（2）注天然气重力混相驱提高采收率技术获得突破。

（3）无碱二元复合驱技术工业化应用取得重大进展。

（4）可控震源超高效混叠地震勘探技术国际领先。

（5）地层元素全谱测井处理技术实现规模应用。

（6）抗高温高盐油基钻井液等助力 8000m 钻井降本增效。

（7）应变设计和大应变管线钢管关键技术取得重大进展。

（8）化工原料型加氢裂化催化剂工业应用试验取得成功。

（9）超高分子量聚乙烯生产技术开发及工业应用取得成功。

（10）中国合成橡胶产业首个国际标准发布实施。

2. 国际石油科技十大进展

（1）深海油气沉积体系和盐下碳酸盐岩勘探技术取得新进展。

（2）"长水平井 + 超级压裂"技术助推非常规油气增产增效。

（3）海底节点地震勘探技术取得新进展。

（4）基于深度学习的地震解释技术成为研究热点。

（5）新一代多功能测井地面系统大幅度提高数据采集速度。

（6）先进的井下测控微机电系统传感器技术快速发展。

（7）负压脉冲钻井技术提升连续管定向钻深能力。

（8）数字孪生技术助力管道智能化建设。

（9）渣油悬浮床加氢裂化技术应用取得新进展。

（10）原油直接裂解制烯烃技术工业应用取得重大进展。

附录二 国外石油科技主要奖项

一、2019 年工程技术创新特别贡献奖

由油田工程技术服务公司和作业公司提交，经石油公司、咨询公司及油服公司的专家组成的评委会评审，美国 *E&P* 杂志评选出 2019 年度 18 项石油工程技术创新特别奖。获奖的新产品和新技术包括理念、设计和应用等方面的技术创新，更好地解决了高效生产方面的挑战。它们大多是单项的新技术，都是在各自领域内取得重大突破，在降低油气勘探、钻井和生产成本，提高作业效率和收益方面发挥了重要作用。

（一）人工举升奖——Access ESP 公司的无钻机有线可回收电潜泵

Access ESP 公司的有线可回收电潜泵（ESP）提供了一套无须钻机即可完成 ESP 安装的解决方案，永磁电动机和偏心湿法连接技术相结合，安装于永久完井油管上，并通过钢丝装置回收组装。减少了与修井作业、停工停产等相关的生产影响，并降低了钻机成本和 HSE 风险。

（二）钻头奖——贝克休斯公司的 Dynamus™ PDC 钻头

Dynamus 钻头采用 StayTrue™ 镶齿，以缓解影响井身质量的横向振动，增强钻头稳定性；采用防漂移的保径设计，通过控制横向切削深度来调节侧切力。Dynamus 钻头使用增强型高强度材料，采用 StayCool™2.0 切削齿技术，通过降低聚晶金刚石切削齿的工作温度来抵抗磨损。

（三）钻头奖——Ulterra 公司的 Splitblade PDC 钻头

SplitBlade PDC 钻头的刀翼采用独特的分体式设计，重新配置切削齿的排屑槽，改善了排屑能力，解决了钻头排屑不良的问题，并显著提高了机械钻速（ROP）。采用矢量喷管的双管液压效应，能够显著提高排屑速度，使切削齿保持清洁，降低残余热，减少热损伤，提高钻头性能和使用寿命。

（四）钻井液/增产作业奖——贝克休斯公司的 Max – Lock 堵漏材料

Max – Lock 堵漏材料是一种氧化镁基材料，进入地层孔隙和裂缝时，其黏弹性使其随着流速的降低而增稠，从而形成一种凝胶结构，减轻漏失问题。它具有可定制性，可以根据温度、密度和其他应用条件参数匹配不同的候凝时间。

（五）钻井液/增产作业奖——M – I SWACO 公司的 MEGADRIVE 乳化剂系列

M – I SWACO 公司是斯伦贝谢旗下的一家子公司，开发了适用于油基钻井液的 MEGADRIVE 乳化剂系列，MEGADRIVE P 用作一级高性能乳化剂，MEGADRIVE S 用作二级高性能乳化剂和包被剂，以改善乳化液的稳定性，提高油基钻井液的整体钻井性能，并为每个

平台节省数百万美元。此外，这种钻井液可承受较高的固相含量，降低高温高压下的滤失量，并具有较高的耐海水和水泥污染的能力。

（六）钻井系统奖——AFGlobal 公司的主动控制装置（ACD）

用于深水控压钻井的主动控制装置（ACD），使用主动加压式密封件的非旋转技术来密封和引导环空返出液。该主动控制装置是业内首个用于控压钻井的主动式非旋转密封装置，可在密封件的整个生命周期内确保密封完整性，有利于实时监控和维护，从而提高钻井效率和安全性。

（七）勘探/地球科学奖——Emerson 公司的基于机器学习的岩石类型识别技术

这种新的用于岩相分类的机器学习算法，直接针对岩相分辨率和地质异常进行反演，并协调多个数据集预测岩相分布及相关信息的最大概率，来描述岩相类型和分布，这种方法可以预测常规和非常规储层中的岩相分布。运行速度快，减少人力，并最大限度地减少不确定性，提供更加稳定的油藏描述结果。

（八）地层评价奖——斯伦贝谢公司的 Concert 远程协同试井信息系统

Concert 远程协同试井信息系统利用数字化手段，结合新一代协同作业技术，利用平板电脑与可穿戴设备即可进行数据采集、数据监测与数据分析，相当于在虚拟网络中建立一个共享的仪表盘系统，对井场和所有流程进行实时监控，实现了在线不间断的数据采集和分析，显著提高了信息透明度。

（九）HSE 奖——ION 地球物理公司的 Marlin 海洋作业智能管理系统

Marlin 系统采用 AIS、GIS、MetOcean 数据库等多种实时信息源，为所有参与方提供作业区域内资产管理活动的 3D 情景分析与预测。在保障安全作业的同时，减少作业停工时间，是业内首个商业化海上智能作业管理平台，已经完成了 120 多个海上作业的项目管理，提高了作业效率，降低了风险水平。

（十）水力压裂/压力泵奖——AFGlobal 公司的 DuraStim 压裂泵

DuraStim 水力压裂泵是业内首款全自动化、长冲程、低频变量泵，由 6 个独立的单元组成，集成了通过液压改变泵排量的计算机控制、同步和自动化系统，可由一台恒速、零排放的 6600V 交流电动机和 6 台液压旋转泵驱动，显著提高了燃油效率，减少了排放和噪声，降低了压裂分布的复杂性，提高了井场安全性。基于云的预测、维护和诊断功能提高了持续工作的能力。

（十一）智能系统与组件奖——IPT Global 公司的 Suretec 软件系统

Suretec 是一套专门为解决数字压力测试中常见挑战而设计的软件，是一款适合于特定用途的数字替代软件，可在井的整个生命周期内对所有压力测试结果进行合理的设计、计划、测试、报告和存档。该工具允许用户快速创建易于编辑的复杂原理图，并包含了一些保障措施，告知用户不完整的测试计划、缺失的测试需求和安全问题。

（十二）IOR/EOR/修井奖——贝克休斯公司的 Fathom XT Subsea226 黑油发泡剂

Fathom XT Subsea226 黑油发泡剂是解决井筒积液和流体段塞问题的经济型替代方案，提高了海底资产的价值。Fathom XT Subsea226 有效地减少了深水井筒积液，最大限度地减少水下管线的流体堵塞现象，提高油气产量。该发泡剂是一种油溶性发泡剂，能够发泡含水高达 60% 的原油，根据井筒积液的严重程度和最终的处理目标，可以批量或连续地将发泡剂直接添加到井中，而无须稀释。

（十三）海洋工程建设和工程设施弃置奖——威德福公司的机械式外侧卡紧式一趟回收工具

威德福公司的机械式外侧卡紧式一趟回收工具是一项海底井口回收系统，通过优化技术设计和组件提高切割效率。工具包括新设计的拉力切割芯轴、非旋转柔性稳定器（NRFS）、大直径刀具和高角度刀具。该工具采用了一种先进的系统，可以一趟完成多个已用水泥封固或未封固管柱的切割和回收，从而减少钻机时间。

（十四）海洋工程建设和工程设施弃置奖——贝克休斯公司的 Perseus 泵通切削工具

Perseus 泵通切削工具采用内部液压管状切割器设计，可以切割单个套管，作为封堵弃井、槽位回收、修井和其他切割拉出作业的一部分。该工具采用先进铣削技术、碳化钨硬质合金刀具，能够将磨铣寿命和穿透率提高 10 倍（1000%），使刀具具有持久的切削和磨屑控制能力，同时能够在"一趟钻"中实现更大的磨铣体积。

（十五）非压裂完井奖——威德福公司的 TR1P 一趟完井系统

TR1P 一趟完井系统是一种远程激活系统，将射频识别（RFID）技术和先进完井工具结合在一起，可以在一趟完成完井作业，并在没有控制线、冲洗管、电缆、连续油管、湿式连接和修井机的情况下，实现了 100% 的无干预作业。这种能力简化了操作，并将完井时间减少了 40%~60%，成本降低高达 25%。

（十六）陆上钻机奖——Frank's International 公司的立柱载荷支撑系统（CLS-S）

CLS-S 系统是一种无痕的管材操作系统，适用的管径范围宽。CLS-S 系统既可操作立柱，也可操作单根管材，不会造成钳牙咬痕，从而消除由于常规的管材操作系统导致应力集中所引起的潜在腐蚀开裂风险。CLS-S 系统使管材由承载面支撑，最大限度地降低了滑移挤压和铁转移的风险。在安全高效操作耐腐蚀合金管柱方面，CLS-S 系统是首选装置。

（十七）海底系统奖——斯伦贝谢子公司 OneSubsea 公司的多相海底压缩系统

OneSubsea 公司的多相压缩系统采用占地面积最小的对转压缩机技术，能够对未处理的生产流体进行增压，可以在任何气液组合（0~100% 的气体体积分数）下工作，能够承受瞬态过程条件，如大的液体段塞和可变的过程压力。海底压缩用于加速生产、优化储层排水和提高采收率。在北海海底气田的经验表明，该设备的耐用性和多功能性产生了巨大的价值，在清除死井、优化生产、优化储层排水、提高采收率方面具有重要作用。

（十八）水管理奖——斯伦贝谢公司的 AquaWatcher 地表水盐度传感器

AquaWatcher 地表水盐度传感器采用最新一代微波传感技术，通过微波传感技术测量湿气和多相流（连续水）中的水电导率，检测水的性质变化，识别产出水的来源，提供高精度、高分辨率的盐度测定，提供实时的水矿化度数据输出。AquaWatcher 传感器对流体中水成分进行可靠检测，为流动测量提供关键信息，最大限度地减少结垢和腐蚀的发生，减少注入化学抑制剂，提高了流量测量的准确性，显著降低了现场作业的运营成本。

二、2019年OTC聚焦新技术奖

2019年，海洋技术会议（OTC）于5月6—9日在休斯敦召开，这是全球规模最大、历史最悠久的石油行业盛会之一，从2004年开始，每届会议推选出若干项值得推广、有经济效益、令人瞩目的新技术授予"聚焦新技术奖"。评委会根据时效性、创新性、可行性、广泛性、影响性以及对环境的影响等评判标准，评选出了2019年聚焦新技术奖，有15家公司的18项技术获此殊荣。

（一）AFGlobal公司的主动控制装置（ACD）

这是一个可以主动加压的一体化模制元件，通过创新的非旋转环形分流器，提供独特的密封和井筒环空转向，不需要轴承和旋转部件，免去了与常规旋转控制装置（RCD）相关的设备保养和维修更换。

（二）AFGlobal公司的DuraStim压裂泵

革命性的DuraStim 6000hp❶液压压裂泵是业内首款可变排量压裂泵。DuraStim泵专门设计用于长时间和高压力压裂，可显著降低生产成本，提高运行性能，创造新的安全和环境优势。

（三）通用贝克休斯公司的NovaLT 16燃气轮机

NovaLT 16是最先进的双轴燃气轮机，专门设计用于小功率（5~20MW）范围内的机械驱动和发电应用。NovaLT 16在陆上和海上均得到应用，具有可用性最大化、高燃油效率、低维护和低排放等性能，树立了行业新标准。

（四）Dril–Quip公司的双扩展XPak衬管系统

这是业界首款双扩展XPak衬管系统，不需要固定的着陆面积，消除了与水下泥线悬挂器相关的风险，提高了操作灵活性，显著节省了成本。该系统可以在井口有限的条件下进行部署，可以在焊缝薄壁套管内提供金属对金属的密封，并提供高悬挂、锁定和耐压性能。

（五）FutureOn公司的FieldAP平台

FieldAP平台是一个基于云的工业4.0应用程序，可实现海底项目的数字现场规划、海底数据和资产可视化以及安装规划。作为FieldTwin平台的应用程序，FieldAP增强了全球团队之间的协作，同时降低了风险。通过数字化，FieldAP正在提高项目利润率，并使现有人才的投资回报最大化。

（六）HYTORC公司的锂系列Ⅱ电动扭矩工具

锂系列Ⅱ电动扭矩工具是螺栓连接技术的一次革命，跟传统技术相比，从根本上进行了重新设计，更耐用、更实用，具有更多的功能。这款工具使用轻型36V电池供电，耐受能力高达5000ft·lbf，在强度和便携性方面，为全球工业螺栓连接作业提供了终极解决方案。

---

❶ 1hp = 745.7W。

（七）NOV 公司的海底自动清洁器发射筒（SAPL）

海底自动清洁器发射筒允许清洁器从海底到顶部发射，采用灵活而强大的技术，可实现各种清管作业。该系统不需要第二条生产线，仅用于清管和清蜡处理，随时随地都可以使用。

（八）海洋工程国际公司的海底泵送技术（SPT）

海底泵送技术通过将化学品储存和注入系统移入海底，减少或消除其顶部占地面积和足迹，从而降低传统脐带缆的成本和复杂性。在作业完整性管理和海底流动保障过程中需要大量化学品，SPT 为连接架构和这些化学品应用提供了增值贡献。

（九）Saipem 公司的偏置安装设备（OIE）

偏置安装设备是一种远程操作的海底系统，设计用于在海底井喷时进行定位封盖，适应水深为 75～600m，可以在距离井喷地点周围 500m 范围内进行封盖。

（十）斯伦贝谢公司的 Concert 现场测试技术

Concert 现场测试技术通过为每个人提供相同的实时信息和交互功能，对现场情况进行良好测试，从而将数字自动化和通信技术带入油井测试中。这种数据的无缝访问、共享、诊断和分析，可提高效率、数据质量和安全性，从而减少不确定性，并获得可执行的测试结果。

（十一）斯伦贝谢 OneSubsea 公司的 Vx Omni 海底多相流量计

这是一款紧凑型高精度可靠的流量计，适用于所有流体相的所有应用、压力和环境条件。它提供了关键数据，可以了解每口生产井的运行情况，使运营商能够提高油藏采收率，促进更安全的运营。

（十二）西门子公司的 BlueVault 储能解决方案

这是西门子基于锂离子电池的储能解决方案，适用于全电动和混合动力条件，专门用于确保电力的连续性，并最大限度地减少船舶和海上钻井平台的排放。

（十三）西门子公司的海底电网系统

该系统通过扩展回接和灵活的海底处理来改变油田开发，具有海底变压器、开关设备、变速驱动器、湿配合连接器以及远程控制和监控系统，可随时为大型海底处理项目提供动力。

（十四）压力工程服务公司（SES）的钻井立管实时维护（CBM）系统

CBM 系统提供了创新的自动化、数字化和数据分析技术，使钻井承包商能够就钻井立管资产完整性做出实时的数据驱动决策。这些决策通过有据可依的数据，为钻井承包商提供关于安全的信息和可测量的风险识别，进行健康的资产评估。

（十五）Technip FMC 公司的 Subsea 2.0 直插式紧凑型机器人

该装置改变了传统的歧管设计，提高了海底油田的经济性。紧凑的设计减小了歧管的尺寸、质量和制造成本。它包含一个用于阀门驱动的机械臂，可以使用铺设流线的同一船只进行安装，增加了油田开采周期内的灵活性。

（十六）Van Beest BV 公司的 Green Pin Tycan 吊链

这是一种高性能纤维起重链，具有钢链的性能和灵活性，但质量仅为其一小部分。它非常安全，易于使用，无腐蚀性且完全防水。通过使用 Green Pin Tycan 吊链，公司可实现更高的效率，获得更安全的工作环境。

（十七）威德福公司的 TR1P "一趟式"完井系统

该系统通过一次起下完成上部和下部完井，可将深水完井安装时间缩短 60%，降低人员风险并提高效率。该系统已经过现场验证，采用无线射频识别技术，可在生产井和注入井中实现 100% 的无人工干预操作。

（十八）XSENS AS 公司的 XACT 超声夹持流量计

XACT 超声夹持流量计能够提供精确的流量和占比测量，这些精确数据之前只能通过管内测量技术获得。安装 XACT 超声夹持流量计不会影响管道的完整性，尺寸和质量只是传统流量计系统的一小部分，是改造应用的理想选择。

三、2019 年世界石油奖

由美国《世界石油》杂志评选的 2019 年"世界石油奖"颁奖典礼在休斯敦举行，主要奖励全球油气上游做出杰出贡献的创新技术，以及公司、团队或个人。来自全球 10 多个国家的 90 多家石油公司参加了评选，在 94 项入围技术及个人中最终评选出最具开创性的 17 项技术和 1 项个人成就。

（1）最佳完井技术奖：美国威德福公司的 TR1P "一趟式"完井系统。

（2）最佳数据管理与应用解决方案奖：贝克休斯公司的 SeaLytics 3.0 防喷器顾问。

（3）最佳深水技术奖：斯伦贝谢公司的 20000psi 水下系统。

（4）最佳流田流体和化学剂奖：贝克休斯公司的 Max – Lock 堵漏剂。

（5）最佳钻井技术奖：哈里伯顿公司的 EarthStar 三维反演技术。

（6）最佳提高采收率奖：斯伦贝谢公司的 HEAL 人工举升系统。

（7）最佳提高采收率奖：沙特阿美公司的二氧化碳捕集、封存与 EOR 技术。

（8）最佳勘探技术奖：哈里伯顿公司的 FMI 地层成像测井。

（9）最佳 HSE 奖（海上）：Frank 国际公司的喷射管柱起卸机（Jet string elevator）。

（10）最佳 HSE 奖（陆上）：哈里伯顿公司的调优固井间隔器（Tuned prime cement spacer）。

（11）最佳生产技术奖：威德福公司的离心喷射泵（centrifugal jet pumps）。

（12）最佳数字化转型奖：威德福公司的 ForeSite Edge 系统。

（13）最佳水管理技术奖：Hydrozonix 公司的 HYDROCIDE 技术。

（14）最佳井完整性技术奖：斯伦贝谢公司的 FORTRESS – HP 高压簧触发式优质隔离阀。

（15）最佳修井技术奖：哈里伯顿公司的 SPECTRUM 360。

（16）最佳修井技术奖：贝克休斯公司的 Perseus Pump – Through 切削器。

（17）创新思想者奖：法国德西尼布公司的布莱恩·斯基尔（Brian Skeels）。

（18）新视野创新奖：斯伦贝谢公司的 IriSphere 随钻前视技术。

四、2019 年 IPTC 最佳项目执行奖

为充分展示全球勘探开发项目运营管理最佳实践与技术创新能力，国际石油技术会议（IPTC）设置了最佳项目执行奖。2019 年，第 11 届 IPTC 共有来自 7 个国家的 16 个项目参评，壳牌、道达尔和沙特阿美公司的 3 个项目入围，最终沙特阿美公司的 Manifa 人工岛油田开发项目获得该奖项。

（一）最佳项目执行奖——沙特阿美公司的 Mannifa 项目

Manifa 项目位于沙特阿拉伯东北海岸，是当今世上规模最大的海上项目之一，建设阶段花费了约 400 万个工时。该项目开发的 6 个油藏相互层叠，最长的一个油藏水平向延伸约 40km。在油气作业区内，鱼虾捕捞是当地经济的重要来源。要对这些油藏进行开发，并实现每天 90×10^4 bbl 的产量，需要疏通排油通道，利用自升钻机进行钻井，但这会对当地海洋环境造成影响。为减少油气开采过程中对环境的影响，沙特阿美公司修建了 27 个钻井岛，通过长约 41km 的堤道相连，而且其中的一些堤道在钻井设施安装完成后可以移除。另外，目标轻油层上方的重油层也为项目带来了挑战。利用大位移钻井和地层成像技术，将注水井打在重油层上方维持油藏压力。

（二）最佳项目执行奖入围项目——壳牌公司的 Malikai 项目

Malikai 项目是马来西亚首个张力腿海上平台项目，目的是充分利用壳牌石油公司在美国墨西哥湾运营张力腿海上平台的经验，建造一个体积更小、重量更轻、功能齐全的张力腿海上平台。该平台充分利用了一个现有平台的水下锚固，省去了一些功能部件，并且平台采用了新的举升技术，可以两口井用同一个举升。此外，通过将钻井设备、固井设备、钻井液罐、钻井耗材等放在钻井服务船上，进一步减小了平台的大小和重量。

（三）最佳项目执行奖入围项目——道达尔公司的 Moho Nord 项目

Moho Nord 项目包含了 17 口井，采用了开创性的水下技术，利用浮式平台生产能达到日产 10×10^4 bbl 的峰值。原油经过处理后通过海底管道运往岸上的储存设施储存起来。为了减少该项目对环境的影响并提高能效，项目过程开展中采用全电力驱动系统减少排放。另外，采用先进的水下多级泵，缩小了浮式平台的体积，并降低了复杂性。该项目于 2017 年投产，是迄今刚果最大的上游油气项目。

五、2019 年 SPE 奖

SPE 奖由石油工程师学会（SPE）设立，颁给对石油行业做出重大技术贡献的会员，以及为社会做出卓越服务和领导贡献的会员。2019 年，SPE 全球奖于 10 月在卡尔加里举行的年度技术会议暨展会（ATCE）颁奖宴会上颁发，共颁发 21 个奖项，包括石油工程学科杰出成果奖、杰出会员奖、杰出服务奖、健康安全和环境奖等。

（1）荣誉会员（5人）：Maria Angela Capello、Anuj Gupta、Franklin（Lynn）Orr、Jeffrey（Jeff）Spath、Ganesh Thakur。

（2）安东尼·F. 卢卡斯金奖：Carlos Torres – Verdín。

（3）约翰·富兰克林·卡尔奖：George Moridis。

（4）德高利杰出服务勋章：Hemanta Sarma。

（5）莱斯特·C. 尤伦奖：Olivier Houzé。

（6）罗伯特·厄尔·麦康奈尔奖：Ahmed Abou – Sayed。

（7）查尔斯·兰德纪念金奖：Kamel Ben – Naceur。

（8）公共服务奖：Pascal Breton。

（9）杰出服务奖（6人）：Saeed Al – Mubarak、Mohammed Badri、David G. Kersey、Silviu Livescu、Anthony Kunle Ogunkoya 和 Michael D. Zuber。

（10）塞德里克·K. 弗格森勋章（3人）：Michael Cronin、Hamid Emami – Meybodi 和 Russell T. Johns。

（11）年轻会员杰出服务奖（6人）：Patience Abia、Victor Anochie、Oluwabiyi Awotiku、Alejandro Antonio Lerza Durant、Nii Ahele Nunoo 和 Rodrigo Rueda Terrazas。

（12）杰出成就石油工程教员奖：Roberto Aguilera。

（13）完井优化与技术奖：Jon E. Olson。

（14）钻井工程奖：Steve Sawaryn。

（15）健康、安全和环境奖：Sally M. Benson。

（16）管理和信息奖：Jim Crompton。

（17）生产经营奖：Elisio Caetano。

（18）项目、设施与施工奖：Phaneendra Kondapi。

（19）油藏描述与动态奖：William D.（Bill）McCain。

（20）油气工业可持续发展与管理奖：Karen Olson。

（21）杰出会员奖（24人）：Dhafer Al – Shehri，法赫德国王石油与矿业大学；Vasile Badiu，高级研究员；Baojun Bai，密苏里科技大学；Sameeh Batarseh，沙特阿美公司；Mark Brinsden，Vektor Energy 公司；Frank Chang，沙特阿美石油公司；Anil Chopra，PetroTel Group 公司；David Cramer，康菲石油公司；Eric Delamaide，加拿大 IFP Technologies 公司；Hosnia Hashim，科威特国家石油公司；Zoya Heidari，得克萨斯大学奥斯汀分校；Mars Khasanov，俄罗斯天然气工业股份公司；Kenneth Kibodeaux，沙特阿美服务公司的阿美研究中心；István Lakatos，匈牙利油气公司/波兰 Misolc 大学；Carl Montgomery，NSI Engineering 公司；Douglas Peck，BHP 公司；Margaretha Rijken，雪佛龙公司；Ray（Zhenhua）Rui，麻省理工学院；Darcy Spady，独立董事及顾问公司（Independent Director and Advisor）；Willem Van Adrichem，斯伦贝谢（已退休）；Mary Van Domelen，井数据实验室（Well Data Labs）；Claudio Virues，艾伯塔能源监管机构；王香增，陕西延长石油集团有限公司；Tao Yang，Equinor 公司。